JN200622

機械力学 第2版

末岡 淳男・綾部 隆 共著
Atsuo Sueoka　Takashi Ayabe

森北出版株式会社

●本書の補足情報・正誤表を公開する場合があります．当社 Web サイト（下記）で本書を検索し，書籍ページをご確認ください．
https://www.morikita.co.jp/

●本書の内容に関するご質問は下記のメールアドレスまでお願いします．なお，電話でのご質問には応じかねますので，あらかじめご了承ください．
editor@morikita.co.jp

●本書により得られた情報の使用から生じるいかなる損害についても，当社および本書の著者は責任を負わないものとします．

JCOPY 〈(一社)出版者著作権管理機構 委託出版物〉
本書の無断複製は，著作権法上での例外を除き禁じられています．複製される場合は，そのつど事前に上記機構（電話 03-5244-5088，FAX 03-5244-5089，e-mail: info@jcopy.or.jp）の許諾を得てください．

はじめに

機械が動くと，必ず動力学の問題が生じる．機械力学（dynamics of machinery）は機械の運動をその原因である力に基づいて明らかにしようとする学問であり，メカトロニクス，ロボティクスなどの基盤ともなっている．

われわれの日常生活でよく出くわす力学現象，たとえば，ぶらんこはどうしたら大きく揺れるようになるのか，バイオリンの音はどうして出るのか，自動車のディスクブレーキがキーキー鳴くのはなぜか，ハンドルを右に回すと自動車はなぜ右に方向を変えるのかなどの現象の１つをとっても，その力学的なメカニズムを解明するためには高度な力学的素養が必要である．

一方，力学という学問はニュートンの運動の法則を例にとってみてもわかるように，意外と簡単な法則のみから成り立っているのである．しかし，初学者にとってはとっつきにくい分野の１つであるとよくいわれる．なぜだろう．それは，とくに動力学において，ニュートンの第２法則などの法則がどんなものかを言葉の上でわかった気になることは比較的簡単ではあるが，複雑な実際問題との溝を埋めて，そのような法則を間違いなく応用できるセンスと実力を身に付けること，すなわち，それらの法則の意味を真に理解することを必要とされるからである．力学はそれに関連する諸法則，諸原理を真に理解することがたいへんやっかいな学問なのである．逆にいえば，力学的現象の多くが簡単な法則によって説明できるということを意味するわけであるから，力学の基礎の理解が深まれば深まるほど，ますますその魅力にはまり込んでしまうという応用的な要素の強い学問でもある．

そこで，本書の前半では，とくに機械力学を学ぶ上での力学の基礎的事項を重点的にくわしく説明を加え，日頃何となく覚えていたことを明確にさせ，力学の考え方を順序立てて進められるように格段の配慮を払った．さらに本書の後半は，実際的な機械力学の問題を題材にして，基礎知識を適用して応用力を身に付けるとともに，機械力学分野の重要事項の知識をも高められるように工夫されている．また，本書だけでも力学の基礎から応用まで，必要項目はすべて網羅され，他書を参照するまでもなく順次理解度のレベルが向上するように工夫されており，初学者の学習に便宜が図られている．

著者の経験からしても，力学は内容を読んで知るだけでは，本当に理解したことにはならない．多くの問題を実際に自分で考え，自分の手で解いてはじめて実力が身に付くのである．そのため，本書の内容の理解が一層深められるように非常に多くの例題を随所に設けた．簡単なものからかなり高度なものを含むこれらの例題を徹底的に追究することによって機械力学的なものの見方がどういうものであるかが明らかとなり，その理解度と力学に対する真のセンスがさらに向上するように構成したつもりである．

本書が今から機械力学を学ぼうとする読者の少しでも手助けとなることがあれば，また，読者が機械力学について一層の向学心をもつきっかけとなることがあれば，著者として望外の喜びである．

本書の完成までには多くの方々のご援助を受けた．拓殖大学工学部の坂田勝教授には原稿の下読みをしていただいた．また，福岡工業大学の近藤孝広教授には，内容や構成の初期の討論から原稿の下読み，校正まで徹底して協力をしていただき，原稿の推敲にあたっては多くの貴重なご意見を賜った．九州大学工学部の金光陽一教授には原稿の下読みを，松崎健一郎講師，井上卓見講師，劉孝宏助手には下読みとコンピュータによる図面の作成にご協力いただき，岡部匡助手，高山佳久助手には最終原稿のチェックをしていただいた．皆様に厚くお礼申し上げる．

また，森北出版編集部の吉松啓視，多田夕樹夫両氏には本書の計画の段階から最後の校正，編集の段階まで貴重なご助言をいただき，予想よりも短期間で完成までこぎつけることができた．ご助力に心から感謝申し上げる次第である．

1997 年 1 月

著　者

第2版の発行に際して

本書は 1997 年の発行以来，幸いにも多くの大学において好評を得て，教科書としてご採用していただき，累計 17 回の増刷を得ることができた．

今回の第 2 版では，この間にお寄せいただいた貴重なご意見を反映するとともに，演習問題の追加や詳細解答の充実に努めた．また，より読みやすく，わかりやすい教科書となるように判型およびレイアウトを一新した．

今後も本書が，読者の皆さんの機械力学への理解を深めるための一助になれば，著者にとってこの上ない喜びである．

2019 年 10 月

著　者

目　次

第 1 章　SI の単位　1

演習問題［1］……………………………… 3

第 2 章　力および力のモーメント　4

2.1　ベクトル ……………………………… 4
　2.1.1　スカラー量とベクトル量　4
　2.1.2　ベクトルの合成と分解　4
　2.1.3　ベクトルの外積と内積　7
　2.1.4　ベクトルの微分　9
2.2　力 ……………………………… 10
2.3　力のモーメント ……………………………… 11
　2.3.1　力のモーメントの大きさと向き　11
　2.3.2　モーメントの成分表示　12
2.4　偶　力 ……………………………… 14
演習問題［2］……………………………… 15

第 3 章　点の運動　17

3.1　速度および加速度 ……………………………… 17
3.2　変位，速度，加速度の成分表示 ……………………………… 18
3.3　代表的な運動の例 ……………………………… 19
　3.3.1　直線運動　19
　3.3.2　平面運動　20
　3.3.3　円運動　21
3.4　移動座標系 ……………………………… 22
　3.4.1　並進座標系　23
　3.4.2　回転座標系　24
演習問題［3］……………………………… 28

第4章　質点および質点系の力学　30

4.1　ニュートンの運動の法則 ………………………………… 30
4.2　拘束力 ……………………………………………………… 32
4.3　移動座標系から見た運動の法則 ………………………… 35
　4.3.1　慣性系　35
　4.3.2　慣性力とダランベールの原理　36
　4.3.3　遠心力，コリオリ力　37
4.4　運動量と力積および角運動量 …………………………… 40
　4.4.1　運動量と力積の関係　40
　4.4.2　運動量保存の法則　41
　4.4.3　角運動量保存の法則　41
4.5　質点系の力学 ……………………………………………… 41
　4.5.1　質点系の運動方程式　42
　4.5.2　質点系の運動量と角運動量　44
　4.5.3　質点系の運動方程式の要点　46
　4.5.4　衝　突　47
演習問題［4］……………………………………………………… 49

第5章　剛体の力学　50

5.1　剛体の力学の基礎事項 …………………………………… 50
　5.1.1　剛体の重心　50
　5.1.2　重心の並進運動　51
　5.1.3　重心まわりの回転運動　52
5.2　重心を通る固定軸まわりの回転運動 …………………… 53
5.3　慣性モーメントの計算 …………………………………… 55
　5.3.1　基本形状をもった剛体の慣性モーメント　56
　5.3.2　慣性モーメントに関する諸定理　58
5.4　剛体の平面運動 …………………………………………… 61
　5.4.1　重心の並進運動と重心まわりの回転運動　61
　5.4.2　重心以外を通る固定軸まわりの運動　62
5.5　剛体の3次元空間運動 …………………………………… 63
　5.5.1　角運動量の成分表示　63
　5.5.2　座標変換　65
　5.5.3　3次元空間運動の運動方程式　70

5.5.4　慣性主軸と異なる固定軸まわりの回転運動　72
5.6　運動量および角運動量保存の法則 …… 75
5.7　打撃の中心 …… 76
演習問題［5］…… 78

第6章　仕事とエネルギー　80

6.1　仕　事 …… 80
6.2　運動エネルギー …… 83
6.3　ポテンシャルエネルギー …… 89
演習問題［6］…… 93

第7章　解析力学の基礎　95

7.1　自由度 …… 95
7.2　仮想仕事の原理 …… 96
7.3　一般化座標 …… 98
7.4　ダランベールの原理 …… 100
7.5　ラグランジュの運動方程式 …… 101
演習問題［7］…… 108

第8章　1自由度系の振動　111

8.1　振動系のモデリング …… 111
8.2　調和振動 …… 114
8.3　1自由度系の自由振動 …… 116
8.3.1　不減衰自由振動　117
8.3.2　減衰自由振動　121
8.4　1自由度系の強制振動 …… 127
8.4.1　一定振幅の外力による強制振動　128
8.4.2　遠心力タイプの強制力による強制振動　133
8.4.3　基礎変位による強制振動　135
8.4.4　サイズモ計の原理　137
8.4.5　エネルギーによる考察　139
8.4.6　Q ファクター　141
演習問題［8］…… 142

第 9 章　回転機械の力学　144

9.1　つり合いの一般条件 …… 144
9.2　剛性ロータのつり合わせ …… 145
9.2.1　剛性ロータの慣性力と慣性力のなすモーメント　145
9.2.2　静的つり合い条件　146
9.2.3　動的つり合い条件　147
9.2.4　つり合わせ　149
9.2.5　つり合い試験機　151
9.3　弾性ロータの危険速度 …… 155
9.3.1　ジェフコット・ロータ　155
9.3.2　脱水機の挙動　159
9.3.3　異方性軸受で弾性支持されたロータ　160
9.3.4　回転座標系による表示　161
9.3.5　外部減衰と内部減衰　162
9.4　ジャーナル軸受で支持されたロータ …… 165
9.5　回転軸の 2 次的な危険速度 …… 167
9.5.1　キー溝および偏平軸の影響　167
9.5.2　重力の影響　168
演習問題［9］ …… 170

付　録 …… 172

I　行列と行列式 …… 172
II　代数方程式の性質 …… 175
III　微分方程式の解 …… 176
IV　マクローリン展開と線形化 …… 177
V　2 自由度系の固有振動数と固有モード …… 178

演習問題解答 …… 181

参考文献 …… 195

索　引 …… 196

第1章 SIの単位

現在，全世界共通に使用されている単位は国際単位系（international system of units），いわゆるSIである．本書でも，使用する単位系をSIに統一して記述する．

SIは，SI単位とSI単位の10の整数乗倍量のカテゴリーからなる．まず，SI単位は基本単位（fundamental unit）および組立単位（derived unit）から構成されている．

SI単位の基本単位としては，長さ[m]，質量[kg]，時間[s]，電流[A]，熱力学的温度[K]，物質量[mol]，光度[cd；カンデラ]の7つがある．

組立単位は，上記の基本単位から組み立てられた単位である．また，平面角[rad；ラジアン]，立体角[sr；ステラジアン]は，1998年に補助単位から新たに次元1の組立単位に分類された．これらの単位は無次元扱いである．

基本単位を用いて表されるSI組立単位として，面積[$\mathrm{m^2}$]，速度[m/s]，加速度[$\mathrm{m/s^2}$]，密度[$\mathrm{kg/m^3}$]などがある．基本単位と次元1の組立単位を用いて表されるSI組立単位として，角速度[rad/s]，角加速度[$\mathrm{rad/s^2}$]がある．

SI組立単位の中で，固有の名称をもつものには，重要な単位が多い．たとえば，力の単位であるニュートン[$\mathrm{N = kgm/s^2}$]，圧力および応力の単位であるパスカル[$\mathrm{Pa = N/m^2}$]，エネルギーの単位であるジュール[J = Nm]，仕事率（動力）の単位であるワット[W = J/s]，単位時間あたりの繰り返し回数を表す振動数の単位であるヘルツ[$\mathrm{Hz = s^{-1}}$]などがある．

また，固有の名称をもつSI組立単位を含むものとして，粘度[Pa·s]，力のモーメント[Nm]，表面張力[N/m]などがある．これらを含め，すべての単位の書体は斜体ではなく，立体で記述する．

エネルギーの単位のジュールと，力のモーメントの単位はともに［Nm］であり，また，表面張力とばね定数も［N/m］という同じ単位をもつ．しかし，それらはお互いに異なる物理量である．力のモーメントをジュール[J]と記してはいけない．

SI単位の10の整数乗倍を構成するための接頭語をSI接頭語という．倍数と付けるべき接頭語を表1.1に示す．たとえば，10^{-3} m は 1 mm，2×10^{-5} s は 20 μs，鋼の縦弾性係数は $E = 2.06 \times 10^{11}\,\mathrm{N/m^2} = 206\,\mathrm{GN/m^2}$ と表す．歴史的理由により，質量の基本単位はg（グラム）ではなく，接頭語を含むkgとなっている．

SIを用いて数値計算する場合には，まず，単位に接頭語を含まないように整理し，

表 1.1　SI の倍数と接頭語

倍数	10^{-12}	10^{-9}	10^{-6}	10^{-3}	10^{0}	10^{3}	10^{6}	10^{9}	10^{12}
接頭語	p ピコ	n ナノ	μ マイクロ	m ミリ	—	k キロ	M メガ	G ギガ	T テラ

質量を kg，長さを m，時間を s，力を N で表した後，数値計算を行う．計算結果は適宜接頭語を使って表示する．

一方，機械工学分野では，従来から工学単位系が広く使用されてきた．機械力学に関連する基本単位に限定して，SI と工学単位系との間の相違を表 1.2 にまとめている．すなわち，SI は質量[kg] を基本単位としているのに対して，工学単位系は単位質量の物体に作用する重力(kgf；キログラムフォース)を基本単位にしている点が大きく異なる．長さと時間の単位は，SI と工学単位系で同じである．

表 1.2　機械力学分野の SI と工学単位系の主な相違

単位系	基本単位			備考
SI	質量 [kg]	長さ [m]	時間 [s]	質量単位系
工学単位系	力 (kgf)	長さ (m)	時間 (s)	重力単位系

地球上の重力場で質量 1 [kg]の物体に作用する重力を，工学単位系では 1 (kgf)と定義する．言い換えると，地球上で 1 (kgf)の重力を受ける物体の質量は，SI では 1 [kg]である．すなわち，工学単位系の力 1 (kgf)を SI に換算すると，

$$\begin{aligned} 1\,(\mathrm{kgf}) &= 1\,\mathrm{kg}\ \text{の質量に作用する重力} \\ &= 1\,[\mathrm{kg}\ \text{質量}] \times g\,[\mathrm{m/s^2}] = g\,[\mathrm{kgm/s^2}] = g\,[\mathrm{N}] \end{aligned} \tag{1.1}$$

となる．ここに，g は重力加速度で，$g = 9.80665\,\mathrm{m/s^2}$ である．したがって，SI と工学単位系との間の力と質量の換算は以下のようになる．

$$\left.\begin{aligned} &\text{力}：1\,[\mathrm{N}] = \frac{1}{g}\,(\mathrm{kgf}) \\ &\text{質量}：1\,[\mathrm{kg}] = \frac{1\,(\mathrm{kgf})}{g\,(\mathrm{m/s^2})} = \frac{1}{g}\,(\mathrm{kgf{\cdot}s^2/m}) \end{aligned}\right\} \tag{1.2}$$

SI での力および質量の単位はそれぞれ［N］および［kg］，工学単位系での力および質量の単位はそれぞれ（kgf）および（kgf·s^2/m）である．［kg］と（kgf）では表している物理量が異なることに十分に注意し，区別して使用する必要がある．

以後，本書では重力加速度 g の数値が必要な場合は，$g = 9.8\,\mathrm{m/s^2}$ を用いる．

日常生活では，「ぼくの体重は 70 キログラムです」という．体重を「体の重さ (weight)」と解釈すれば，工学単位系では 70 (kgf)，SI では $70 \times 9.8 = 686$ [N] という力の単位を用いて表現すべきである．しかし，体重を「体の質量（mass）」に読み替えている

と思えば，「キログラム」でも SI 上正しい表現である．

例題 1.1 質量 200 kg の物体に作用する重力はいくらか．また，SI で質量 200 kg は工学単位系ではいくらか．

解 物体に作用する重力は，SI では $200\,\mathrm{kg} \times g\,[\mathrm{m/s^2}] = 200 \times 9.8\,\mathrm{N} = 1960\,\mathrm{N} = 1.96\,\mathrm{kN}$，工学単位系では 200 kgf．また，工学単位系での質量は，$200\,\mathrm{kgf} / 9.8\,\mathrm{m/s^2} = 20.4\,\mathrm{kgf{\cdot}s^2/m}$.

例題 1.2 ばね定数 k のばねに張力 F を作用させると，x だけ伸びた．フックの法則から，$F = kx$ の関係が成り立つ．いま，重力場で質量 10 kg の物体をこのばねに吊り下げると，0.1 mm 伸びた．ばね定数を求めよ．

解 重力場で質量 10 kg に作用する重力は，$10\,g = 98\,\mathrm{kgm/s^2} = 98\,\mathrm{N}$ だから，フックの法則から，$98\,\mathrm{N} = k \cdot 0.1 \times 10^{-3}\,\mathrm{m}$，ゆえに，$k = 9.8 \times 10^5\,\mathrm{N/m} = 0.98\,\mathrm{MN/m}$.

なお，力の単位 N が $\mathrm{kgm/s^2}$ だからといって，$k = 9.8 \times 10^5\,\mathrm{kg/s^2}$ としてはならない．単位は物理的な意味を損なわないように記述することが重要である．

例題 1.3 例題 1.2 で，ばねの先端に質量 m の物体を取り付けたときの固有振動数は，$f_n = \dfrac{1}{2\pi}\sqrt{\dfrac{k}{m}}\,[\mathrm{Hz}]$ で与えられる．$m = 10\,\mathrm{kg}$ のときの固有振動数を求めよ．

解 $k = 0.98\,\mathrm{MN/m} = 9.8 \times 10^5\,\mathrm{N/m}$，$m = 10\,\mathrm{kg}$ だから，$f_n = \dfrac{1}{2\pi}\sqrt{\dfrac{9.8 \times 10^5\,\mathrm{N/m}}{10\,\mathrm{kg}}} = 49.8\,\mathrm{s^{-1}} = 49.8\,\mathrm{Hz}$

演習問題［1］

1.1 （1） 質量 $m = 1 \times 10^3\,\mathrm{kg}$ の自動車が，直線道路を時速 100 km で走行している．自動車の運動エネルギー T を求めよ．

（2） 重力場で，ばねの先端に質量 10 kg の物体を吊り下げ，さらに，その物体に下向きの力 100 N を作用させた．ばねに作用する力 F を求めよ．

（3） 手に質量 $m = 10\,\mathrm{kg}$ のカバンをもち，腕を水平に広げた．肩にかかるモーメント M を求めよ．ただし，肩と手の間の距離を $l = 60\,\mathrm{cm}$ とする．

1.2 宇宙ステーションで物体の質量を量りたい．どうしたらよいだろうか．

1.3 質量 1 kg の物体を地球と月の表面におくと，それぞれいくらの重力が作用するか．また，地球上で 1 kgf の重力が作用する物体は，月ではいくらの重力を受けるか．ただし，月面での重力加速度を $g/6\,[\mathrm{m/s^2}]$ とする．

第2章 力および力のモーメント

本章では機械力学を理解する上で必要なベクトルの基礎事項と，力および力のモーメントについて説明する．

2.1 ベクトル

2.1.1 スカラー量とベクトル量

自然界には，長さ，体積，質量，エネルギーなど大きさだけをもつ物理量と，力，変位，速度，加速度などの大きさだけではなく，方向と向きをももった物理量がある．前者の物理量を**スカラー**（scalar）量，後者の物理量を**ベクトル**（vector）量という．

図 2.1 に示すように，ベクトル $\boldsymbol{a}$ を矢印で表す．そして，ベクトルの大きさを矢印の長さに，向きを矢印の向きに対応させる．ベクトルの始点 O と終点 P を明示したい場合には，$\boldsymbol{a}$ を $\overrightarrow{\mathrm{OP}}$ のように表す．線分 OP の長さ $\overline{\mathrm{OP}}$ をベクトル $\boldsymbol{a}$ の大きさあるいは絶対値とよび，$|\boldsymbol{a}|$ または a のように表す．大きさが 0 のベクトルを**零ベクトル**（zero vector）といい，$\mathbf{0}$ と表記する．

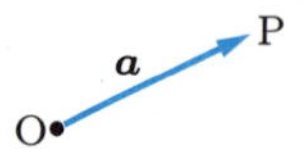

図 2.1

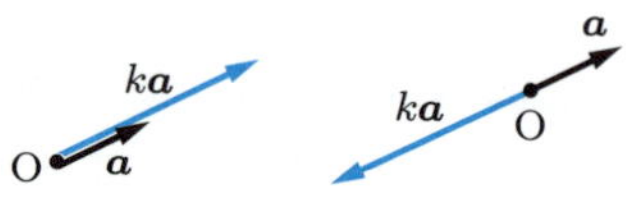

（a）$k > 0$　（b）$k < 0$

図 2.2

図 2.2 に示すように，ベクトル $\boldsymbol{a}$ にスカラー量 k（実数）をかけたベクトル $k\boldsymbol{a}$ は，ベクトル $\boldsymbol{a}$ に平行（$\boldsymbol{a}$ と同じ方向）であり，その大きさは $|k|a$ である．$k > 0$ のとき，$k\boldsymbol{a}$ は $\boldsymbol{a}$ と同じ向き，$k < 0$ のとき，逆向きである．

2.1.2 ベクトルの合成と分解

ベクトルの合成は**平行四辺形の法則**（parallelogram law）に基づいて行われる．図 2.3 (a)に示すように，始点が同じベクトル $\boldsymbol{a}$，$\boldsymbol{b}$ を 2 辺とする平行四辺形の対角線によって与えられるベクトル $\boldsymbol{c}$ を，ベクトル $\boldsymbol{a}$ と $\boldsymbol{b}$ の和あるいは**合成ベクトル**（resultant

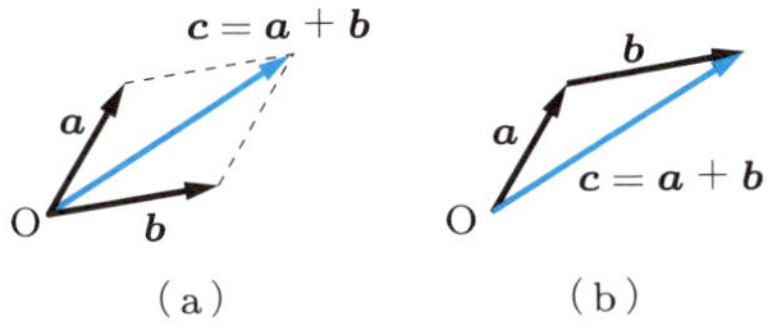

図 2.3

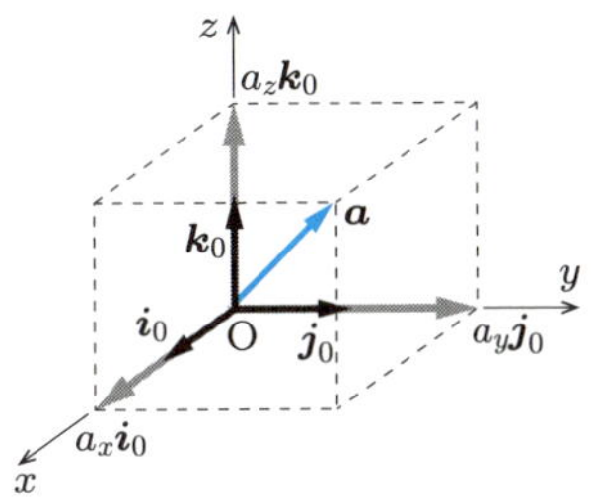

図 2.4

vector）とよび，$\boldsymbol{c} = \boldsymbol{a} + \boldsymbol{b}$ のように表す．ベクトルのうち，自由ベクトル[†1]（free vector）は平行移動させることができるので，図(b)のようにベクトル $\boldsymbol{b}$ を平行移動して合成ベクトル $\boldsymbol{c}$ を求めてもよい．

上述の平行四辺形の法則を逆に見れば，1 つのベクトルを 2 つ以上のベクトルに分解できることがわかる．分解のしかたは無数にあるが，ここでは，図 2.4 のように直交座標系 O-xyz を定めて，ベクトル $\boldsymbol{a}$ を x，y，z 軸方向に分解する．x，y，z 軸の正方向を向いた大きさが 1（無次元）の単位ベクトル（unit vector）をそれぞれ $\boldsymbol{i}_0$，$\boldsymbol{j}_0$，$\boldsymbol{k}_0$ とすると，ベクトル $\boldsymbol{a}$ は次のように表される[†2]．

$$\boldsymbol{a} = a_x\boldsymbol{i}_0 + a_y\boldsymbol{j}_0 + a_z\boldsymbol{k}_0 = \begin{bmatrix} a_x \\ a_y \\ a_z \end{bmatrix},$$

$$\boldsymbol{i}_0 = \begin{bmatrix} 1 \\ 0 \\ 0 \end{bmatrix}, \quad \boldsymbol{j}_0 = \begin{bmatrix} 0 \\ 1 \\ 0 \end{bmatrix}, \quad \boldsymbol{k}_0 = \begin{bmatrix} 0 \\ 0 \\ 1 \end{bmatrix} \tag{2.1}$$

ここに，スカラー量 a_x，a_y，a_z をそれぞれ，ベクトル $\boldsymbol{a}$ の x，y，z 軸方向の成分（component）という．ベクトルを各座標軸方向に分解したとき，分解したベクトルが座標軸の正方向（単位ベクトルの向き）と同じ向きならば成分は正，逆向きならば成分は負である．

零ベクトル $\boldsymbol{a} = \boldsymbol{0}$ の各座標軸方向成分は，次式のように 0 となる．

$$a_x = 0, \quad a_y = 0, \quad a_z = 0 \tag{2.2}$$

逆に，あるベクトルが零ベクトルであるためには，各座標軸方向成分がすべて 0 でなければならない．

---

†1　大きさ・方向・向きだけが重要で始点を定める必要のないベクトルを自由ベクトル，後述の位置ベクトルのように始点を定めなければ意味をもたないベクトルを拘束ベクトルとよぶ．

†2　成分のみを抽出して，$\boldsymbol{a} = \{a_x, a_y, a_z\}$ のように表すこともある．

次に，直交座標系を用いて図 2.3 (a)の平行四辺形の法則を成分表示してみよう．ベクトル $\boldsymbol{a} = a_x\boldsymbol{i}_0 + a_y\boldsymbol{j}_0 + a_z\boldsymbol{k}_0$ と $\boldsymbol{b} = b_x\boldsymbol{i}_0 + b_y\boldsymbol{j}_0 + b_z\boldsymbol{k}_0$ の合成ベクトル $\boldsymbol{c}$ は，次式で与えられる．

$$\boldsymbol{c} = \boldsymbol{a} + \boldsymbol{b} = (a_x + b_x)\boldsymbol{i}_0 + (a_y + b_y)\boldsymbol{j}_0 + (a_z + b_z)\boldsymbol{k}_0$$
$$= \begin{bmatrix} a_x + b_x \\ a_y + b_y \\ a_z + b_z \end{bmatrix} \tag{2.3}$$

すなわち，ベクトル $\boldsymbol{c}$ の成分はベクトル $\boldsymbol{a}$，$\boldsymbol{b}$ の成分の和となる．

直交座標系 O-xyz の原点 O を始点とし，点 P の座標 (x, y, z) を終点とするベクトル $\boldsymbol{r}$ を点 P の**位置ベクトル**（position vector）という．図 2.5 に示すように，位置ベクトルの成分表示は点 P の座標を用いて，$\boldsymbol{r} = x\boldsymbol{i}_0 + y\boldsymbol{j}_0 + z\boldsymbol{k}_0 = \{x, y, z\}$ と表される．

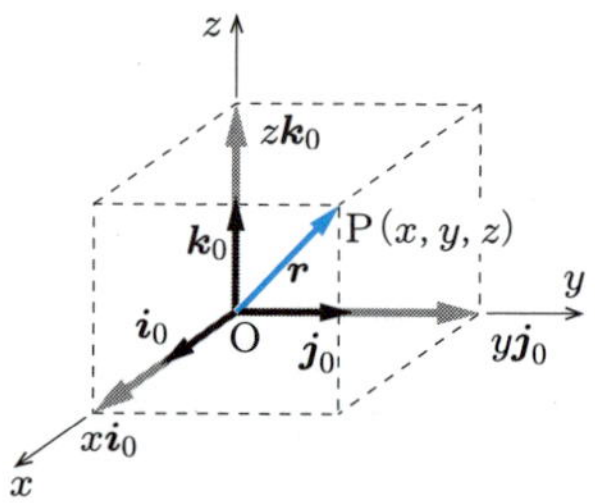

図 2.5

例題 2.1　（1）図 2.6 (a)のベクトル $\boldsymbol{a}$，$\boldsymbol{b}$ の差 $\boldsymbol{a}-\boldsymbol{b}$ を図示せよ．

（2）図(b)の点 O から 2 点 B，C に引いたベクトルをそれぞれ $\boldsymbol{b}$，$\boldsymbol{c}$，直線 AD 上の $\overline{\mathrm{AC}} = 3\overline{\mathrm{BC}}$ および $\overline{\mathrm{BD}} = 2\overline{\mathrm{BC}}$ となる点を A および D とする．ベクトル $\overrightarrow{\mathrm{OA}}$ および $\overrightarrow{\mathrm{OD}}$ を $\boldsymbol{b}$，$\boldsymbol{c}$ で表せ．

解　（1）$\boldsymbol{b}$ と大きさが等しく逆向きのベクトル $-\boldsymbol{b}$ とベクトル $\boldsymbol{a}$ の和 $\boldsymbol{a}+(-\boldsymbol{b})$ をとればよい．図 2.3 (a)において，$\boldsymbol{c} = \boldsymbol{a}+\boldsymbol{b}$，$\boldsymbol{b} = \boldsymbol{c}+(-\boldsymbol{a})$，$\boldsymbol{a} = \boldsymbol{c}+(-\boldsymbol{b})$ が成り立つ．

（2）$\overrightarrow{\mathrm{BC}} = \boldsymbol{c}-\boldsymbol{b}$ を用いる．

$$\overrightarrow{\mathrm{OA}} = \overrightarrow{\mathrm{OC}} + \overrightarrow{\mathrm{CA}} = \overrightarrow{\mathrm{OC}} + 3\overrightarrow{\mathrm{CB}} = \boldsymbol{c} + 3(\boldsymbol{b}-\boldsymbol{c}) = 3\boldsymbol{b} - 2\boldsymbol{c}$$
$$\overrightarrow{\mathrm{OD}} = \overrightarrow{\mathrm{OB}} + \overrightarrow{\mathrm{BD}} = \overrightarrow{\mathrm{OB}} + 2\overrightarrow{\mathrm{BC}} = \boldsymbol{b} + 2(\boldsymbol{c}-\boldsymbol{b}) = 2\boldsymbol{c} - \boldsymbol{b}$$

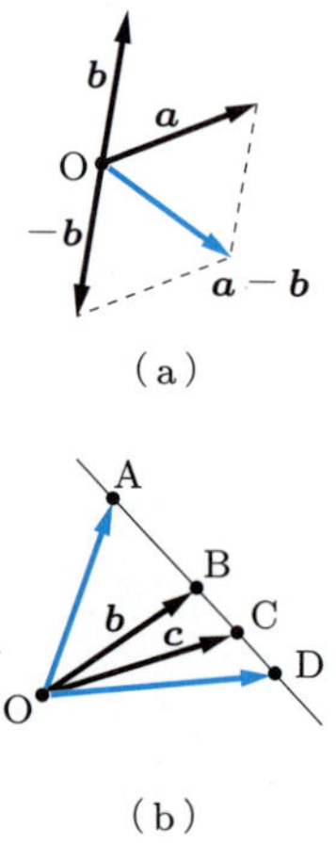

図 2.6

2.1.3　ベクトルの外積と内積

2つのベクトル $\boldsymbol{a}$, $\boldsymbol{b}$ 間の積の演算には2種類ある．1つはベクトル $\boldsymbol{a}$, $\boldsymbol{b}$ から新たなベクトルをつくる外積（cross product）であり，$\boldsymbol{a}\times\boldsymbol{b}$ で表す．もう1つはスカラーをつくる内積（inner product）であり，$\boldsymbol{a}\cdot\boldsymbol{b}$ で表す．

図2.7のように，外積 $\boldsymbol{a}\times\boldsymbol{b}$ は，大きさが2つのベクトル $\boldsymbol{a}$ と $\boldsymbol{b}$ によってつくられる平行四辺形の面積に等しく，方向は平行四辺形の平面に垂直で，向きは $\boldsymbol{a}$ から $\boldsymbol{b}$ に向かって180° 以内の角度で右ねじを回したとき，ねじが進む向き（右ねじの法則）をもつベクトルであると定義される．すなわち，外積 $\boldsymbol{a}\times\boldsymbol{b}$ の大きさは，ベクトル $\boldsymbol{a}$, $\boldsymbol{b}$ の大きさをそれぞれ a, b, $\boldsymbol{a}$ と $\boldsymbol{b}$ がなす角度を θ とすると，

$$|\boldsymbol{a}\times\boldsymbol{b}| = ab\sin\theta \tag{2.4}$$

となる．定義により，$\boldsymbol{b}\times\boldsymbol{a} = -\boldsymbol{a}\times\boldsymbol{b}$ である（交換則は成立しない）．また，ベクトル $\boldsymbol{a}$ と $\boldsymbol{b}$ が平行であるとき（$\theta = 0, \pi$），$\boldsymbol{a}\times\boldsymbol{b} = \boldsymbol{0}$ となる．さらに，ベクトル $\boldsymbol{a}$, $\boldsymbol{b}$, $\boldsymbol{c}$ に対して，外積の分配法則 $(\boldsymbol{a}+\boldsymbol{b})\times\boldsymbol{c} = \boldsymbol{a}\times\boldsymbol{c}+\boldsymbol{b}\times\boldsymbol{c}$ が成り立つ．

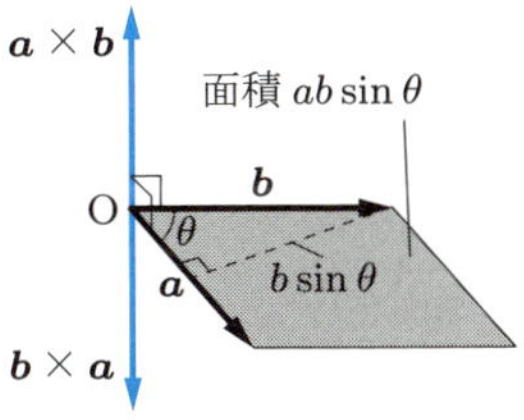

図2.7

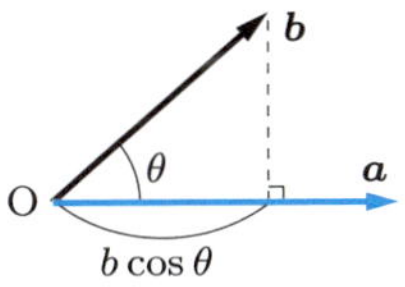

図2.8

上の定義により，図2.4の直交座標軸方向の単位ベクトル $\boldsymbol{i}_0$, $\boldsymbol{j}_0$, $\boldsymbol{k}_0$ の間に次の関係が成り立つことがわかる．

$$\left.\begin{array}{lll}\boldsymbol{i}_0\times\boldsymbol{j}_0 = \boldsymbol{k}_0, & \boldsymbol{j}_0\times\boldsymbol{k}_0 = \boldsymbol{i}_0, & \boldsymbol{k}_0\times\boldsymbol{i}_0 = \boldsymbol{j}_0 \\ \boldsymbol{j}_0\times\boldsymbol{i}_0 = -\boldsymbol{k}_0, & \boldsymbol{k}_0\times\boldsymbol{j}_0 = -\boldsymbol{i}_0, & \boldsymbol{i}_0\times\boldsymbol{k}_0 = -\boldsymbol{j}_0 \\ \boldsymbol{i}_0\times\boldsymbol{i}_0 = \boldsymbol{0}, & \boldsymbol{j}_0\times\boldsymbol{j}_0 = \boldsymbol{0}, & \boldsymbol{k}_0\times\boldsymbol{k}_0 = \boldsymbol{0}\end{array}\right\} \tag{2.5}$$

式(2.1)の成分表示と式(2.5)の関係から，外積 $\boldsymbol{a}\times\boldsymbol{b}$ は次のように成分表示される．

$$\begin{aligned}\boldsymbol{a}\times\boldsymbol{b} &= (a_x\boldsymbol{i}_0 + a_y\boldsymbol{j}_0 + a_z\boldsymbol{k}_0)\times(b_x\boldsymbol{i}_0 + b_y\boldsymbol{j}_0 + b_z\boldsymbol{k}_0) \\ &= (a_yb_z - a_zb_y)\boldsymbol{i}_0 + (a_zb_x - a_xb_z)\boldsymbol{j}_0 + (a_xb_y - a_yb_x)\boldsymbol{k}_0 \\ &= \begin{vmatrix}\boldsymbol{i}_0 & \boldsymbol{j}_0 & \boldsymbol{k}_0 \\ a_x & a_y & a_z \\ b_x & b_y & b_z\end{vmatrix}\end{aligned} \tag{2.6}$$

すなわち，$\boldsymbol{a}\times\boldsymbol{b}$ の成分表示は形式的に行列式の展開公式（付録I.5参照）から求めら

れる．

一方，図2.8に示すように，ベクトル $\boldsymbol{a}$ と $\boldsymbol{b}$ がなす角度を θ とすると，スカラーをつくり出す内積 $\boldsymbol{a}\cdot\boldsymbol{b}$ は次式で定義される．

$$\boldsymbol{a}\cdot\boldsymbol{b} = ab\cos\theta \tag{2.7}$$

すなわち，$\boldsymbol{a}\cdot\boldsymbol{b}$ は，$\boldsymbol{a}$ の大きさ a と $\boldsymbol{b}$ を $\boldsymbol{a}$ に投影した成分 $b\cos\theta$ との積を意味し，$\boldsymbol{a}\cdot\boldsymbol{b}=\boldsymbol{b}\cdot\boldsymbol{a}$ である（交換則が成立する）．ベクトル $\boldsymbol{a}$ と $\boldsymbol{b}$ が直交するとき（$\theta=\pm\pi/2$），$\boldsymbol{a}\cdot\boldsymbol{b}=0$ となる．また，ベクトル $\boldsymbol{a}$，$\boldsymbol{b}$，$\boldsymbol{c}$ に対して，内積の分配法則 $(\boldsymbol{a}+\boldsymbol{b})\cdot\boldsymbol{c}=\boldsymbol{a}\cdot\boldsymbol{c}+\boldsymbol{b}\cdot\boldsymbol{c}$ が成り立つ．上の定義により，直交座標系の単位ベクトル $\boldsymbol{i}_0$，$\boldsymbol{j}_0$，$\boldsymbol{k}_0$ の間には次の関係が成り立つ．

$$\left.\begin{array}{l}\boldsymbol{i}_0\cdot\boldsymbol{j}_0=\boldsymbol{j}_0\cdot\boldsymbol{i}_0=0,\quad \boldsymbol{j}_0\cdot\boldsymbol{k}_0=\boldsymbol{k}_0\cdot\boldsymbol{j}_0=0,\quad \boldsymbol{k}_0\cdot\boldsymbol{i}_0=\boldsymbol{i}_0\cdot\boldsymbol{k}_0=0\\ \boldsymbol{i}_0\cdot\boldsymbol{i}_0=1,\quad \boldsymbol{j}_0\cdot\boldsymbol{j}_0=1,\quad \boldsymbol{k}_0\cdot\boldsymbol{k}_0=1\end{array}\right\} \tag{2.8}$$

式(2.1)の成分表示と式(2.8)の関係から，内積 $\boldsymbol{a}\cdot\boldsymbol{b}$ は次式のようになる．

$$\begin{aligned}\boldsymbol{a}\cdot\boldsymbol{b} &= (a_x\boldsymbol{i}_0+a_y\boldsymbol{j}_0+a_z\boldsymbol{k}_0)\cdot(b_x\boldsymbol{i}_0+b_y\boldsymbol{j}_0+b_z\boldsymbol{k}_0)\\ &= a_xb_x+a_yb_y+a_zb_z\end{aligned} \tag{2.9}$$

したがって，ベクトル $\boldsymbol{a}$ の大きさ a は，内積を使って次式で与えられる．

$$a=|\boldsymbol{a}|=\sqrt{\boldsymbol{a}\cdot\boldsymbol{a}}=\sqrt{a_x^2+a_y^2+a_z^2} \tag{2.10}$$

$\boldsymbol{a}\cdot\boldsymbol{a}$ を $\boldsymbol{a}^2$ と表すこともある．

例題 2.2　（1）図2.9のベクトル $\boldsymbol{a}=\{1,1,0\}$，$\boldsymbol{b}=\{0,1,2\}$ の外積 $\boldsymbol{c}=\boldsymbol{a}\times\boldsymbol{b}$ を求めよ．

（2）ベクトル $\boldsymbol{c}$ はベクトル $\boldsymbol{a},\boldsymbol{b}$ に直交することを確かめよ．

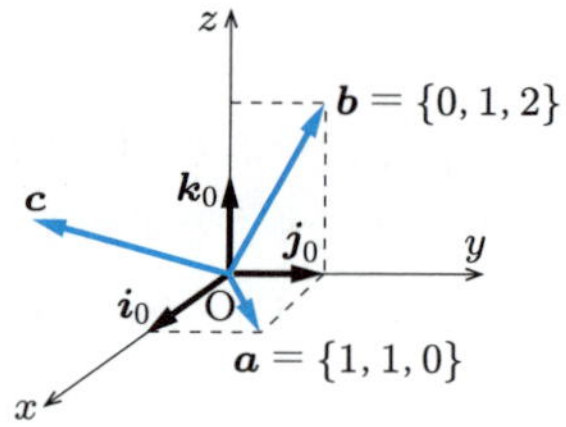

図2.9

解　（1）$\boldsymbol{c}=\boldsymbol{a}\times\boldsymbol{b}=(\boldsymbol{i}_0+\boldsymbol{j}_0)\times(\boldsymbol{j}_0+2\boldsymbol{k}_0)$

$$=\begin{vmatrix}\boldsymbol{i}_0 & \boldsymbol{j}_0 & \boldsymbol{k}_0\\ 1 & 1 & 0\\ 0 & 1 & 2\end{vmatrix}=2\boldsymbol{i}_0-2\boldsymbol{j}_0+\boldsymbol{k}_0=\{2,-2,1\}$$

（2）$\boldsymbol{c}$ と $\boldsymbol{a}$，$\boldsymbol{b}$ の内積をとる．

$$\boldsymbol{a}\cdot\boldsymbol{c}=1\cdot2+1\cdot(-2)+0\cdot1=0$$

$$\boldsymbol{b}\cdot\boldsymbol{c}=0\cdot2+1\cdot(-2)+2\cdot1=0$$

よって，$\boldsymbol{c}$ は $\boldsymbol{a}$ および $\boldsymbol{b}$ に直交する．

例題 2.3　2つのベクトル $\boldsymbol{a}=\sqrt{2}\boldsymbol{i}_0+3\boldsymbol{j}_0+5\boldsymbol{k}_0$，$\boldsymbol{b}=-2\sqrt{2}\boldsymbol{i}_0-3\boldsymbol{j}_0+8\boldsymbol{k}_0$ に関して，（1）内積 $\boldsymbol{a}\cdot\boldsymbol{b}$，（2）外積 $\boldsymbol{a}\times\boldsymbol{b}$，（3）両ベクトルに垂直な単位ベクトル $\boldsymbol{e}$，（4）

$\boldsymbol{a}$ と $\boldsymbol{b}$ を 2 辺とする三角形の面積 S，（5）$\boldsymbol{a}$ と $\boldsymbol{b}$ がなす角度 θ，をそれぞれ求めよ．

解 （1）$\boldsymbol{a}\cdot\boldsymbol{b} = a_x b_x + a_y b_y + a_z b_z = -\sqrt{2}\times 2\sqrt{2} - 3\times 3 + 5\times 8 = 27$

（2）$\boldsymbol{a}\times\boldsymbol{b} = \begin{vmatrix} \boldsymbol{i}_0 & \boldsymbol{j}_0 & \boldsymbol{k}_0 \\ \sqrt{2} & 3 & 5 \\ -2\sqrt{2} & -3 & 8 \end{vmatrix} = 39\boldsymbol{i}_0 - 18\sqrt{2}\boldsymbol{j}_0 + 3\sqrt{2}\boldsymbol{k}_0$

（3）ベクトル $\boldsymbol{a}\times\boldsymbol{b}$ はベクトル $\boldsymbol{a}$，$\boldsymbol{b}$ の両方に垂直なので，その大きさでわって単位ベクトルを求めればよい．

$$|\boldsymbol{a}\times\boldsymbol{b}| = \sqrt{39^2 + 18^2\cdot 2 + 3^2\cdot 2} = 27\sqrt{3}$$

$$\boldsymbol{e} = \pm\frac{\boldsymbol{a}\times\boldsymbol{b}}{|\boldsymbol{a}\times\boldsymbol{b}|} = \pm\left(\frac{13}{9\sqrt{3}}\boldsymbol{i}_0 - \frac{2}{3}\sqrt{\frac{2}{3}}\boldsymbol{j}_0 + \frac{1}{9}\sqrt{\frac{2}{3}}\boldsymbol{k}_0\right)$$

（4）$S = |\boldsymbol{a}\times\boldsymbol{b}|/2$ と（3）から，$S = 27\sqrt{3}/2$ となる．

（5）$S = (1/2)|\boldsymbol{a}||\boldsymbol{b}|\sin\theta$ と（4）から，

$$\frac{|\boldsymbol{a}||\boldsymbol{b}|\sin\theta}{2} = \frac{\sqrt{2+9+25}\times\sqrt{8+9+64}\sin\theta}{2} = 27\sin\theta = \frac{27\sqrt{3}}{2}$$

となり，$\sin\theta = \sqrt{3}/2 \quad \therefore \quad \theta = \pi/3$．あるいは，角度 θ は内積からも求められる（各自で確かめよ）．

2.1.4 ベクトルの微分

ベクトル $\boldsymbol{a}$，$\boldsymbol{b}$ がスカラー量 t の関数，k がスカラー定数，ϕ が t のスカラー関数のとき，次の関係が成り立つ．

$$\frac{d}{dt}(\boldsymbol{a}\pm\boldsymbol{b}) = \frac{d\boldsymbol{a}}{dt} \pm \frac{d\boldsymbol{b}}{dt} \tag{2.11}$$

$$\frac{d}{dt}(k\boldsymbol{a}) = k\frac{d\boldsymbol{a}}{dt}, \quad \frac{d}{dt}(\phi\boldsymbol{a}) = \frac{d\phi}{dt}\boldsymbol{a} + \phi\frac{d\boldsymbol{a}}{dt} \tag{2.12}$$

$$\frac{d}{dt}(\boldsymbol{a}\times\boldsymbol{b}) = \frac{d\boldsymbol{a}}{dt}\times\boldsymbol{b} + \boldsymbol{a}\times\frac{d\boldsymbol{b}}{dt} \tag{2.13}$$

$$\frac{d}{dt}(\boldsymbol{a}\cdot\boldsymbol{b}) = \frac{d\boldsymbol{a}}{dt}\cdot\boldsymbol{b} + \boldsymbol{a}\cdot\frac{d\boldsymbol{b}}{dt} \tag{2.14}$$

もし，ベクトル $\boldsymbol{a}$ が，大きさも向きもともに変化しない一定ベクトルならば，$\dfrac{d\boldsymbol{a}}{dt} = \boldsymbol{0}$ である．

例題 2.4 $\boldsymbol{a}(t) = a_x(t)\boldsymbol{i}_0 + a_y(t)\boldsymbol{j}_0 + a_z(t)\boldsymbol{k}_0$ の $\dfrac{d\boldsymbol{a}}{dt}$ を求めよ．ただし，$\boldsymbol{i}_0$，$\boldsymbol{j}_0$，$\boldsymbol{k}_0$ は一定ベクトルとする．

解 式(2.11)，(2.12)から，

$$\frac{d\boldsymbol{a}}{dt} = \frac{d}{dt}(a_x\boldsymbol{i}_0) + \frac{d}{dt}(a_y\boldsymbol{j}_0) + \frac{d}{dt}(a_z\boldsymbol{k}_0)$$

$$= \frac{da_x}{dt}\boldsymbol{i}_0 + a_x\frac{d\boldsymbol{i}_0}{dt} + \frac{da_y}{dt}\boldsymbol{j}_0 + a_y\frac{d\boldsymbol{j}_0}{dt} + \frac{da_z}{dt}\boldsymbol{k}_0 + a_z\frac{d\boldsymbol{k}_0}{dt}$$
$$= \frac{da_x}{dt}\boldsymbol{i}_0 + \frac{da_y}{dt}\boldsymbol{j}_0 + \frac{da_z}{dt}\boldsymbol{k}_0 \qquad \because \ \frac{d\boldsymbol{i}_0}{dt} = \frac{d\boldsymbol{j}_0}{dt} = \frac{d\boldsymbol{k}_0}{dt} = \boldsymbol{0}$$

例題 2.5 $\boldsymbol{r} \times \dfrac{d^2\boldsymbol{r}}{dt^2} = \dfrac{d}{dt}\left(\boldsymbol{r} \times \dfrac{d\boldsymbol{r}}{dt}\right)$ を証明せよ．（ヒント：式 (2.13)）

解 $\boldsymbol{r} \times \dfrac{d^2\boldsymbol{r}}{dt^2} = \dfrac{d}{dt}\left(\boldsymbol{r} \times \dfrac{d\boldsymbol{r}}{dt}\right) - \dfrac{d\boldsymbol{r}}{dt} \times \dfrac{d\boldsymbol{r}}{dt} = \dfrac{d}{dt}\left(\boldsymbol{r} \times \dfrac{d\boldsymbol{r}}{dt}\right) \qquad \because \ \dfrac{d\boldsymbol{r}}{dt} \times \dfrac{d\boldsymbol{r}}{dt} = \boldsymbol{0}$

2.2 力

力は大きさ，方向，向きをもつベクトル量であるから，前節で述べたベクトルの性質はすべて力に対しても成り立つ．力 $\boldsymbol{F}_1$ と $\boldsymbol{F}_2$ の合成ベクトル $\boldsymbol{F} = \boldsymbol{F}_1 + \boldsymbol{F}_2$ を，合力（resultant force）とよぶ．また，逆に $\boldsymbol{F}$ を 2 つの力 $\boldsymbol{F}_1, \boldsymbol{F}_2$ に分解したとき，$\boldsymbol{F}_1$，$\boldsymbol{F}_2$ を $\boldsymbol{F}$ の分力（component force）とよぶ．

図 2.10 に示すように，力 $\boldsymbol{F}$ が作用する点 P を $\boldsymbol{F}$ の作用点（point of application），$\boldsymbol{F}$ を通る直線 hh' を力 $\boldsymbol{F}$ の作用線（line of action）という．$\boldsymbol{F}$ を作用線に沿って移動させても力学的な効果は変わらない．たとえば，図 2.11 のようなつり合った天秤において，おもりの重力 W_1，W_2 の作用点が作用線上を移動しても（おもりを吊るした糸の長さ l_1，l_2 を変化させても），重力の効果は変化しない．

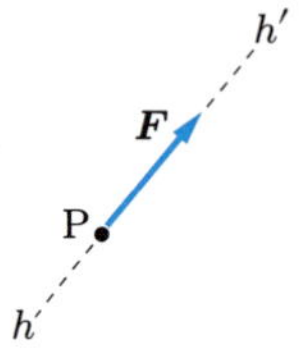

図 2.10

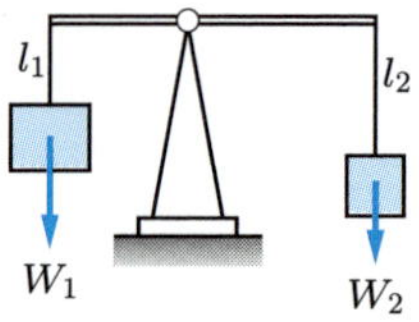

図 2.11

例題 2.6 図 2.12 (a) に示すように，同一平面にある大きさが 100 N，150 N，50 N の 3 つの力の合力 $\boldsymbol{F}$ の大きさおよび x 軸となす角を求めよ．

解 おのおのの力を x，y 方向に分解して，合力 $\boldsymbol{F}$ のそれぞれ x，y 軸方向成分である F_x，F_y を求める．

$$F_x = 100\cos\left(\frac{\pi}{6}\right) - 150\sin\left(\frac{\pi}{4}\right) = -19.46\,\mathrm{N}$$
$$F_y = 100\sin\left(\frac{\pi}{6}\right) + 150\cos\left(\frac{\pi}{4}\right) - 50 = 106.1\,\mathrm{N}$$

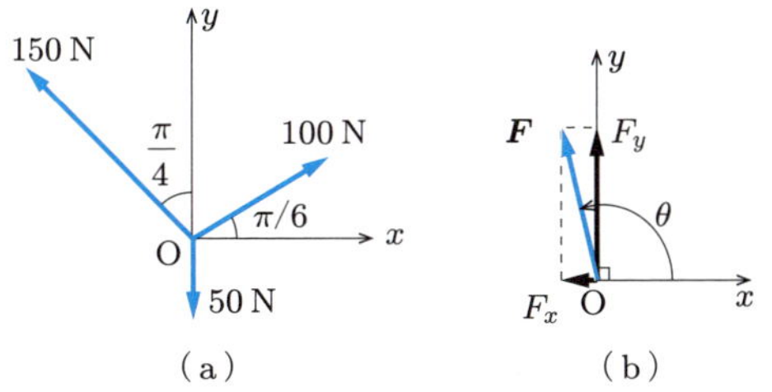

図 2.12

合力 $\boldsymbol{F}$ の大きさは，$F = \sqrt{F_x^2 + F_y^2} = \sqrt{(-19.46)^2 + 106.1^2} = 108\,\mathrm{N}$ となる．合力 $\boldsymbol{F}$ の x 軸正方向からの角度を θ とすると，図(b)から次式となる．

$$\theta = \frac{\pi}{2} + \tan^{-1}\left|\frac{F_x}{F_y}\right| = 1.752\,\mathrm{rad} = 100.4^\circ$$

2.3 力のモーメント

ある軸まわりに回転することのできる物体に力が作用すると，物体は回転する．この物体を回転させようとする力のはたらきを，力のモーメント（moment of force）という．機械工学の分野では，ロータや歯車などを回転軸まわりに回転させる力のモーメントをとくにトルク（torque）とよぶ．

2.3.1 力のモーメントの大きさと向き

図 2.13 に示すように，力 $\boldsymbol{F}$ が回転軸 z に垂直な平面内にあるとき，力 $\boldsymbol{F}$ は z 軸まわりにモーメントを生じる．$\boldsymbol{F}$ の大きさを F，z 軸と平面の交点 O から $\boldsymbol{F}$ の作用線に下ろした垂線の長さ（腕の長さ）を l として，力 $\boldsymbol{F}$ の点 O まわりのモーメントの大きさ N を次式で定義する．

$$N = Fl \tag{2.15}$$

この場合，力 $\boldsymbol{F}$ が回転させようとする向きは z 軸の上方から見ると，反時計まわりである．一方，力 $\boldsymbol{F}$ が逆向きに作用したとすると，その向きは逆に時計まわりとなる．このように，力のモーメントは大きさと向きをもったベクトル量であることがわかる．そこで，その大きさを長さとし，方向は回転軸の方向，向きは回転軸の回転方向に右ねじを回したときに右ねじが進む向きの矢印 $\boldsymbol{N}$ によって，力のモーメントのベクトルを表す．図 2.13 の場合，向きは z 軸の正方向に一致する．力のモーメントの単位は[Nm]である．

このように力のモーメントのベクトル $\boldsymbol{N}$ の大きさと向きを定義すると，力のモーメントのベクトルは，以下のようにベクトルの外積によって表現される．一般に，図

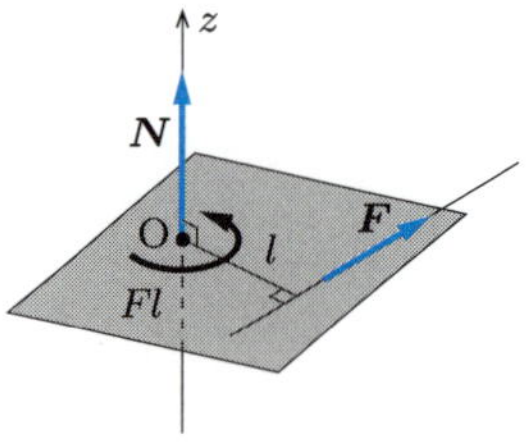

図 2.13

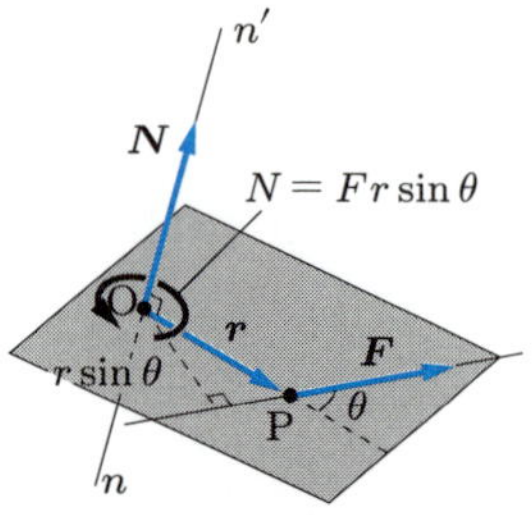

図 2.14

2.14 のように，力 $\boldsymbol{F}$ の作用点を P，点 O を始点とし点 P を終点とする位置ベクトルを $\boldsymbol{r}$ とすると，$\boldsymbol{F}$ は点 O を通り $\boldsymbol{r}$ と $\boldsymbol{F}$ でつくる平面に垂直な軸 nn' まわりにモーメント $\boldsymbol{N}$ を生じる．$r = |\boldsymbol{r}|$，$F = |\boldsymbol{F}|$ および $\boldsymbol{r}$ と $\boldsymbol{F}$ がなす角度を θ とすると，点 O から $\boldsymbol{F}$ の作用線に下ろした垂線の長さは $r\sin\theta$ だから，$\boldsymbol{N}$ の大きさは $N = Fr\sin\theta$ となる．また，$\boldsymbol{N}$ の向きは，ベクトル $\boldsymbol{r}$ の向きから $\boldsymbol{F}$ の向きに向かって右ねじを回したとき，右ねじが進む向きである．したがって，$\boldsymbol{F}$ の点 O に関するモーメントは，外積の定義を用いて次式で表される（積の順序に注意）．

$$\boldsymbol{N} = \boldsymbol{r} \times \boldsymbol{F} \tag{2.16}$$

なお，一般に物理量を表すベクトル $\boldsymbol{A}$ について，作用点の位置ベクトル $\boldsymbol{r}$ と $\boldsymbol{A}$ との外積 $\boldsymbol{r} \times \boldsymbol{A}$ を，$\boldsymbol{r}$ の始点 O に関する物理量 $\boldsymbol{A}$ のモーメントという．

2.3.2 モーメントの成分表示

以上のように力のモーメントのベクトルを定義すると，モーメントは平行四辺形の法則に基づいて，合成や分解ができる．図 2.15 のように，モーメントのベクトル $\boldsymbol{N}$ を直交座標軸方向に，$\boldsymbol{N} = N_x\boldsymbol{i}_0 + N_y\boldsymbol{j}_0 + N_z\boldsymbol{k}_0$ と分解したときの各方向の成分 N_x，N_y，N_z を，それぞれ x，y，z 軸まわりのモーメントとよぶ．これらは正負の値をもつ．たとえば，x 軸まわりのモーメント N_x は，その作用によって右ねじの進む向きが x 軸の正方向と一致するとき正，逆向きのとき負である．

図 2.16 (a)のように，直交座標系で成分表示された力 $\boldsymbol{F} = F_x\boldsymbol{i}_0 + F_y\boldsymbol{j}_0 + F_z\boldsymbol{k}_0$ が点 $\mathrm{P}(x, y, z)$ に作用しているとき，$\boldsymbol{F}$ の原点 O に関するモーメントのベクトル $\boldsymbol{N}$ の成分は，$\boldsymbol{F}$ の各方向成分がそれぞれの座標軸のまわりにつくるモーメントの和として求められる．たとえば，図(b)で x 軸まわりにモーメントをつくる力の成分は F_y と F_z であり，x 軸と F_y，F_z の作用線の間の距離はそれぞれ z，y である．したがって，向きを考慮すると，x 軸まわりの力のモーメントは，$N_x = F_z y - F_y z$ となる．

しかし，各座標軸まわりの力のモーメントを図から直接求めるこの方法は，対象が複雑になると間違えやすい．そこで，式(2.16)のベクトルの外積を用いて成分表示す

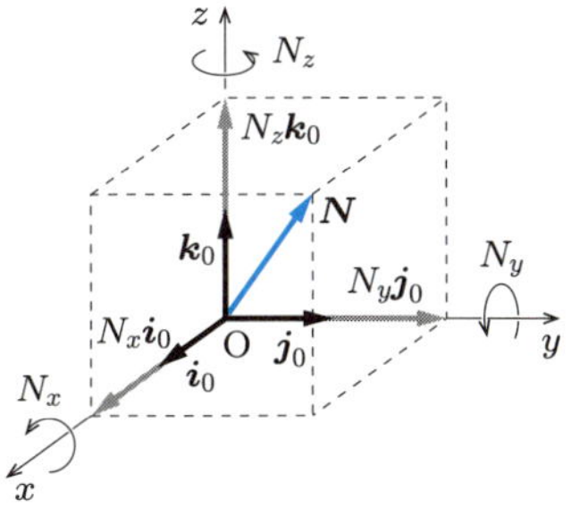

図 2.15

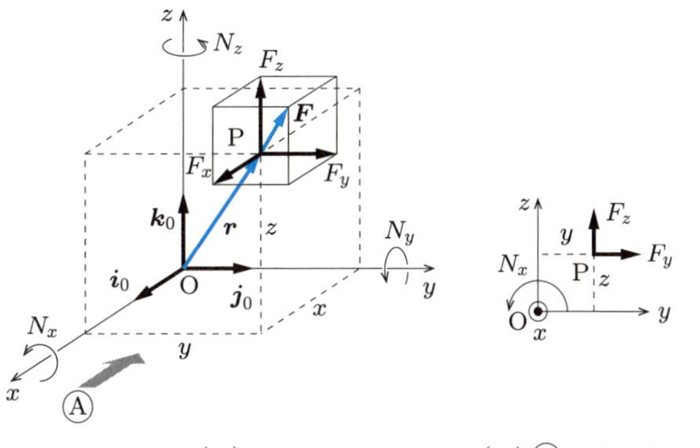

(a)　(b) Ⓐから見た図

図 2.16

る．原点 O を始点とする作用点 P の位置ベクトルは，$\boldsymbol{r} = x\boldsymbol{i}_0 + y\boldsymbol{j}_0 + z\boldsymbol{k}_0$ だから，力 $\boldsymbol{F}$ の原点 O に関するモーメントのベクトル $\boldsymbol{N}$ は，次式で表される．

$$\boldsymbol{N} = \boldsymbol{r} \times \boldsymbol{F} = \begin{vmatrix} \boldsymbol{i}_0 & \boldsymbol{j}_0 & \boldsymbol{k}_0 \\ x & y & z \\ F_x & F_y & F_z \end{vmatrix}$$

$$= (F_z y - F_y z)\boldsymbol{i}_0 + (F_x z - F_z x)\boldsymbol{j}_0 + (F_y x - F_x y)\boldsymbol{k}_0 \tag{2.17}$$

この x 方向成分 $N_x = F_z y - F_y z$ は，先に求めた N_x の結果と一致する．

例題 2.7　図 2.17 の構造物の点 A に z 方向の力 $\boldsymbol{P}$，点 B に x 方向の力 $\boldsymbol{Q}$ が作用している．原点 O のまわりのこれらの力から生じるモーメントの総和（以後，合モーメントとよぶ）$\boldsymbol{N}$ を求めよ．ただし，l は各部材の長さを表す．

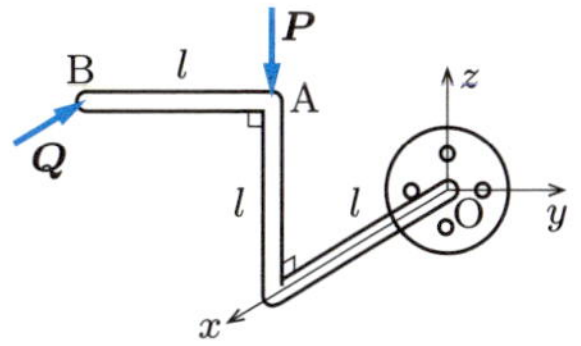

図 2.17

解　原点 O を始点，点 A, B を終点とする位置ベクトルは，それぞれ $\boldsymbol{r}_A = \{l, 0, l\}$，$\boldsymbol{r}_B = \{l, -l, l\}$．また，$\boldsymbol{P} = \{0, 0, -P\}$，$\boldsymbol{Q} = \{-Q, 0, 0\}$ である．ただし，P，Q はそれぞれ $\boldsymbol{P}$，$\boldsymbol{Q}$ の大きさを表す．原点 O まわりのそれらの合モーメント $\boldsymbol{N}$ は，次式となる．

$$\boldsymbol{N} = \boldsymbol{r}_A \times \boldsymbol{P} + \boldsymbol{r}_B \times \boldsymbol{Q} = l(\boldsymbol{i}_0 + \boldsymbol{k}_0) \times (-P\boldsymbol{k}_0) + l(\boldsymbol{i}_0 - \boldsymbol{j}_0 + \boldsymbol{k}_0) \times (-Q\boldsymbol{i}_0)$$

$$= (Pl - Ql)\boldsymbol{j}_0 - Ql\boldsymbol{k}_0$$

ゆえに，y 軸まわりに $Pl - Ql$，z 軸まわりに $-Ql$ の力のモーメントを生じる．

図 2.17 を見ると，点 A および B は，力 $\boldsymbol{P}$ および $\boldsymbol{Q}$ の作用点（始点）ではない．それでも原点 O まわりのモーメント $\boldsymbol{N}$ が正しく求められるのは，力の作用線上の任意の点の位置ベクトルを用いても力のモーメントが変化しないからである．

2.4 偶 力

　図 2.18 に示すように，大きさが等しく互いに逆向きで作用点が一致しない平行な一対の力 $\boldsymbol{F}$ を偶力（couple）という．$\boldsymbol{F}$ と $-\boldsymbol{F}$ の大きさを F，偶力の作用線の間の距離を l とすると，図 2.18 (a)，(b)に示すように，この偶力がそれを含む平面内の点 O まわりにつくるモーメントの総和は点 O の位置に関係なく，どの点まわりでも Fl となる．すなわち，この偶力は大きさが Fl，向きが反時計まわりのモーメントと等価である．

$$N = |\boldsymbol{N}| = Fa + Fb = Fl \qquad N = |\boldsymbol{N}| = Fb - Fa = Fl$$
$$\text{（a）} \qquad\qquad\qquad \text{（b）}$$

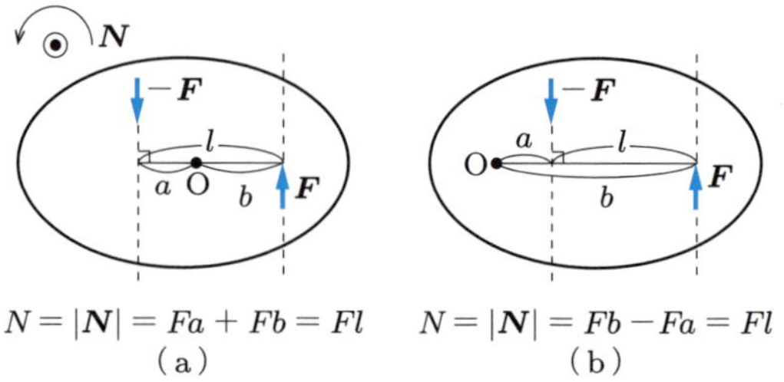

図 2.18

　さて，この偶力を用いて以下のことを導くことができる．

（1）　図 2.19 の(a)と(b)は力学的に等価である．すなわち，点 O から l だけ離れた点 P に作用する線分 OP に垂直な力 $\boldsymbol{F}$ は，点 O に作用する力 $\boldsymbol{F}$ と，反時計まわりの力のモーメント Fl におき換えられる．

　なぜなら，図 2.19 (c)に示すように，点 O に大きさが同じで互いに逆向きの 2 つの力が作用していると考えると（これらの力は互いにキャンセルし合い，合力は零ベクトル），点 O での力 $-\boldsymbol{F}$ と点 P に作用する力 $\boldsymbol{F}$ は偶力を形成し，これらは反時計まわりの力のモーメント Fl と等価であるからである．

（2）　外部から物体にモーメント $\boldsymbol{N}$ が加わるとき，物体上の任意の点まわりのモーメントも $\boldsymbol{N}$ である．たとえば，図 2.20 で外部から点 O にモーメント $\boldsymbol{N}$ がはたらく

$$\text{（a）} \qquad\qquad \text{（b）} \qquad\qquad \text{（c）}$$

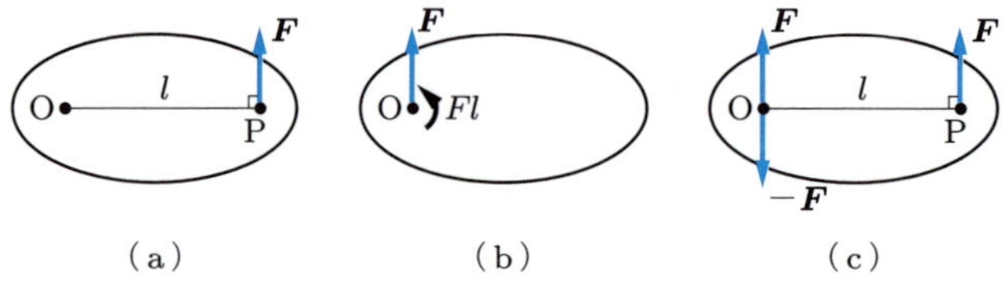

図 2.19　　　　　　　　　　　　　　図 2.20

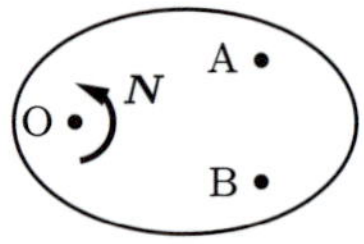

とき，点 A および B まわりのモーメントも同じく $\boldsymbol{N}$ となる．

なぜなら，モーメント $\boldsymbol{N}$ は，$N = Fl$ を満足する大きさ F と作用線の間の距離 l をもった偶力 $\boldsymbol{F}$ におき換えられるが，この偶力 $\boldsymbol{F}$ が任意の点まわりになすモーメントは前述したように $\boldsymbol{N}$ であるからである．

例題 2.8　図 2.21 (a)の床上の点 O に作用する力と，その力のモーメントを求めよ．

解　図(b)に示すように，点 A の力 P を作用線に沿って点 B まで移動させても P の力学的な効果は変わらない．そして，点 B の力 P は，点 O に作用する力 P と点 O まわりの力のモーメント $-Pa$（反時計まわりを正とする）に等価におき換えられる．同様に，力 Q は，点 O に作用する力 Q と点 O まわりの力のモーメント Qb におき換えられる．したがって，床上の点 O には力 P，Q と力のモーメント $Qb - Pa$ が作用する．

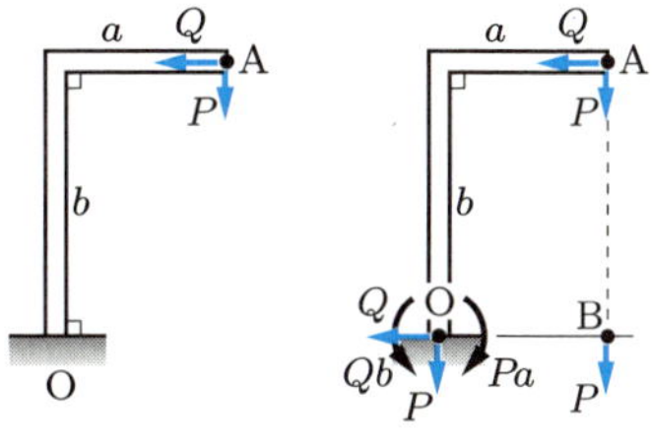

（a）　（b）

図 2.21

演習問題［2］

2.1　図 2.22 の位置ベクトル $\boldsymbol{q} = \{x_0, y_0, z_0\}$ の終点 Q を通り，ベクトル $\boldsymbol{a} = \{a_x, a_y, a_z\}$ に垂直な平面の方程式を求めよ．ただし，平面上の任意の点 P の位置ベクトルを $\boldsymbol{p} = \{x, y, z\}$ とする．

2.2．図 2.23 のように，支点 O から吊るした長さ l の振子がある．そのおもりの位置を (x, y, z) とするとき，糸からおもりに作用する張力 $\boldsymbol{T}$ の x，y，z 軸方向成分を求めよ．

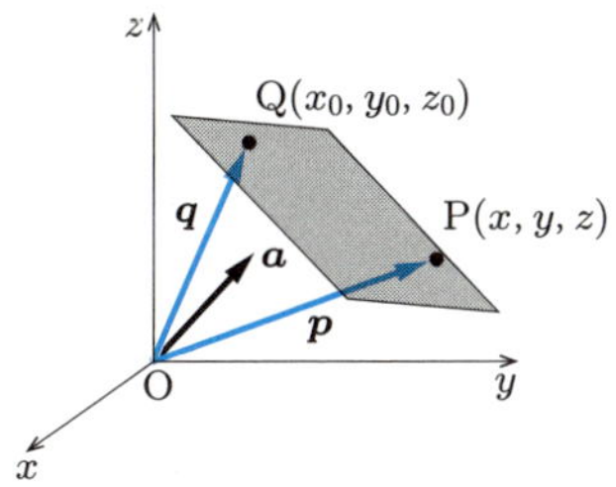

図 2.22

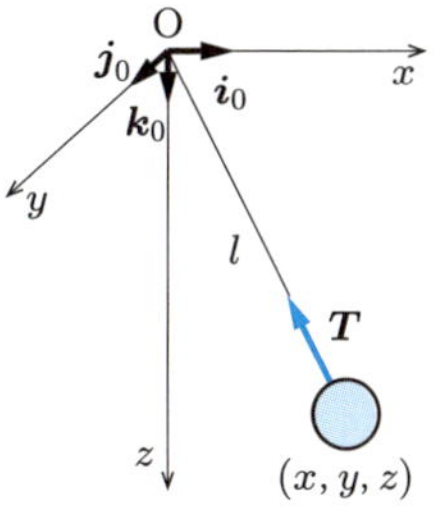

図 2.23

2.3　$\boldsymbol{a}(t) = \boldsymbol{i}_0 \cos 2t + 2\boldsymbol{j}_0 \sin t$（ただし，$\boldsymbol{i}_0, \boldsymbol{j}_0$ は一定ベクトル）のとき，次の 3 つを求めよ．

（1）$\dfrac{d^2\boldsymbol{a}}{dt^2}$　（2）$\dfrac{d}{dt}(\boldsymbol{a} \times \boldsymbol{a})$　（3）$\dfrac{d\boldsymbol{a}^2}{dt} = \dfrac{d}{dt}(\boldsymbol{a} \cdot \boldsymbol{a})$

2.4　図 2.24 のように，1 辺が 20 cm の立方体に 3 つの力が作用している．

（1）これらの力の合力の大きさを求めよ．

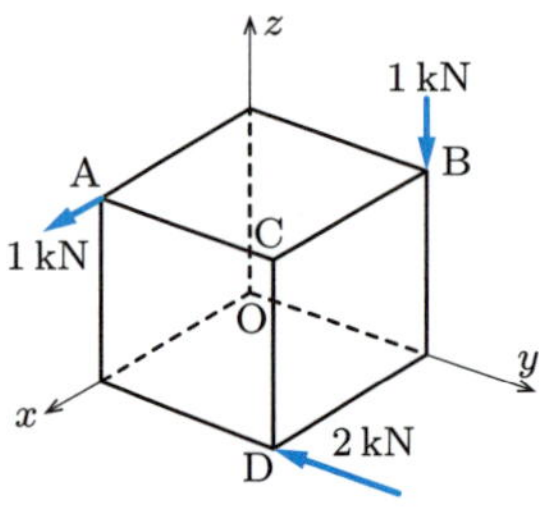

図 2.24

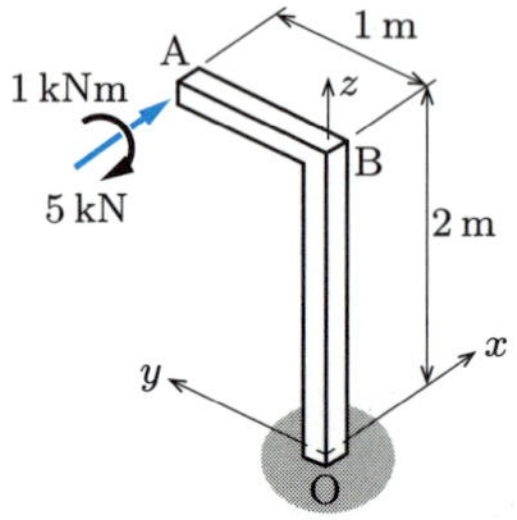

図 2.25

（2） 原点 O と点 C まわりの，これらの合モーメント $\boldsymbol{N}_\mathrm{O}$ と $\boldsymbol{N}_C$ を求めよ．

2.5　図 2.25 の構造物の点 A に，x 方向の力 5 kN と x 軸に平行な軸まわりのモーメント 1 kNm が作用している．床上の点 O に作用する力と力のモーメントを求めよ．

2.6　図 2.26 のように，1 辺の長さ a の立方体の 1 つの面に，力 $\boldsymbol{F}$ が作用している．

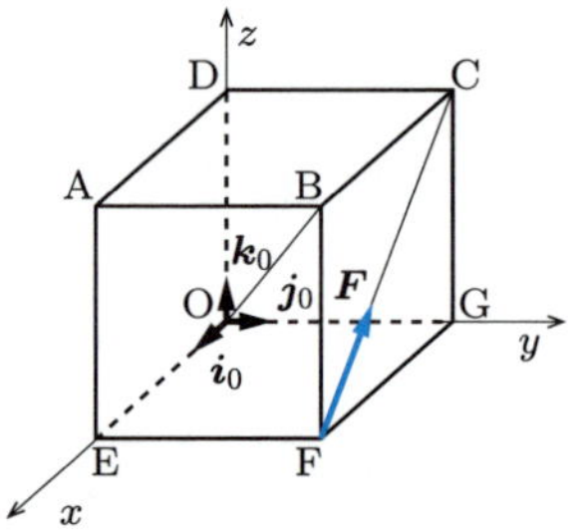

図 2.26

（1） 力 $\boldsymbol{F}$ の x, y, z 軸まわりのモーメントを求めよ．

（2） （1）のモーメントの対角線まわり（線分 OB まわり）の成分を求めよ．

第3章 点の運動

物体が時々刻々と位置を変えることを運動（motion）という．物体の運動をその原因となる力に基づいて理解するためには，物体の運動中の位置の変化を表す変位（displacement）だけではなく，速度（velocity）や加速度（acceleration）をも知らなければならない．しかも，静止座標系だけではなく，移動座標系で運動を表したほうが便利な場合も多い．そこで本章では，いくつかの代表的な座標系を設定して，その座標系上で点の変位，速度および加速度を表すことにしよう．

3.1 速度および加速度

図3.1 (a)に示すように，点Pが3次元空間内のある曲線 s 上を運動している．いま，原点Oを設定し，点Pの位置ベクトルを $\boldsymbol{r}$ とする．点Pの運動とともに位置ベクトルの大きさと向きは時々刻々と変化するから，$\boldsymbol{r}$ は時間 t の関数である．図(a)に示すように，時刻 t で位置 $\boldsymbol{r}$ の点Pにあった点が，時刻 $t+\Delta t$ で位置 $\boldsymbol{r}(t+\Delta t)=\boldsymbol{r}+\Delta\boldsymbol{r}$ の点Qに移動したとする．この位置の変化量 $\Delta\boldsymbol{r}$ を変位とよぶ．このとき，

$$\boldsymbol{v}_a=\frac{\boldsymbol{r}(t+\Delta t)-\boldsymbol{r}}{t+\Delta t-t}=\frac{\boldsymbol{r}+\Delta\boldsymbol{r}-\boldsymbol{r}}{t+\Delta t-t}=\frac{\Delta\boldsymbol{r}}{\Delta t} \tag{3.1}$$

は $\boldsymbol{r}$ の大きさと向きの時間に関する平均的な変化割合を表し，平均速度とよばれる．記号「Δ」は各物理量の変化量を表す．さて，式(3.1)において $\Delta t\to 0$ の極限を考える．点Pの運動が不連続的に変化しないものとすると，$\Delta t\to 0$ のとき $\Delta\boldsymbol{r}\to\boldsymbol{0}$ となる．そこで，$\Delta t\to 0$ に対して $\Delta\boldsymbol{r}/\Delta t$ の極限が存在するとき，次のように表す．

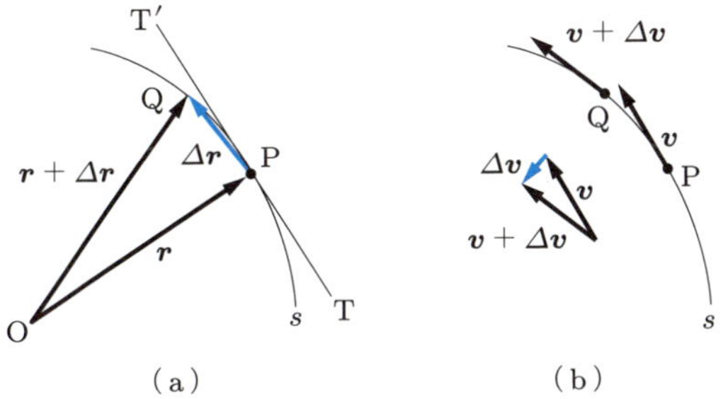

図3.1

$$\boldsymbol{v} = \lim_{\Delta t \to 0} \frac{\Delta \boldsymbol{r}}{\Delta t} = \frac{d\boldsymbol{r}}{dt} \tag{3.2}$$

式(3.2)の $\boldsymbol{v}$ を点Pの位置，すなわち時刻 t での瞬間速度とよぶ．通常，瞬間速度を単に速度とよんでいる．すなわち，速度はベクトル量であり，位置ベクトルを時間に関して微分することによって求められる．その単位は[m/s]である．$\Delta t \to 0$ につれて $\overrightarrow{\mathrm{PQ}} = \Delta \boldsymbol{r}$ の方向は点Pでの曲線の接線方向 TT' に一致してくるから，速度ベクトル $\boldsymbol{v}$ もこの接線方向を向く．速度ベクトルの大きさ $v = |\boldsymbol{v}|$ を，速さ（speed）という．速さはスカラー量である．

一般に，速度 $\boldsymbol{v}$ も時間とともに変化する．図(b)のように，時刻 t での点Pの速度を $\boldsymbol{v}$，時刻 $t + \Delta t$ での点Qの速度を $\boldsymbol{v} + \Delta \boldsymbol{v}$ とすると，時間 Δt 中の速度 $\boldsymbol{v}$ の平均的な変化割合は $\Delta \boldsymbol{v}/\Delta t$ で与えられる．これを平均加速度という．$\Delta t \to 0$ の極限では，時刻 t での（瞬間）加速度が次のように求められる．

$$\boldsymbol{a} = \lim_{\Delta t \to 0} \frac{\Delta \boldsymbol{v}}{\Delta t} = \frac{d\boldsymbol{v}}{dt} \tag{3.3}$$

すなわち，加速度は速度を時間に関して微分することによって求められる．式(3.2)，(3.3)から，加速度は位置ベクトル $\boldsymbol{r}$ を用いて次式のように表される．

$$\boldsymbol{a} = \frac{d}{dt}\left(\frac{d\boldsymbol{r}}{dt}\right) = \frac{d^2\boldsymbol{r}}{dt^2} \tag{3.4}$$

加速度もベクトル量であり，その単位は[m/s^2]である．

位置ベクトル $\boldsymbol{r}$ は，始点Oを指定する必要があるので拘束ベクトル（constrained vector）である．一方，変位，速度，加速度ベクトルはその始点の位置は問題ではなく，大きさと向きだけが与えられれば一意に定められる．すなわち，これらは自由ベクトルであり，平行移動させたものは元のベクトルと同一とみなされる．

3.2 変位，速度，加速度の成分表示

前節では，ベクトルおよびその時間微分を用いて変位，速度，加速度の概念を示した．以下では，点の運動を具体的に記述するために静止直交座標系を導入し，これらの物理量を，この座標軸方向に分解して成分表示する．

図3.2のような静止直交座標系 O-xyz を設定する．空間に固定された x，y，z 軸方向の単位ベクトルをそれぞれ $\boldsymbol{i}_0$，$\boldsymbol{j}_0$，$\boldsymbol{k}_0$，点Pの座標を (x, y, z) とする．そのとき，点Pの位置ベクトル $\boldsymbol{r}$ は次式のように表される．

$$\boldsymbol{r} = x\boldsymbol{i}_0 + y\boldsymbol{j}_0 + z\boldsymbol{k}_0 \quad \text{または，} \boldsymbol{r} = \{x, y, z\} \tag{3.5}$$

点Pが運動すれば，点Pの座標 (x, y, z) は時間とともに変化する．式(3.5)を式(3.2)に代入すると，速度成分は次式となる．

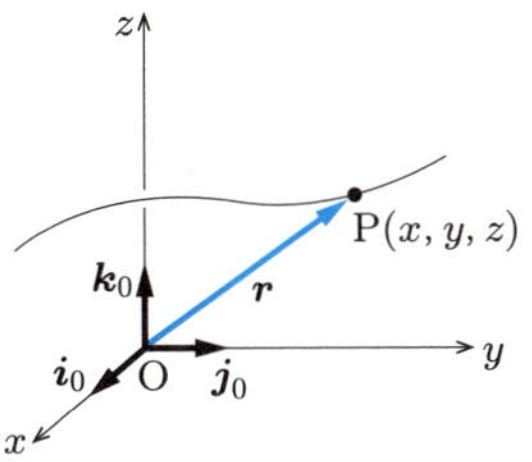

図 3.2

$$\boldsymbol{v} = \frac{d\boldsymbol{r}}{dt} = \frac{d}{dt}(x\boldsymbol{i}_0 + y\boldsymbol{j}_0 + z\boldsymbol{k}_0) = \frac{dx}{dt}\boldsymbol{i}_0 + \frac{dy}{dt}\boldsymbol{j}_0 + \frac{dz}{dt}\boldsymbol{k}_0 \tag{3.6}$$

ここで，$\boldsymbol{i}_0$，$\boldsymbol{j}_0$，$\boldsymbol{k}_0$ は一定ベクトルなので，$\dfrac{d\boldsymbol{i}_0}{dt} = \dfrac{d\boldsymbol{j}_0}{dt} = \dfrac{d\boldsymbol{k}_0}{dt} = \boldsymbol{0}$ である．

次に，速度をさらに時間 t に関して微分すると，加速度成分は次のようになる．

$$\boldsymbol{a} = \frac{d\boldsymbol{v}}{dt} = \frac{d}{dt}\left(\frac{dx}{dt}\boldsymbol{i}_0 + \frac{dy}{dt}\boldsymbol{j}_0 + \frac{dz}{dt}\boldsymbol{k}_0\right) = \frac{d^2x}{dt^2}\boldsymbol{i}_0 + \frac{d^2y}{dt^2}\boldsymbol{j}_0 + \frac{d^2z}{dt^2}\boldsymbol{k}_0 \tag{3.7}$$

以上からわかるように，位置ベクトルの各座標軸方向成分，すなわち，点の座標 $x(t)$，$y(t)$，$z(t)$ を順次時間微分することによって，対応した方向の速度，加速度成分が求められる．逆に，加速度成分を順次積分すると，速度，変位成分が求められる．なお，$\dfrac{dx}{dt}$ を $\dot{x}$，$\dfrac{d^2x}{dt^2}$ を $\ddot{x}$ と表すこともある $\left(\dot{\square} = \dfrac{d}{dt}\right)$．

速さ v，加速度の大きさ a は次式から求められる．

$$v = |\boldsymbol{v}| = \sqrt{\boldsymbol{v}\cdot\boldsymbol{v}} = \sqrt{\dot{x}^2 + \dot{y}^2 + \dot{z}^2} \tag{3.8}$$

$$a = |\boldsymbol{a}| = \sqrt{\boldsymbol{a}\cdot\boldsymbol{a}} = \sqrt{\ddot{x}^2 + \ddot{y}^2 + \ddot{z}^2} \tag{3.9}$$

3.3 代表的な運動の例

以下では，点の簡単な運動を例題を交えながら説明する．

3.3.1 直線運動

点が一方向に直線的に運動している場合には，その運動方向に x 軸を設定すると，$y \equiv 0$，$z \equiv 0$ となる．したがって，点の運動は座標 x のみで表せる．

例題 3.1 電車がまっすぐなレール上を一定の加速度で駅から発車し，10 秒後に速度が 60 km/h となった．電車の加速度を求めよ．また，この 10 秒間に電車はどれだけ進んだか．

解 電車の進行方向に x 軸を設定し，電車の加速度を a とすると，電車の等加速度運動は，$\ddot{x}(t) = a$ で表される．積分して，

$$\dot{x}(t) = at + C_1, \quad x(t) = \frac{1}{2}at^2 + C_1 t + C_2 \tag{a}$$

となる．ここに，C_1，C_2 は積分定数である．時刻 $t = 0$ での電車の先頭位置を x 軸の原点に選ぶ．また，電車は $t = 0$ で停止している．したがって，次式が成り立たなければならない．

$$x(0) = 0, \quad \dot{x}(0) = 0 \tag{b}$$

このような条件を**初期条件** (initial condition) という．式(a)の両辺に $t = 0$ を代入し，式(b)を用いると，$C_1 = 0$，$C_2 = 0$ を得るから，式(a)は次式となる．

$$\dot{x}(t) = at, \quad x(t) = \frac{1}{2}at^2 \tag{c}$$

$t = 10\,\mathrm{s}$ で速度は $60\,\mathrm{km/h} = 16.7\,\mathrm{m/s}$ だから，式(c)第1式にこれらを代入すると，$\dot{x}(10) = 16.7\,\mathrm{m/s} = a \times 10\,\mathrm{s} \quad \therefore \quad a = 1.67\,\mathrm{m/s^2}$

式(c)第2式から，進んだ距離は $x(10) = (1/2) \times 1.67\,\mathrm{m/s^2} \times 10^2\,\mathrm{s^2} = 83.5\,\mathrm{m}$ となる．

3.3.2 平面運動

点が平面内で運動する場合には，その平面上に xy 軸を設定すると $z \equiv 0$ となる．したがって，点の運動は x と y の2つの座標で表せる．

例題 3.2 図3.3のように，斜面の上端Oから初速度 v_0 で角度 θ の方向にスキーヤーがジャンプした．スキーヤーは何秒後に斜面に着地するか．また，飛行距離 $\overline{\mathrm{OP}}$ を求めよ．

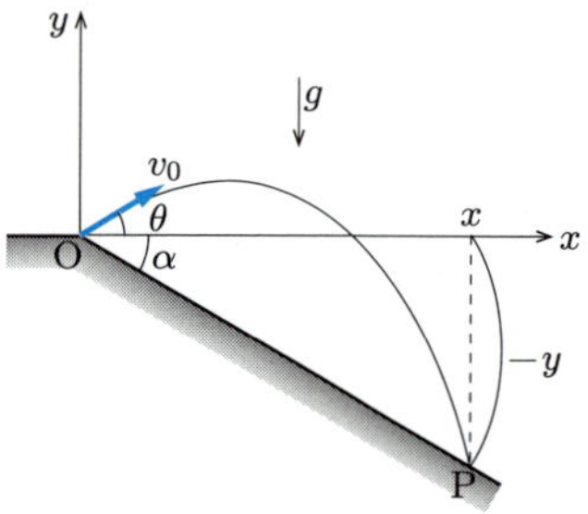

図 3.3

解 O-xy 座標系を図3.3のように設定する．スキーヤーは x 方向に等速直線運動，y 方向に等加速度運動をする．まず，時刻 $t = 0$ でのスキーヤーの位置を原点Oとする．x および y 方向の初速度はそれぞれ $v_0 \cos\theta$ および $v_0 \sin\theta$ だから，時刻 t でのスキーヤーの x 方向の位置は，

$$x = v_0 t \cos\theta \tag{a}$$

となる．y 方向には重力による等加速度運動をするので，$\ddot{y} = -g$ が成り立つ．これを積分して，

$$\dot{y} = -gt + C_1, \quad y = -\frac{1}{2}gt^2 + C_1 t + C_2$$

となる．ここに，C_1，C_2 は積分定数である．この式に初期条件：$t = 0$ で $y = 0$，$\dot{y} = v_0 \sin\theta$ を代入すると，次のようになる．

$$y = v_0 t \sin\theta - \frac{1}{2}gt^2 \tag{b}$$

着地点Pでは $-y/x = \tan\alpha$ の関係が成り立つ．式(a)，(b)をこの関係式に代入して t について解くと，$t = \dfrac{2v_0}{g}\dfrac{\sin(\theta + \alpha)}{\cos\alpha}$ を得る．これを式(a)に代入して x が求められ，次式を得る．

$$\overline{\mathrm{OP}} = \frac{x}{\cos\alpha} = \frac{2v_0^2}{g}\frac{\sin(\theta + \alpha)\cos\theta}{\cos^2\alpha}$$

3.3.3 円運動

円運動も平面運動の1つである．図3.4に示すように，点Pが中心O，半径Rの円周上を点P_0から反時計まわりに回転するとき，点Pの位置を，基準軸xと半径OPがなす角度θを用いて指定することができる．この角度θを**角変位**（angular displacement）という．図3.4の基準軸と円周との交点P_0から測った円弧$\overset{\frown}{P_0P}$の長さをsとすると，角変位θの大きさはs/Rで定義される．この量は無次元量（m/m）であるが，角度であることを強調するために単位[rad]を付ける．

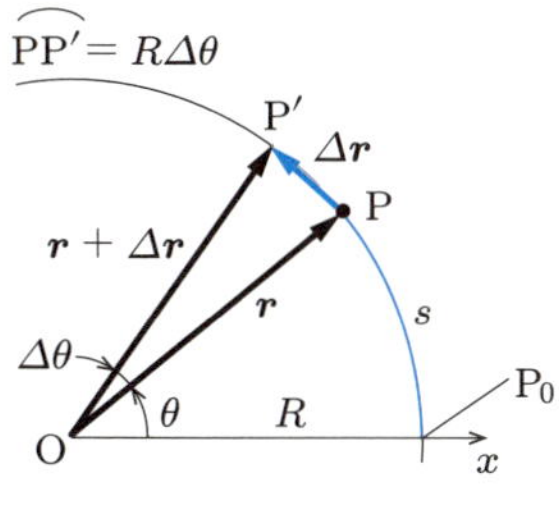

図3.4

さて，時刻tでの点Pの速度ベクトル$\boldsymbol{v}$を求める．点Oを始点とする点Pの位置ベクトルを$\boldsymbol{r}$とし，時刻tに$\boldsymbol{r}$の位置にあった点Pが時刻$t+\Delta t$に$\boldsymbol{r}(t+\Delta t) = \boldsymbol{r}+\Delta\boldsymbol{r}$の位置P′に移動したとする．$\Delta t \to 0$の極限では，$\Delta\boldsymbol{r} = \overrightarrow{PP'}$は位置ベクトル$\boldsymbol{r}$と直角な接線方向を向くから，$\boldsymbol{v} = \lim_{\Delta t\to 0}\dfrac{\Delta\boldsymbol{r}}{\Delta t} = \dfrac{d\boldsymbol{r}}{dt}$も接線方向を向く．すなわち，円運動する点の速度は周方向の速度のみをもつ．また，$|\Delta\boldsymbol{r}|$は円弧$\overset{\frown}{PP'}$の長さ$\Delta s = R\Delta\theta$に一致してくるから，周方向速度の大きさvは，次式で求められる（半径Rは一定）．

$$v = \lim_{\Delta t\to 0}\frac{\Delta s}{\Delta t} = \lim_{\Delta t\to 0}\frac{\Delta s}{R\Delta\theta}\frac{R\Delta\theta}{\Delta t} = R\lim_{\Delta t\to 0}\frac{\Delta\theta}{\Delta t} = R\omega \tag{3.10}$$

ここに，

$$\omega = \lim_{\Delta t\to 0}\frac{\Delta\theta}{\Delta t} = \frac{d\theta}{dt} \tag{3.11}$$

を時刻tでの**角速度**（angular velocity）とよぶ．円運動する点Pの周方向速度の大きさは，この角速度を用いて表すことができる．角速度の単位は[rad/s]で，単位時間あたりの角変位の変化量である．

角速度に関連した物理量として**回転数**（rotational speed）がある．回転数の単位は1秒間あたりの回転の回数を表す[Hz]である．機械工学分野では，従来からの慣例で，回転数として1分間あたりの回転の回数を表す rpm† をよく用いる．回転数 f [Hz]および N [rpm]と角速度 ω [rad/s]の間には次の関係が成り立つ．

$$f = \frac{\omega}{2\pi} = \frac{N}{60}, \quad \omega = 2\pi f = 2\pi\frac{N}{60} \tag{3.12}$$

一般に，角速度 ω は必ずしも一定ではなく時間とともに変化する．時刻 t での角速度 ω が，時刻 $t + \varDelta t$ では $\omega + \varDelta\omega$ に変化したとすると，$\varDelta\omega/\varDelta t$ は角速度 ω の平均的な時間変化割合を表す．さらに，$\varDelta t \to 0$ としたその極限

$$\alpha = \lim_{\varDelta t\to 0}\frac{\varDelta\omega}{\varDelta t} = \frac{d\omega}{dt} = \frac{d^2\theta}{dt^2} \tag{3.13}$$

を時刻 t での**角加速度**（angular acceleration）という．その単位は[rad/s^2]である．ここでは，平面上の円運動を考えたので，角速度，角加速度をスカラー量のように取り扱ったが，これらはいずれも大きさと向きとをもつベクトル量である（3.4.2 項参照）．

例題 3.3 図 3.5 のように，静止座標系 O-xy 上の点 P が一定の角速度 ω で半径 R の円運動をしている．点 P の速度と加速度の大きさと向きとを求めよ．

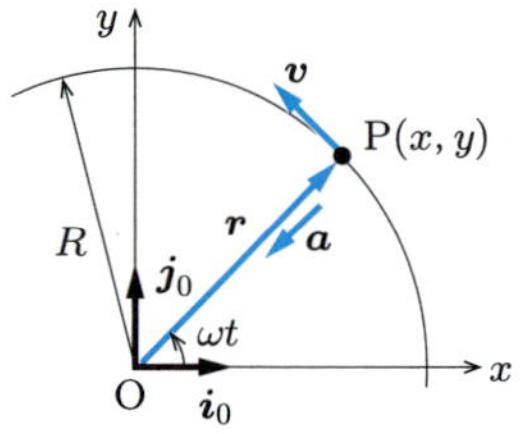

図 3.5

解 図 3.5 から点 P の座標 (x, y) は次式となる．

$$x = R\cos\omega t, \quad y = R\sin\omega t \tag{a}$$

速度，加速度成分は式(a)を時間 t で微分して得られる．

$$\dot{x} = -R\omega\sin\omega t = -\omega y, \quad \dot{y} = R\omega\cos\omega t = \omega x \tag{b}$$

$$\ddot{x} = -R\omega^2\cos\omega t = -\omega^2 x, \quad \ddot{y} = -R\omega^2\sin\omega t = -\omega^2 y \tag{c}$$

点 P の速度 $\boldsymbol{v}$，加速度 $\boldsymbol{a}$ の方向を調べる．点 P の位置ベクトルを $\boldsymbol{r}$ とする．$\boldsymbol{r}$ と $\boldsymbol{v}$ の内積をとる．式(a)，(b)の関係を用いると，

$$\boldsymbol{r}\cdot\boldsymbol{v} = (x\boldsymbol{i}_0 + y\boldsymbol{j}_0)\cdot(\dot{x}\boldsymbol{i}_0 + \dot{y}\boldsymbol{j}_0) = x\dot{x} + y\dot{y} = \omega(-xy + yx) = 0 \tag{d}$$

となる．すなわち，速度 $\boldsymbol{v}$ は $\boldsymbol{r}$ に直交した接線方向を向く．その大きさは $v = \sqrt{\dot{x}^2 + \dot{y}^2} = R\omega$ であり，式(3.10)の結果と一致する．また，式(a)，(c)から，

$$\boldsymbol{a} = \ddot{x}\boldsymbol{i}_0 + \ddot{y}\boldsymbol{j}_0 = -\omega^2 x\boldsymbol{i}_0 - \omega^2 y\boldsymbol{j}_0 = -\omega^2\boldsymbol{r} \tag{e}$$

が成り立つ．これから加速度は位置ベクトルとは逆向きに中心 O の方向を向くこと，その大きさは位置ベクトル $\boldsymbol{r}$ の大きさの ω^2 倍，すなわち，$\sqrt{\ddot{x}^2 + \ddot{y}^2} = R\omega^2$ となることがわかる．この加速度を**求心加速度**（centripetal acceleration）という．

3.4 移動座標系

これまではベクトルを成分表示するのに静止直交座標系を用いてきた．しかし，問題によっては，原点および座標軸が平行移動する並進直交座標系や，座標軸がある軸まわりに回転する回転直交座標系を用いたほうが便利な場合がある．以下では，その

† revolutions per minute の頭文字をとったもの．

ような座標系上でのベクトルの成分表示や，これらの移動座標系から見た点の運動について述べる．

3.4.1 並進座標系

図 3.6 に示すように，静止直交座標系 O-xyz に平行な並進座標系 Q-$\xi\eta\zeta$ を定める．ここで，x，y，z 軸および ξ，η，ζ 軸の各軸の向きは同じであるので，それらの向きの単位ベクトルをそれぞれ $\boldsymbol{i}_0$，$\boldsymbol{j}_0$，$\boldsymbol{k}_0$ とおく．位置ベクトル $\overrightarrow{\mathrm{OP}} = \boldsymbol{r}$，$\overrightarrow{\mathrm{OQ}} = \boldsymbol{r}_Q$ および $\overrightarrow{\mathrm{QP}} = \boldsymbol{r}'$ をそれぞれ，

$$\left.\begin{aligned} \boldsymbol{r} &= x\boldsymbol{i}_0 + y\boldsymbol{j}_0 + z\boldsymbol{k}_0 \\ \boldsymbol{r}_Q &= x_Q\boldsymbol{i}_0 + y_Q\boldsymbol{j}_0 + z_Q\boldsymbol{k}_0 \\ \boldsymbol{r}' &= \xi\boldsymbol{i}_0 + \eta\boldsymbol{j}_0 + \zeta\boldsymbol{k}_0 \end{aligned}\right\} \tag{3.14}$$

とすれば，次式が成り立つ．

$$\boldsymbol{r} = \boldsymbol{r}_Q + \boldsymbol{r}' = (x_Q + \xi)\boldsymbol{i}_0 + (y_Q + \eta)\boldsymbol{j}_0 + (z_Q + \zeta)\boldsymbol{k}_0 \tag{3.15}$$

式(3.15)の両辺を時間 t で微分すると，

$$\boldsymbol{v} = \boldsymbol{v}_Q + \boldsymbol{v}' = (\dot{x}_Q + \dot{\xi})\boldsymbol{i}_0 + (\dot{y}_Q + \dot{\eta})\boldsymbol{j}_0 + (\dot{z}_Q + \dot{\zeta})\boldsymbol{k}_0 \tag{3.16}$$

ここに，$\boldsymbol{v} = \dot{\boldsymbol{r}}$，$\boldsymbol{v}_Q = \dot{\boldsymbol{r}}_Q$，$\boldsymbol{v}' = \dot{\boldsymbol{r}}'$．

式(3.16)の両辺をさらに時間 t で微分すると，

$$\boldsymbol{a} = \boldsymbol{a}_Q + \boldsymbol{a}' = (\ddot{x}_Q + \ddot{\xi})\boldsymbol{i}_0 + (\ddot{y}_Q + \ddot{\eta})\boldsymbol{j}_0 + (\ddot{z}_Q + \ddot{\zeta})\boldsymbol{k}_0 \tag{3.17}$$

ここに，$\boldsymbol{a} = \dot{\boldsymbol{v}} = \ddot{\boldsymbol{r}}$，$\boldsymbol{a}_Q = \dot{\boldsymbol{v}}_Q = \ddot{\boldsymbol{r}}_Q$，$\boldsymbol{a}' = \dot{\boldsymbol{v}}' = \ddot{\boldsymbol{r}}'$．

$\boldsymbol{v}' = \boldsymbol{v} - \boldsymbol{v}_Q$ および $\boldsymbol{a}' = \boldsymbol{a} - \boldsymbol{a}_Q$ は，それぞれ点 Q に対する点 P の**相対速度**（relative velocity）および**相対加速度**（relative acceleration），すなわち，並進座標系 Q-$\xi\eta\zeta$ 上で観測したときの点 P の速度および加速度を表す．

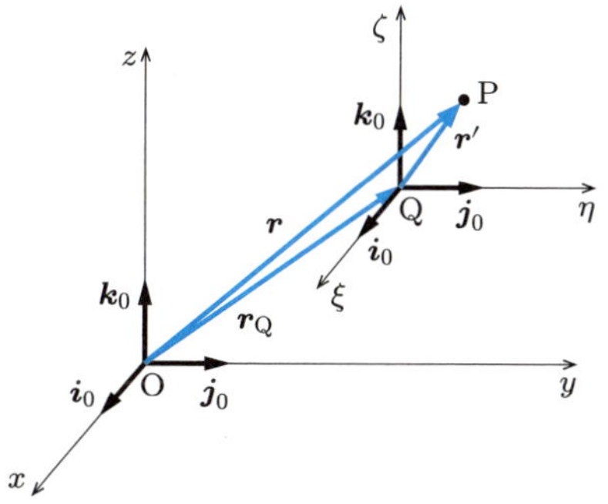

図 3.6

3.4.2 回転座標系

(1) 角速度ベクトル

図 3.7 に示すように，点 P がある軸まわりに回転運動しているとき，点 P の運動を知るためには，回転軸まわりの角速度の大きさのほかに回転の向きを知る必要がある．そこで，長さが点 P の角速度の大きさ ω を表し，向きを回転軸に沿って右ねじが進む向きに一致させたベクトル $\boldsymbol{\omega}$ を定義する．この $\boldsymbol{\omega}$ を角速度ベクトル（angular velocity vector）とよぶ．

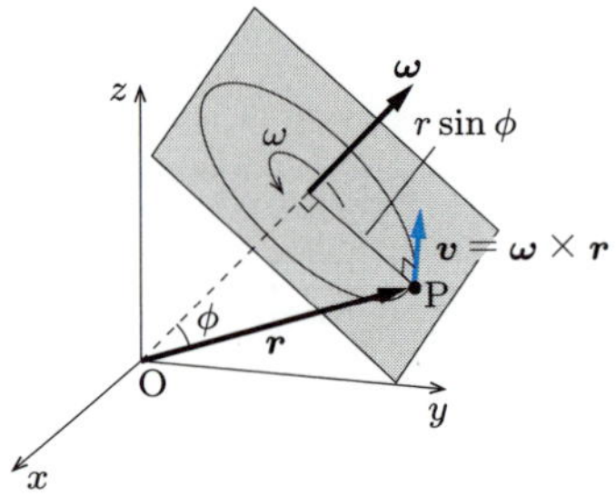

図 3.7

図 3.7 に示すように，大きさの変わらない位置ベクトル $\boldsymbol{r}$ が角速度ベクトル $\boldsymbol{\omega}$ で回転している場合を考える．位置ベクトル $\boldsymbol{r}$ の終点 P は，$\boldsymbol{\omega}$ に垂直な平面上を角速度 $\omega=|\boldsymbol{\omega}|$ で円運動する．$\boldsymbol{r}$ と $\boldsymbol{\omega}$ のなす角度を ϕ，$r=|\boldsymbol{r}|$ とすると，その円運動の半径は $r\sin\phi$ である．点 P の速度の方向は，3.3.3 項で述べたように，点 P における円の接線方向であるので，結局，$\boldsymbol{r}$ と $\boldsymbol{\omega}$ がつくる平面に対して垂直になり，その大きさは周速度 $r\omega\sin\phi$ に等しい．また，点 P の速度ベクトル $\boldsymbol{v}$ は，$\boldsymbol{\omega}$ から $\boldsymbol{r}$ の方向に右ねじを回したときに右ねじが進む向きをもつから，次のような外積から求められる．

$$\boldsymbol{v}=\frac{d\boldsymbol{r}}{dt}=\boldsymbol{\omega}\times\boldsymbol{r} \tag{3.18}$$

(2) 回転座標系上での速度，加速度

図 3.8 (a)のように，静止座標系 O-xyz と原点 O を共有し座標軸の方向が異なる回転座標系 O-$\xi\eta\zeta$ を定める．x，y，z 軸および ξ，η，ζ 軸方向の単位ベクトルをそれぞれ $\boldsymbol{i}_0$，$\boldsymbol{j}_0$，$\boldsymbol{k}_0$ および $\boldsymbol{i}$，$\boldsymbol{j}$，$\boldsymbol{k}$ とする．いま，回転座標系 O-$\xi\eta\zeta$ が角速度ベクトル $\boldsymbol{\omega}$ で回転しているとする．そのとき，ξ，η，ζ 軸方向の単位ベクトルも $\boldsymbol{\omega}$ で回転し，大きさは変わらないが，向きが変化する．式(3.18)の導出と同様に，これらの時間 t に関する微分は次式となる．

$$\frac{d\boldsymbol{i}}{dt}=\boldsymbol{\omega}\times\boldsymbol{i},\quad \frac{d\boldsymbol{j}}{dt}=\boldsymbol{\omega}\times\boldsymbol{j},\quad \frac{d\boldsymbol{k}}{dt}=\boldsymbol{\omega}\times\boldsymbol{k} \tag{3.19}$$

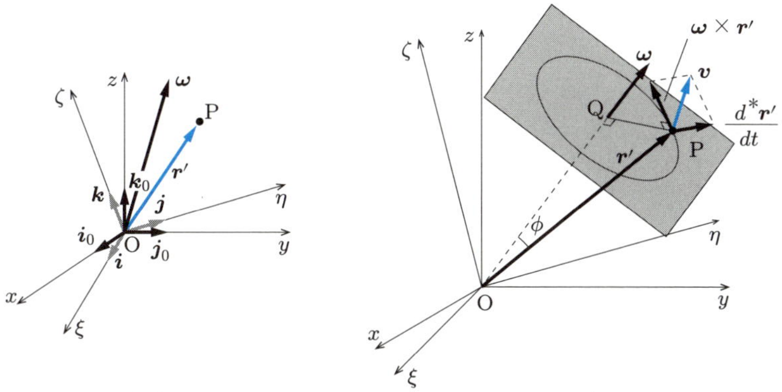

（a）　（b）

図 3.8

以後，次式のように，角速度ベクトル $\boldsymbol{\omega}$ を回転座標系 O-$\xi\eta\zeta$ 上で成分表示する．

$$\boldsymbol{\omega} = \omega_\xi \boldsymbol{i} + \omega_\eta \boldsymbol{j} + \omega_\zeta \boldsymbol{k} \tag{3.20}$$

また，点 P の位置ベクトルも，次のように回転座標系上で成分表示されているものとする（これを強調するため，位置ベクトルのみプライム「′」を付ける）．

$$\boldsymbol{r}' = \xi \boldsymbol{i} + \eta \boldsymbol{j} + \zeta \boldsymbol{k} \tag{3.21}$$

式(3.21)を時間 t で微分すると，点 P の O-$\xi\eta\zeta$ 成分で表示された速度 $\boldsymbol{v}$ が求められる．

$$\boldsymbol{v} = \frac{d\boldsymbol{r}'}{dt} = \dot{\xi}\boldsymbol{i} + \dot{\eta}\boldsymbol{j} + \dot{\zeta}\boldsymbol{k} + \xi\frac{d\boldsymbol{i}}{dt} + \eta\frac{d\boldsymbol{j}}{dt} + \zeta\frac{d\boldsymbol{k}}{dt} \tag{3.22}$$

式(3.19)を上式に代入すると，次式となる．

$$\boldsymbol{v} = \dot{\xi}\boldsymbol{i} + \dot{\eta}\boldsymbol{j} + \dot{\zeta}\boldsymbol{k} + \boldsymbol{\omega} \times (\xi\boldsymbol{i} + \eta\boldsymbol{j} + \zeta\boldsymbol{k}) = \frac{d^*\boldsymbol{r}'}{dt} + \boldsymbol{\omega} \times \boldsymbol{r}' \tag{3.23a}$$

ここに，

$$\frac{d^*\boldsymbol{r}'}{dt} = \dot{\xi}\boldsymbol{i} + \dot{\eta}\boldsymbol{j} + \dot{\zeta}\boldsymbol{k} \tag{3.23b}$$

であり，$\dfrac{d^*\boldsymbol{r}'}{dt}$ は回転座標系 O-$\xi\eta\zeta$ 上で観測した点 P の相対速度を表す．また，$\dfrac{d^*}{dt}$ は，$\boldsymbol{i}$，$\boldsymbol{j}$，$\boldsymbol{k}$ を一定ベクトルとみなして時間 t に関して微分することを意味している．

式(3.23a)の物理的意味を考えてみよう．図 3.8 (b)において，まず点 P が回転座標系 O-$\xi\eta\zeta$ 上で静止している場合を考える．このとき，点 P の位置ベクトル $\boldsymbol{r}'$ は座標系 O-$\xi\eta\zeta$ とともに角速度ベクトル $\boldsymbol{\omega}$ で回転するから，点 P の速度は $\boldsymbol{\omega} \times \boldsymbol{r}'$ である．これに，点 P の O-$\xi\eta\zeta$ 上での相対速度 $\dfrac{d^*\boldsymbol{r}'}{dt}$ を加えたものが，点 P の実際の速度 $\boldsymbol{v}$

となる．$\boldsymbol{v}$ は静止座標系 O-xyz 上では式(3.6)で成分表示される．式(3.23a)はそれを回転座標系上で成分表示したものである†.

式(3.23a)の成分を具体的に計算すると，次式を得る．

$$\boldsymbol{v} = \frac{d^*\boldsymbol{r}'}{dt} + \boldsymbol{\omega} \times \boldsymbol{r}' = \dot{\xi}\boldsymbol{i} + \dot{\eta}\boldsymbol{j} + \dot{\zeta}\boldsymbol{k} + \begin{vmatrix} \boldsymbol{i} & \boldsymbol{j} & \boldsymbol{k} \\ \omega_\xi & \omega_\eta & \omega_\zeta \\ \xi & \eta & \zeta \end{vmatrix}$$

$$= (\dot{\xi} + \omega_\eta\zeta - \omega_\zeta\eta)\boldsymbol{i} + (\dot{\eta} + \omega_\zeta\xi - \omega_\xi\zeta)\boldsymbol{j} + (\dot{\zeta} + \omega_\xi\eta - \omega_\eta\xi)\boldsymbol{k} \tag{3.24}$$

速度 $\boldsymbol{v}$ をさらに時間 t で微分すると，加速度 $\boldsymbol{a}$ が求められる．速度 $\boldsymbol{v}$ も座標系 O-$\xi\eta\zeta$ 上で成分表示されていることに注意して，

$$\boldsymbol{a} = \frac{d\boldsymbol{v}}{dt} = \frac{d^*\boldsymbol{v}}{dt} + \boldsymbol{\omega} \times \boldsymbol{v} \tag{3.25}$$

を得る．式(3.25)に式(3.23a)を代入すると，次式となる．

$$\boldsymbol{a} = \frac{d^*}{dt}\left(\frac{d^*\boldsymbol{r}'}{dt} + \boldsymbol{\omega} \times \boldsymbol{r}'\right) + \boldsymbol{\omega} \times \left(\frac{d^*\boldsymbol{r}'}{dt} + \boldsymbol{\omega} \times \boldsymbol{r}'\right)$$

$$= \frac{d^{*2}\boldsymbol{r}'}{dt^2} + \frac{d^*\boldsymbol{\omega}}{dt} \times \boldsymbol{r}' + 2\boldsymbol{\omega} \times \frac{d^*\boldsymbol{r}'}{dt} + \boldsymbol{\omega} \times (\boldsymbol{\omega} \times \boldsymbol{r}') \tag{3.26}$$

ここに，$\dfrac{d^{*2}\boldsymbol{r}'}{dt^2}$ は回転座標系 O-$\xi\eta\zeta$ から見た加速度を表す．具体的な計算は省略するが，式(3.26)の加速度は，式(3.24)と同様に回転座標系 O-$\xi\eta\zeta$ 上で成分表示される．このように，回転座標系で表示された加速度は，相対加速度 $\dfrac{d^{*2}\boldsymbol{r}'}{dt^2}$，角加速度に基づく加速度 $\dfrac{d^*\boldsymbol{\omega}}{dt} \times \boldsymbol{r}'$，コリオリの加速度 $2\boldsymbol{\omega} \times \dfrac{d^*\boldsymbol{r}'}{dt}$，および求心加速度 $\boldsymbol{\omega} \times (\boldsymbol{\omega} \times \boldsymbol{r}')$ の和となる．これらの項の物理的意味については，慣性力と関連して第4章でくわしく述べる．

(3) 2次元回転座標系

図3.9 (a)に示すように，点Pが平面運動している．この平面上に2次元静止座標系 O-xy を定める．また，原点Oのまわりに角速度 ω で回転する2次元回転座標系を O-$\xi\eta$ とする．x，y 軸および ξ，η 軸方向の単位ベクトルをそれぞれ $\boldsymbol{i}_0$，$\boldsymbol{j}_0$ および $\boldsymbol{i}$，$\boldsymbol{j}$ とすると，点Pの位置ベクトルは，静止座標系 O-xy および回転座標系 O-$\xi\eta$ 上で次のように成分表示される．

$$\boldsymbol{r} = x\boldsymbol{i}_0 + y\boldsymbol{j}_0 \tag{3.27}$$

$$\boldsymbol{r}' = \xi\boldsymbol{i} + \eta\boldsymbol{j} \tag{3.28}$$

† 「～座標系上で観測した」と「～座標系上で成分表示された」とは別の意味であることに注意する．後者はベクトルを「～座標軸方向に分解した」という意味である．

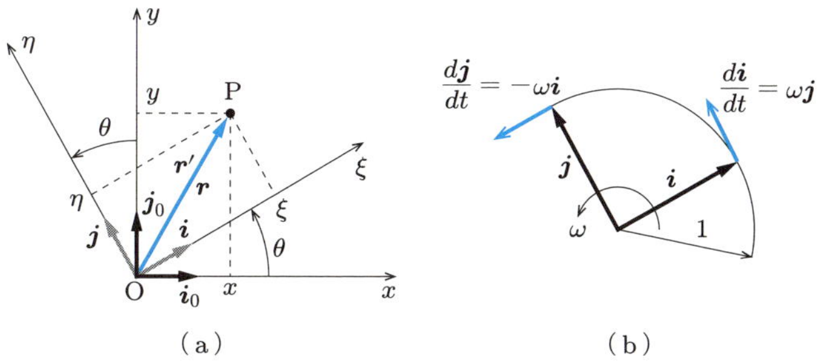

図 3.9

回転座標系 O-$\xi\eta$ の x 軸からの回転角を θ とすると，図(a)から x，y 成分と ξ，η 成分の間の関係は次式で与えられる．

$$\left.\begin{aligned}\begin{bmatrix} x \\ y \end{bmatrix} &= \begin{bmatrix} \cos\theta & -\sin\theta \\ \sin\theta & \cos\theta \end{bmatrix}\begin{bmatrix} \xi \\ \eta \end{bmatrix} \\ \begin{bmatrix} \xi \\ \eta \end{bmatrix} &= \begin{bmatrix} \cos\theta & \sin\theta \\ -\sin\theta & \cos\theta \end{bmatrix}\begin{bmatrix} x \\ y \end{bmatrix}\end{aligned}\right\} \tag{3.29}$$

次に，速度，加速度の ξ，η 方向成分を求める．単位ベクトル $\boldsymbol{i}$，$\boldsymbol{j}$ は次のように表される．

$$\boldsymbol{i} = \boldsymbol{i}_0\cos\theta + \boldsymbol{j}_0\sin\theta, \quad \boldsymbol{j} = -\boldsymbol{i}_0\sin\theta + \boldsymbol{j}_0\cos\theta \tag{3.30}$$

$\boldsymbol{i}_0$，$\boldsymbol{j}_0$ が一定ベクトルであることに注意して上式を時間微分すると，次式を得る．

$$\left.\begin{aligned}\frac{d\boldsymbol{i}}{dt} &= \dot{\theta}(-\boldsymbol{i}_0\sin\theta + \boldsymbol{j}_0\cos\theta) = \omega\boldsymbol{j} \\ \frac{d\boldsymbol{j}}{dt} &= -\dot{\theta}(\boldsymbol{i}_0\cos\theta + \boldsymbol{j}_0\sin\theta) = -\omega\boldsymbol{i}\end{aligned}\right\} \tag{3.31}$$

ただし，$\omega = \dot{\theta}$ である．図(b)に示すように，大きさ 1 の単位ベクトル $\boldsymbol{i}$，$\boldsymbol{j}$ が角速度 ω で回転するとき，$\dfrac{d\boldsymbol{i}}{dt}$，$\dfrac{d\boldsymbol{j}}{dt}$ はそれぞれ $\boldsymbol{j}$，$-\boldsymbol{i}$ 方向を向き，その大きさは $1\times\omega = \omega$ に等しい．このことからも式(3.31)が成り立つことが理解できる．あるいは，式(3.19)において，$\boldsymbol{\omega} = \omega\boldsymbol{k}$ とおくことによっても求められる．

式(3.28)を時間 t で微分して式(3.31)の関係を用いると，静止座標系 O-xy 上で観測した速度 $\boldsymbol{v}$，加速度 $\boldsymbol{a}$ の ξ，η 方向成分は次のようになる．

$$\boldsymbol{v} = \frac{d\boldsymbol{r}'}{dt} = \dot{\xi}\boldsymbol{i} + \dot{\eta}\boldsymbol{j} + \xi\frac{d\boldsymbol{i}}{dt} + \eta\frac{d\boldsymbol{j}}{dt} = (\dot{\xi} - \omega\eta)\boldsymbol{i} + (\dot{\eta} + \omega\xi)\boldsymbol{j} \tag{3.32}$$

$$\boldsymbol{a} = \frac{d\boldsymbol{v}}{dt} = (\ddot{\xi} - \dot{\omega}\eta - \omega\dot{\eta})\boldsymbol{i} + (\ddot{\eta} + \dot{\omega}\xi + \omega\dot{\xi})\boldsymbol{j} + (\dot{\xi} - \omega\eta)\frac{d\boldsymbol{i}}{dt} + (\dot{\eta} + \omega\xi)\frac{d\boldsymbol{j}}{dt}$$

$$= (\ddot{\xi} - 2\omega\dot{\eta} - \omega^2\xi - \dot{\omega}\eta)\boldsymbol{i} + (\ddot{\eta} + 2\omega\dot{\xi} - \omega^2\eta + \dot{\omega}\xi)\boldsymbol{j} \tag{3.33}$$

$\dot{\xi}$, $\dot{\eta}$, $\ddot{\xi}$, $\ddot{\eta}$ は回転座標系 O-$\xi\eta$ 上で観測した相対速度，相対加速度成分を表す.

(4) 極座標

図 3.10 に示すように，静止直交座標系 O-xy と，ξ 軸が常に点 P の位置ベクトル $\boldsymbol{r}'(t)$ の方向を向いた回転直交座標系 O-$\xi\eta$ を考える．極座標 (r, θ) を導入し，式(3.28)，(3.32)，(3.33)において $\xi = r$，$\eta = \dot{\eta} = \ddot{\eta} = 0$，$\omega = \dot{\theta}$ とおくと，次式を得る.

$$\boldsymbol{r}' = r\boldsymbol{i} \tag{3.34}$$

$$\boldsymbol{v} = \frac{d\boldsymbol{r}'}{dt} = \dot{r}\boldsymbol{i} + r\frac{d\boldsymbol{i}}{dt} = \dot{r}\boldsymbol{i} + r\dot{\theta}\boldsymbol{j} \tag{3.35}$$

$$\boldsymbol{a} = \frac{d^2\boldsymbol{r}'}{dt^2} = \ddot{r}\boldsymbol{i} + \dot{r}\frac{d\boldsymbol{i}}{dt} + \dot{r}\dot{\theta}\boldsymbol{j} + r\ddot{\theta}\boldsymbol{j} + r\dot{\theta}\frac{d\boldsymbol{j}}{dt} = (\ddot{r} - r\dot{\theta}^2)\boldsymbol{i} + (r\ddot{\theta} + 2\dot{r}\dot{\theta})\boldsymbol{j} \tag{3.36}$$

これが，変位，速度，加速度の極座標表示である.

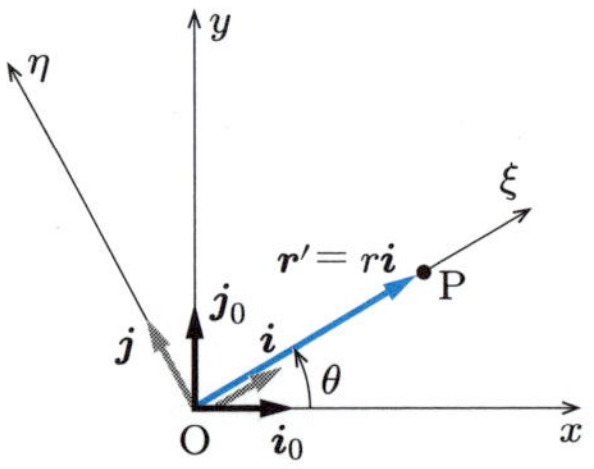

図 3.10

演習問題［3］

3.1 図 3.11 に示す半径 R の円柱が，平面上を一定角速度 ω で滑ることなく転がっている．円柱の表面上の一点 P の速度，加速度の x，y 方向成分を求めよ.

3.2 バッターがホームベース上 60 cm の高さの位置で，ボールを水平線から 30° の方向に打った．ボールがホームベースから 100 m 離れた高さ 2 m のフェンスを越えてホームラン

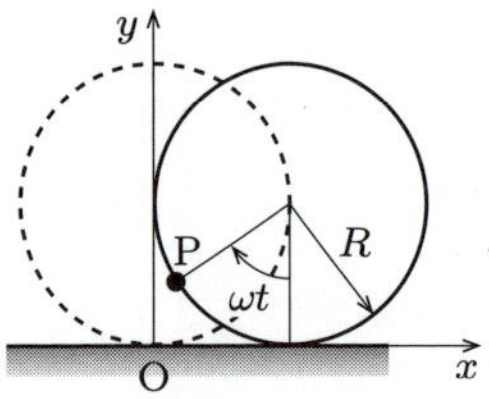

図 3.11

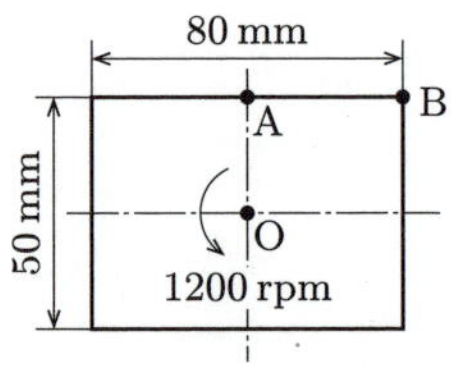

図 3.12

になるには，ボールの初速度 v_0 [m/s] はいくら以上でなければならないか．重力加速度を $9.8\,\mathrm{m/s^2}$ とし，空気抵抗は無視してよい．

3.3　図 3.12 の形をした板状の部品が，中心軸の交点 O まわりに 1200 rpm で回転している．点 A，B の速度の大きさと向きを求めよ．

3.4　1800 rpm で回転している円板にブレーキをかけたところ，ブレーキをかけた時点から 5 秒後に停止した．減速中の運動を等角加速度運動として，その角加速度 α を求めよ．また，ブレーキをかけた時点から完全に停止するまでに円板は何回転するか．

3.5　30 rpm で回転している遊園地の回転台がある．図 3.13 に示すように，静止座標系 O-xy，および回転台上の点 A（$\overline{\mathrm{OA}} = 4\,\mathrm{m}$）を ξ 軸が通るように回転台に固定された座標系 O-$\xi\eta$ を設定する．

（1） 点 A が x 軸から $60°$ の位置に来た瞬間での，点 A の速度の ξ，η 方向成分，x，y 方向成分を求めよ．

（2） x 軸上を正方向に 5 m/s で飛んでいた鳥が，（1）の瞬間にちょうど静止点 B の上空にさしかかった．同時に回転台上の点が静止点 B を通過した．この回転台上の点から見た鳥の速度の ξ，η 方向成分を求めよ．

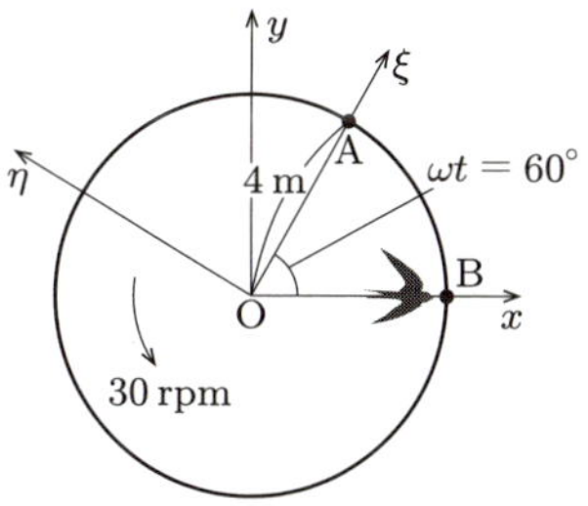

図 3.13

第 4 章 質点および質点系の力学

静力学（statics）では，物体に力が作用したときの静的つり合いの状態を議論する．では，動き得る物体に力が作用すると，どのような状態の変化を生じるのであろうか．本章では，物体に力が作用するときの運動の変化を定量的に取り扱うための動力学（dynamics）の基礎法則について述べる．

空間的な大きさが無視できる物体に質量という特性のみを付与したものを質点（particle, point of mass）という．質量は物体の並進運動の変化のしにくさを表す物理量で，質量が大きいほど，物体は動きにくいし止まりにくい．物体の大きさがその物体の運動範囲に比べてきわめて小さい場合や，物体の回転や変形を考慮する必要がない場合には，たとえ大きさをもつ物体でも，その物体内の一点に質量を集中させた質点として近似することができる．大きさのある物体を質点としてモデル化するときの，もっとも合理的な物体内の位置は重心である．

4.1 ニュートンの運動の法則

機械力学において，物体に力が作用したときの物体の運動を支配する法則は非常に重要である．以下に，ニュートンによる物体の運動に関する基礎的な 3 つの法則を述べる．

静止空間において物体に力が作用しなければ，その物体の運動は変化しない．すなわち，静止した物体は静止し続け，動いている物体は等速で直線運動を続ける．これをニュートンの第 1 法則（the first law of motion）または慣性の法則（law of inertia）という．

言い換えると，物体に力が作用すると，運動（速度）の変化すなわち加速度が生じる．この力と加速度の関係を定量的に示したのが，ニュートンの第 2 法則（the second law of motion）である．静止直交座標系 O-xyz において，x，y，z 軸方向の単位ベクトルを $\boldsymbol{i}_0$，$\boldsymbol{j}_0$，$\boldsymbol{k}_0$，質点の質量を m，加速度を $\boldsymbol{a} = a_x\boldsymbol{i}_0 + a_y\boldsymbol{j}_0 + a_z\boldsymbol{k}_0$，原点 O に関する質点の位置ベクトルを $\boldsymbol{r} = x\boldsymbol{i}_0 + y\boldsymbol{j}_0 + z\boldsymbol{k}_0$，質点に作用する力を $\boldsymbol{F} = F_x\boldsymbol{i}_0 + F_y\boldsymbol{j}_0 + F_z\boldsymbol{k}_0$ とすると，ニュートンの第 2 法則は次式で表される．

$$m\boldsymbol{a} = \boldsymbol{F} \tag{4.1}$$

質点に複数の力が作用する場合には，式(4.1)においてそれらの合力を $\boldsymbol{F}$ とすればよい．SI では力の単位に[N]が用いられる．式(4.1)から，1 N は，たとえば 1 kg の質量の質点を 1 m/s^2 の加速度で加速するのに必要な力の大きさを表す．

式(3.6)，(3.7)から $\boldsymbol{a} = \dot{\boldsymbol{v}} = \ddot{\boldsymbol{r}}$ だから，式(4.1)は次のようにも表される．

$$m\ddot{\boldsymbol{r}} = \boldsymbol{F} \tag{4.2}$$

式(4.1)，(4.2)を静止座標系 O-xyz 上で成分表示すると，それぞれ次式となる．

$$ma_x = F_x, \quad ma_y = F_y, \quad ma_z = F_z \tag{4.3a}$$

$$m\frac{d^2x}{dt^2} = F_x, \quad m\frac{d^2y}{dt^2} = F_y, \quad m\frac{d^2z}{dt^2} = F_z \tag{4.3b}$$

式(4.1)～(4.3)で質点の質量と質点に作用する力が与えられると，加速度が求められる．その加速度を積分することによって速度と変位，すなわち，質点の運動が求められるので，式(4.1)～(4.3)を**運動方程式**（equation of motion）という．

式(4.1)で $\boldsymbol{F} = \boldsymbol{0}$ とおくと，$\boldsymbol{a} = \boldsymbol{0}$ となって慣性の法則が成り立つことを示している．逆に，質点が静止しているか，等速直線運動をしているときには，静的な力のつり合い方程式として

$$\boldsymbol{F} = \boldsymbol{0} \tag{4.4a}$$

が成り立つ．これを成分で表すと，次式となる．

$$F_x = 0, \quad F_y = 0, \quad F_z = 0 \tag{4.4b}$$

第 1，第 2 法則が 1 つの物体に作用する力と物体の運動の関係を述べているのに対して，次の**第 3 法則**（the third law of motion）である**作用・反作用の法則**（law of action and reaction）は，2 つの物体間の相互作用に関するものである．すなわち，図 4.1 のように，物体 A が物体 B に対して作用力 $\boldsymbol{f}$ を及ぼすなら，逆に物体 B は物体 A に対して作用力 $\boldsymbol{f}$ と大きさが等しく，向きが逆の反作用力 $-\boldsymbol{f}$，すなわち，**反力**（reaction force）を及ぼす．この法則は物体 A，B の運動状態に関係なく成り立つ．また，物体 A，B をひとまとめにして 1 つの系 C とみなした場合には，物体 A，B 間の作用力，反作用力は互いに打ち消し合う．そのため，系 A，B に関する運動方程式から系 C に関する運動方程式を導くと，これらの力の組は現れない．このような力の組を**内力**（internal forces）という．これに対して，系 C の外部から作用する力 $\boldsymbol{F}$ を**外力**（external force）という．物体 A，B 間の作用力 $\boldsymbol{f}$，反作用力 $-\boldsymbol{f}$ は系 C から見

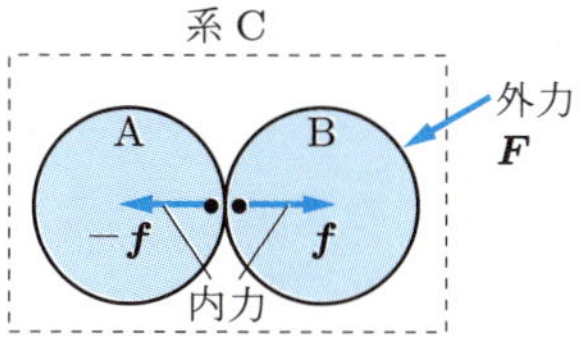

図 4.1

れば内力であるが，系Cを構成する個々の物体A，Bから見れば外力である．このように，どの部分に着目して運動方程式をたてるかによって，同じ力でも内力になったり，外力になったりする．

4.2 拘束力

2つの物体A，Bが結合あるいは接触しているとき，物体Aが物体Bに力 $\boldsymbol{f}$ を及ぼすと，作用・反作用の法則によって物体Aは物体Bから大きさが等しく逆向きの反力 $-\boldsymbol{f}$ を受ける．いま，この反力によって，着目している物体Aが物体Bに対して特定の相対運動のみができるように拘束されている場合，物体Aの運動を拘束する力であることを強調して，この反力を**拘束力**（force of constraint）という．この拘束力も物体Aから見ると1つの外力であり，物体A，Bからなる系から見ると内力とみなせる．

図4.2に示すように，質量のない糸やロープが引っ張りを受けているとき，糸やロープが両側の物体A，Bに及ぼす力 T を**張力**（tension）とよぶ．作用・反作用の法則によって，物体AおよびBから糸やロープ自身には，大きさが等しく逆向きの反作用力がはたらく．糸やロープの両端に作用する力は大きさが等しく逆向きとなるので，糸やロープはつり合っている．張力は糸やロープが張られた長手方向に作用する．いま，糸やロープが伸びないならば，物体A，Bの間の距離が拘束されるから，張力 T は拘束力である．

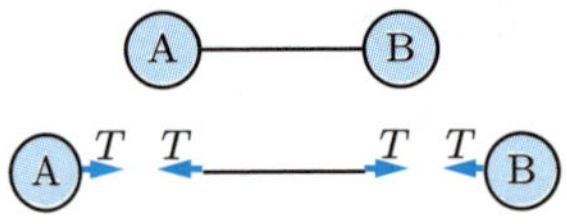

図4.2

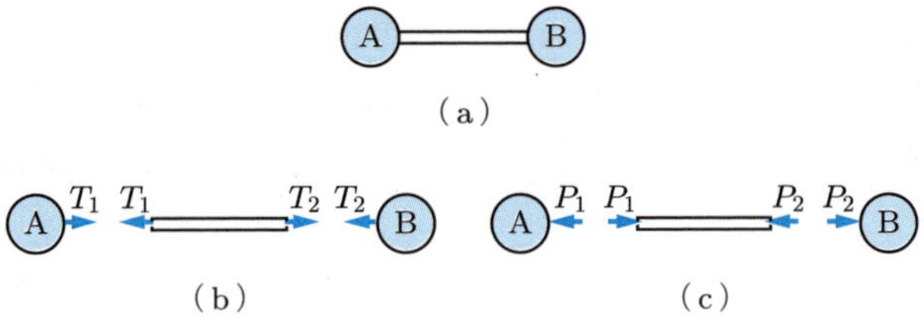

図4.3

次に，図4.3(a)のように，質量のある棒が両側の物体A，Bと結合して力を及ぼし合っているとき，棒が両側の物体に及ぼす力を**軸力**（axial force）という．軸力は，図(b)の引張力になったり，図(c)の圧縮力になったりする．棒は伸び縮みしないと仮定すると，この軸力も拘束力である．図(b)，(c)には，それらの力の大きさを記号 T_1，T_2 および P_1，P_2 で，その向きを矢印で示している．これはベクトルを太字で，また逆向きを負号でそれぞれ表した図4.1の表記法と異なるが，力学分野ではこのような表記法もよく用いられる．また，図4.3の棒が質量をもって加速度運動するとき，棒の両端に作用する力は大きさが等しいとはいえない．すなわち，$T_1 \neq T_2$，$P_1 \neq P_2$

である．

一方，機械ではリンクがお互いに対偶† をなし，面や点で接触をしながら相対運動をしている場合が多い．次に，このような接触部に作用する力を考えよう．図 4.4 (a)のように，外部から力 P を受けて物体が床と接触して滑っている場合，反力 R が床から物体に作用する．この反力 R の接触面に垂直な方向の成分 N を**垂直抗力**（normal force），接触面に平行で，物体が動く向きとは逆向きに作用する成分 f を**摩擦力**（frictional force）という．接触面が「滑らか」，すなわち，摩擦が作用しないとき，物体と床の間には垂直抗力 N のみが作用する．この垂直抗力も拘束力である．

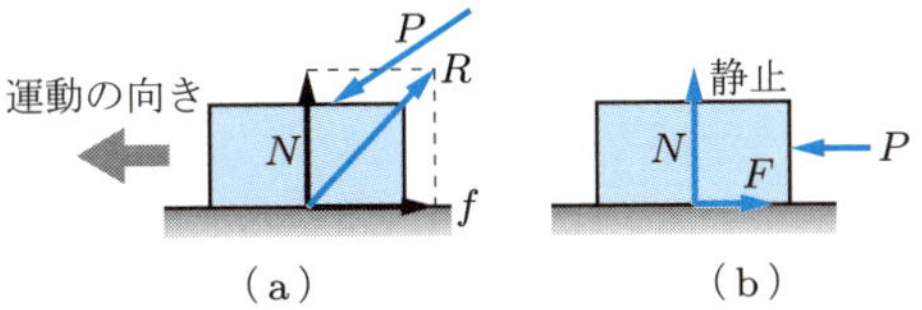

図 4.4

このように，物体には外力，内力および拘束力が作用し，その結果，物体は運動する．これらの力をすべて考慮して物体の運動を記述するのが，ニュートンの第 2 法則である．このうち，拘束力は運動方程式を導出する段階では未知で，運動が決定されて初めて求められる．このことが，運動方程式の解析を困難にする．ところが，座標を適切に選ぶと，拘束力が陽に現れない形の運動方程式を導出することができる．これについては，第 7 章の「解析力学の基礎」でくわしく説明する．

物体が静止しているときに作用する摩擦力を，**静止摩擦力**（static frictional force）という．静止摩擦力は力のつり合いを保持しようとする．たとえば，図(b)で外部から接触面に平行に加える力 P を大きくしていくと，それとつり合うように静止摩擦力 F も大きくなっていく．しかし，静止摩擦力はある限界値 $F_{\max}$ を超えることができない（$F \leq F_{\max}$）．さらに P を大きくしていくと，ついには静的な力のつり合いが破れて物体は滑り出す．この限界値 $F_{\max}$ を**最大静止摩擦力**（maximum static frictional force）という．最大静止摩擦力 $F_{\max}$ は垂直抗力 N と次のような関係がある．

$$F_{\max} = \mu_s N \tag{4.5}$$

ここに，μ_s は**静止摩擦係数**（coefficient of static friction）とよばれ，接触面の材質や状態によって決まる．

物体が床の上を滑る場合，図(a)に示すように運動方向と逆向きの摩擦力が作用す

† 機構を構成し，互いに接触して相対運動を行う物体をリンク（節）といい，各リンクのそれぞれの接触部分を対偶素，それらの組み合わせを対偶という．

る．この摩擦力を**動摩擦力**（kinetic frictional force）という．動摩擦力 f は垂直抗力 N と次の関係がある．

$$f = \mu_d N \tag{4.6}$$

ここに，μ_d は**動摩擦係数**（coefficient of kinetic friction）とよばれる．動摩擦係数 μ_d も静止摩擦係数と同様に接触面の材質や状態によって決まるが，一般に，物体と床の間の速度差，すなわち，相対滑り速度にも依存する．しかし，μ_d が相対滑り速度に依存しない一定値であるという仮定を導入することが多い．このように，接触面の相対滑り速度に依存しない摩擦を**クーロン摩擦**（Coulomb's friction）という．静止摩擦力にしろ動摩擦力にしろ，垂直抗力 N が作用するときにのみ，すなわち，$N > 0$ のときにのみ摩擦力は生じる．

物体が滑り出した瞬間に，摩擦力は最大静止摩擦力 $F_{\max}$ から動摩擦力 f に変化する．しかも，$f \leq F_{\max}$ $(\mu_d \leq \mu_s)$ であることが実験的に確かめられている．

例題 4.1　図4.5(a)のように，車Aが故障した車Bをロープで牽引している．ロープの伸びおよび車の走行抵抗を無視する．車A，Bの質量をともに M，ロープの質量を m，車Aの推進力を F として，次の条件で加速度運動するときの車の加速度とロープにかかる張力を求めよ．（1）$m = 0$ の場合，（2）$m \neq 0$ の場合．

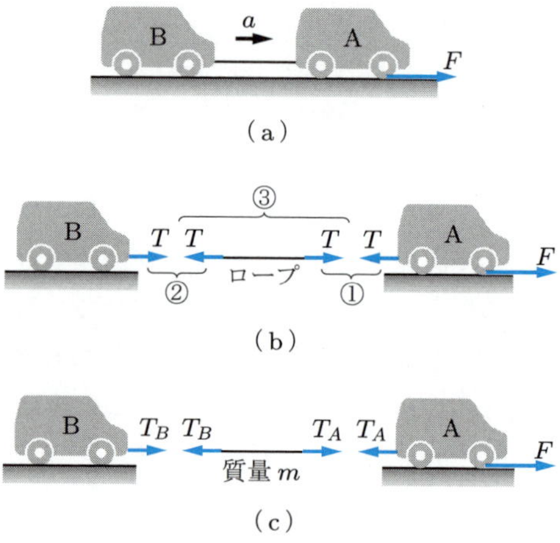

図 4.5

解　（1）車A, Bとロープの間に作用する力の大きさと向きを表すと，図(b)のようになる．ここで，T は張力である．①の組の T，②の組の T が互いに大きさが等しく逆向きであるのは，作用・反作用の法則による．③の組のロープの両端の力 T の大きさが等しいのは，ロープに質量がないからである．

質量をもった部分に着目して運動方程式をたてる．ロープは伸びないのだから，車A，Bの加速度をともに a とおく．右向きを正方向とすると，車A，Bの運動方程式は，

$$\left.\begin{aligned} &\text{車A}: Ma = F - T \\ &\text{車B}: Ma = T \end{aligned}\right\} \tag{a}$$

となる．両式を辺々加え合わせ，内力である張力 T を消去すると，

$$2Ma = F \tag{b}$$

を得る．式(b)は車A，Bとロープを1つの系としたときの運動方程式であるので，内力である張力 T を含まない．式(b)から加速度 $a = F/2M$ を得る．また，この結果を式(a)に代入すると，張力は，$T = F/2$ となる．

（2）ロープに質量がある場合には，ロープの両側に作用する力の大きさが異なるので，図(c)に示すようにロープの両側の張力を T_A，T_B と区別する．車 A，B およびロープの加速度をともに a とおき，それぞれについて運動方程式をたてると，次のようになる．

$$\text{車 A}: Ma = F - T_A, \quad \text{ロープ}: ma = T_A - T_B, \quad \text{車 B}: Ma = T_B \tag{c}$$

式(c)の 3 式を辺々加え合わせると，内力である張力は消去できて，$(2M + m)a = F$ を得る．これから加速度 a を得て，式(c)から張力 T_A，T_B が求められる．

$$a = \frac{F}{2M + m}, \quad T_A = \frac{M + m}{2M + m}F, \quad T_B = \frac{M}{2M + m}F$$

なお，上式でロープの質量を $m = 0$ とおくと，$T_A = T_B$ となって（1）と同じ結果が得られる．

いま，ロープは伸びないと仮定しているので，張力は拘束力である．この問題のように，ニュートンの第 2 法則を適用する段階では，拘束力は一般に未知である．拘束力は得られた加速度の解 a を用いて求められていることに注意しよう．

例題 4.2 図 4.6 に示す質量 m，長さ l の振子の角変位 θ に関する運動方程式を導け．重力加速度を g とする．

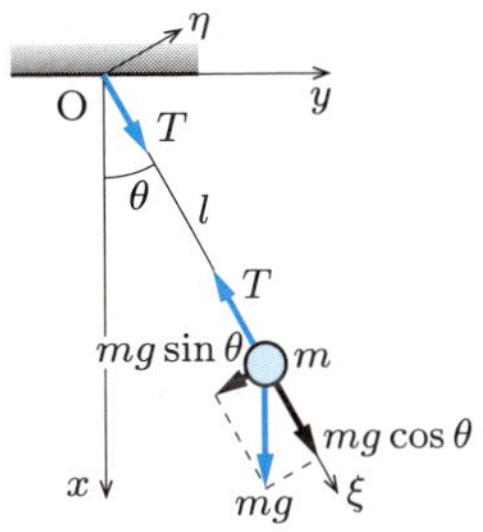

図 4.6

解 ξ，η 方向の単位ベクトルをそれぞれ $\boldsymbol{i}$，$\boldsymbol{j}$ とする．糸からの拘束力である張力を T と仮定する（図に糸が両端の物体に及ぼす張力 T を示す）．極座標としての回転座標系 O-$\xi\eta$ 上で運動方程式をたてる．質点には外力として，重力 mg と拘束力の張力 T が作用する．式(3.36)および作用力は次式で表される．

$$\text{加速度}: \boldsymbol{a} = (\ddot{r} - r\dot{\theta}^2)\boldsymbol{i} + (r\ddot{\theta} + 2\dot{r}\dot{\theta})\boldsymbol{j}$$

$$\text{作用力}: \boldsymbol{F} = (mg\cos\theta - T)\boldsymbol{i} - mg\boldsymbol{j}\sin\theta$$

$r = l$（一定）とおくと，運動方程式は次式となる．

$$-ml\dot{\theta}^2 = mg\cos\theta - T \tag{a}$$

$$ml\ddot{\theta} = -mg\sin\theta \tag{b}$$

式(b)から，振子の接線方向の運動方程式 $\ddot{\theta} + \dfrac{g}{l}\sin\theta = 0$ が求められる．これを解いて $\theta = \theta(t)$ を求めて式(a)に代入すると，振子の運動中の拘束力 $T = mg\cos\theta + ml\dot{\theta}^2$ が求められる．

4.3 移動座標系から見た運動の法則

4.1 節のニュートンの第 1 および第 2 法則は，静止座標系を基準としたものである．それでは，3.4 節で述べたような移動座標系を基準とした場合には，これらの運動の法則はどのように表されるのであろうか．

4.3.1 慣性系

まず，並進座標系上で運動方程式を書き表してみよう．式(3.17)を式(4.1)に代入すると，

$$m\boldsymbol{a}' = \boldsymbol{F} - m\boldsymbol{a}_Q \tag{4.7a}$$

または，成分表示すると，以下のようになる．

$$m\ddot{\xi} = F_x - m\ddot{x}_Q, \quad m\ddot{\eta} = F_y - m\ddot{y}_Q, \quad m\ddot{\zeta} = F_z - m\ddot{z}_Q \tag{4.7b}$$

式(4.7a)からいくつかの興味深い結論が導かれる．まず，図3.6の並進座標系 Q-$\xi\eta\zeta$ が一定の速度 $\boldsymbol{v}_Q$ で移動するときには，$\boldsymbol{a}_Q = \dot{\boldsymbol{v}}_Q = \boldsymbol{0}$ となるから，

$$m\boldsymbol{a}' = \boldsymbol{F} \tag{4.8}$$

である．これは式(4.1)と同じ形であり，一定の速度で移動する座標系 Q-$\xi\eta\zeta$ 上でも静止座標系と同様の運動の法則が成り立つことを示している．ニュートンの運動の法則が成り立つ座標系を**慣性系**（inertial system）とよぶことにすれば，このことは互いに一定の相対速度をもった慣性系の間では力学の法則は変わらないことを意味している．これを**ガリレイの相対律**（Galilei's law of relativity）という．

このように，運動の第2法則は静止座標系を基準にする必要はなく，より一般的に慣性系を基準にしてもよいことがわかる．地球上における物体の通常の運動を考える限り，地球上に固定した座標系は十分な精度で慣性系とみなしてよいことが実験的に確かめられている．そこで，本書では，地球上に固定した座標系（慣性系）を単に静止座標系という．

4.3.2 慣性力とダランベールの原理

式(4.7a)において $\boldsymbol{F}$ のほかに $-m\boldsymbol{a}_Q$ なる力が作用していると解釈すれば，式(4.7a)は，$\boldsymbol{a}_Q$ で加速度運動している並進座標系 Q-$\xi\eta\zeta$ 上でもニュートンの第2法則が適用できることを示している．この見かけの力 $-m\boldsymbol{a}_Q$ を**慣性力**（inertia force）という†．慣性力は常に加速度と逆向きに作用する．慣性力はあくまで見かけの力であるから，その反作用力はない．

次に，静止座標系上を加速度 $\boldsymbol{a}$ で運動している質点の上に，並進座標系 Q-$\xi\eta\zeta$ を固定してみよう．このとき $\boldsymbol{a}_Q = \boldsymbol{a}$ であり，また並進座標系 Q-$\xi\eta\zeta$ から見ると質点は静止しているから，$\boldsymbol{a}' = \boldsymbol{0}$ である．したがって，式(4.7a)は，

$$\boldsymbol{F} + (-m\boldsymbol{a}) = \boldsymbol{0} \tag{4.9a}$$

または，成分表示して，

$$F_x + (-m\ddot{x}) = 0, \quad F_y + (-m\ddot{y}) = 0, \quad F_z + (-m\ddot{z}) = 0 \tag{4.9b}$$

となる．式(4.9a)は，外力 $\boldsymbol{F}$ と見かけの力である慣性力 $-m\boldsymbol{a}$ がつり合っていると解釈することができる．これを**ダランベールの原理**（d'Alembert's principle）という．式(4.9a)は式(4.1)の左辺の項を右辺に単に移項しただけのように見えるが，質点とともに運動する座標系を基準としていることに注意する必要がある．式(4.9)の関係を**動**

---

† 静止座標系で静止している質点 m は，加速度 $\boldsymbol{a}_Q$ で運動する座標系から見れば，$-\boldsymbol{a}_Q$ の加速度運動をしているように見える．実際には質点に何の力も作用していないが，加速度運動する座標系から見れば，あたかも $-m\boldsymbol{a}_Q$ の力が作用したために，この加速度運動が生じているように見える．

的平衡（dynamic balance）とよぶこともある．このように，慣性力を導入すれば，ダランベールの原理によって，質点の動力学の問題を力のつり合いという静力学の問題に帰着させることができる（第 7 章参照）．

慣性力の性質についてもう少しくわしく考えてみよう．慣性力はどこに作用すると考えればよいか？ 質量をもつ部分である．どちら向きなのか？ 加速度と常に逆向きである．質量をもつ物体が加速度運動しているとき，その物体と一緒に動く座標系に乗った観測者からながめると物体は静止して見える．このような動く座標系から見れば，これは物体が平衡状態にあることを意味する．この動的平衡状態では，観測者が乗った座標系自身が物体とともに運動している影響を表すために，見かけの力を導入する必要がある．このような見かけの力を慣性力とよぶのである．逆の見方をすれば，加速度運動している物体に慣性力が作用するとみなすことによって，動的平衡状態が実現されると考えるのである．

慣性力の例としては，自動車が加速，減速したときに乗っている人が感じる力，飛行機やジェットコースターに乗ったときに人が感じる力，回転する機械に作用する遠心力など，日常生活でもしばしば慣性力を意識することが起こる．

例題 4.3 加速度 α で下降しているエレベーターの中に質量 m の人が乗っている．エレベーターの床に作用する力 N を，（1）慣性系から見たとき，（2）エレベーターに固定された並進座標系から見たときに分けて求めよ．

解 （1）静止座標系から見たエレベーターの加速度は鉛直下向きに α であり，人の重力 mg が下向きに，床からの垂直抗力 N が鉛直上向きに作用する．式(4.1)から，$m\alpha = mg - N$．したがって，$N = mg(1 - \alpha/g) < mg$ となる．

（2）式(4.7b)において，並進座標系から見ると人は静止しているので，垂直方向の相対加速度 $\ddot{\xi}$ は 0，作用する力として，下向きの重力 mg と床からの上向きの抗力 N がある．また，見かけの力 $-m\alpha$ が下向きにはたらくので，これらの力のつり合いから，$mg - N + (-m\alpha) = 0$．したがって，$N = mg(1 - \alpha/g)$ となる．結果は（1）と（2）で同じである．

一方，エレベーターが加速度 α で上昇しているときは，$N = mg(1 + \alpha/g) > mg$ となる．

4.3.3 遠心力，コリオリ力

式(3.26)を運動方程式(4.1)に代入すると，回転座標系 O-$\xi\eta\zeta$ 上の成分表示による静止座標系 O-xyz 上で求めた運動方程式を得る．すなわち，

$$m\left\{\frac{d^{*2}\boldsymbol{r}'}{dt^2} + \frac{d^*\boldsymbol{\omega}}{dt} \times \boldsymbol{r}' + 2\boldsymbol{\omega} \times \frac{d^*\boldsymbol{r}'}{dt} + \boldsymbol{\omega} \times (\boldsymbol{\omega} \times \boldsymbol{r}')\right\} = \boldsymbol{F} \tag{4.10}$$

となる．これを次のように変形すると，回転座標系 O-$\xi\eta\zeta$ 上で求めた運動方程式となる．

$$m\frac{d^{*2}\boldsymbol{r}'}{dt^2} = \boldsymbol{F} - m\frac{d^*\boldsymbol{\omega}}{dt}\times\boldsymbol{r}' - 2m\boldsymbol{\omega}\times\frac{d^*\boldsymbol{r}'}{dt} - m\boldsymbol{\omega}\times(\boldsymbol{\omega}\times\boldsymbol{r}') \tag{4.11}$$

この場合にも，移項にともない基準座標が静止座標系から回転座標系に変化していることに注意する必要がある．上式の右辺第 2〜4 項は，回転座標系 O-$\xi\eta\zeta$ 上で見たときに質点に作用する見かけの力，すなわち，慣性力と考えることができる．とくに，$-2m\boldsymbol{\omega}\times\dfrac{d^*\boldsymbol{r}'}{dt}$ を**コリオリ力** (Coriolis force)，$-m\boldsymbol{\omega}\times(\boldsymbol{\omega}\times\boldsymbol{r}')$ を**遠心力** (centrifugal force) という．$-m\dfrac{d^*\boldsymbol{\omega}}{dt}\times\boldsymbol{r}'$ は角速度ベクトルの時間的変化から生じる慣性力である．このように，コリオリ力や遠心力は，回転座標系上から見て初めて現れる見かけの力である．

コリオリ力，遠心力がどのような力であるかを示すため，ζ 軸まわりに一定角速度 ω で回転する回転座標系 O-$\xi\eta\zeta$ の $\xi\eta$ 平面上の質点の運動を考える．質点の座標を (ξ,η) とする．$\boldsymbol{r}' = \xi\boldsymbol{i} + \eta\boldsymbol{j} + 0\boldsymbol{k}$，$\boldsymbol{\omega} = 0\boldsymbol{i} + 0\boldsymbol{j} + \omega\boldsymbol{k}$，$\dfrac{d^*\boldsymbol{\omega}}{dt} = \boldsymbol{0}$ を式(4.11)の右辺に代入すると，$-m\dfrac{d^*\boldsymbol{\omega}}{dt}\times\boldsymbol{r}' = \boldsymbol{0}$ となり，また，コリオリ力，遠心力は次式となる．

$$\text{コリオリ力：} -2m\boldsymbol{\omega}\times\frac{d^*\boldsymbol{r}'}{dt} = -2m\begin{vmatrix}\boldsymbol{i} & \boldsymbol{j} & \boldsymbol{k}\\ 0 & 0 & \omega\\ \dot{\xi} & \dot{\eta} & 0\end{vmatrix} = 2m\omega\dot{\eta}\boldsymbol{i} - 2m\omega\dot{\xi}\boldsymbol{j} \tag{4.12}$$

$$\text{遠心力：} -m\boldsymbol{\omega}\times(\boldsymbol{\omega}\times\boldsymbol{r}') = -m\begin{vmatrix}\boldsymbol{i} & \boldsymbol{j} & \boldsymbol{k}\\ 0 & 0 & \omega\\ -\omega\eta & \omega\xi & 0\end{vmatrix} = m\xi\omega^2\boldsymbol{i} + m\eta\omega^2\boldsymbol{j} \tag{4.13}$$

ここに，$\boldsymbol{\omega}\times\boldsymbol{r}' = \omega(-\eta\boldsymbol{i} + \xi\boldsymbol{j})$ である．したがって，式(4.11)を成分表示すると，

$$m\ddot{\xi} = F_\xi + 2m\omega\dot{\eta} + m\xi\omega^2, \quad m\ddot{\eta} = F_\eta - 2m\omega\dot{\xi} + m\eta\omega^2 \tag{4.14}$$

となる．

回転座標系上で観測した質点の速さを $v = \sqrt{\dot{\xi}^2 + \dot{\eta}^2}$ とおくと，式(4.12)からコリオリ力の大きさは $2m\omega v$ であり，図 4.7 (a)に示すように質点の回転座標系上での進行方向と直角で質点を右にそらす向きに作用する．遠心力の大きさは，式(4.13)から $mr'\omega^2$ となる．ただし，$r' = \sqrt{\xi^2 + \eta^2}$ は原点 O からの距離である．遠心力は，図(b)に示すように質点を原点 O から遠ざける向きに作用する．

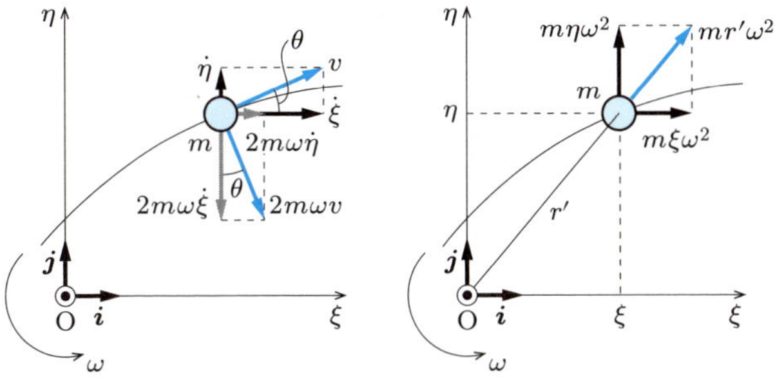

（a）　　　　（b）

図 4.7

例題 4.4　図 4.8 に示すような長さ l, 質量 m, 一定の角度 α をなして一定角速度 ω で円運動する円すい振子がある．この円すい振子の運動を,（1）ニュートンの第 2 法則による立場と,（2）ダランベールの原理による立場から説明せよ．

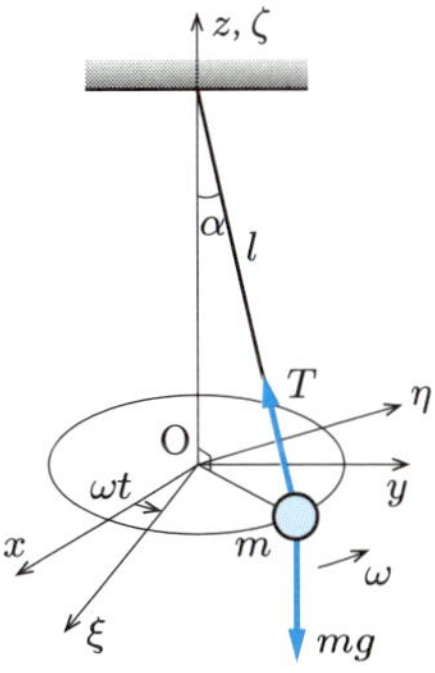

図 4.8

解　（1）ニュートンの第 2 法則の立場：静止座標系 O-xyz から見ると，質点は半径 $l\sin\alpha$ の円周上を円運動する．例題 3.3 から，質点の加速度の大きさは $a = l\omega^2 \sin\alpha$ であり，向きは円運動の中心 O の方向を向く．質点にこのような加速度を生じさせる力を**求心力**（centripetal force）とよび，拘束力である張力 T の分力 $F = T\sin\alpha$ がこの求心力の役目を果たしている．運動方程式 $ma = F$ は，$ml\omega^2 \sin\alpha = T\sin\alpha$ となる．また，鉛直方向の質点の運動はないので，力のつり合いから $T\cos\alpha - mg = 0$ が成り立つ．これらの式から拘束力 T を消去すると，$\omega = \sqrt{g/l\cos\alpha}$ を得る．

（2）ダランベールの原理の立場：振子とともに角速度 ω で回転する座標系 O-$\xi\eta\zeta$ から見ると，振子は静止している．回転座標系 O-$\xi\eta\zeta$ から見て，質量 m には半径外向きに $ml\omega^2 \sin\alpha$ の遠心力が作用し，これが $T\sin\alpha$ とつり合っている．つり合い方程式は $ml\omega^2 \sin\alpha - T\sin\alpha = 0$．後は（1）と同じである．なお，回転座標系 O-$\xi\eta\zeta$ から見て質点 m は速度をもたないから，コリオリ力は作用しない．

例題 4.5　リング型の宇宙ステーションを一定角速度で回転させて遠心力を発生させ，これを重力の代わりに利用して地球と同じ環境にする計画がある．図 4.9 に示すように，このステーション内で回転方向とは逆向きに，ステーションに対して $v = R\omega$ の速度でボールを発射した．ただし，ω はステーションの一定回転角速度，R はステーション中心 O から発射点までの距離を表す．ボールの運動はどうなるか．また，ボールに作用する力をステーション側から説明せよ．

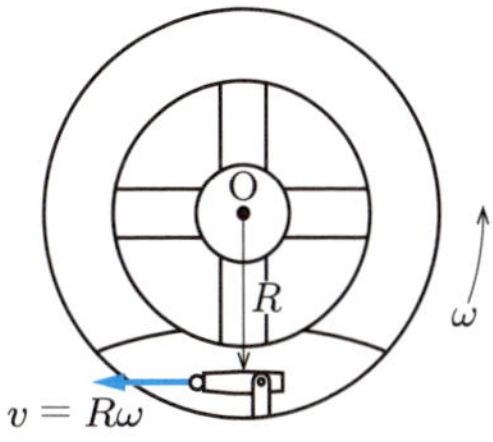

図 4.9

解　ボールは静止座標系から見ると停止しているが，ステーションとともに回転する回転座標系から見ると逆回りの円運動を行う．これをステーション（回転座標系）に立って説明すると，ボールに対して半径外向きに $mR\omega^2$ の遠心力，半径内向き（進行方向に対して右向き）に $2m\omega v = 2mR\omega^2$ のコリオリ力が作用しており，差し引き $mR\omega^2$ の力が（見かけの）求心力としてボールに円運動を生じさせている．

これらの例題のように，慣性力，遠心力およびコリオリ力が出てくるときは，加速度運動する物体に固定された並進座標系や回転座標系上で議論していることに注意しよう．

4.4　運動量と力積および角運動量

4.4.1　運動量と力積の関係

ニュートンの第2法則，式(4.1)は次式のように書き換えることができる．

$$\frac{d\boldsymbol{p}}{dt} = \boldsymbol{F} \quad ここに，\ \boldsymbol{p} = m\boldsymbol{v} \tag{4.15}$$

$\boldsymbol{p}$ は質量と速度の積で定義されるベクトル量で，**運動量**（momentum）という．同じ質量の物体でも速度が大きい物体のほうが，また，同じ速度でも質量が大きい物体のほうが運動量が大きい．式(4.15)から，ニュートンの第2法則は，運動量の時間的変化割合が外力に等しいともいえる．式(4.15)の両辺に dt をかけ，時刻 t_1 から t_2 まで時間積分すると，次式を得る．

$$\int_1^2 d\boldsymbol{p} = \int_{t_1}^{t_2} \boldsymbol{F}dt \qquad \therefore \quad \boldsymbol{p}_2 - \boldsymbol{p}_1 = (m\boldsymbol{v})_2 - (m\boldsymbol{v})_1 = \int_{t_1}^{t_2} \boldsymbol{F}dt \tag{4.16}$$

$\int_{t_1}^{t_2} \boldsymbol{F}dt$ は**力積**（impulse）とよばれる物理量で，式(4.16)は，ある時間内における運動量の変化が，その間に質点に作用する外力の力積に等しいことを示している．

例題 4.6　（1）静止している質量 m のゴルフボールを，ドライバーを使って力積 I で打撃した．ボールの打撃方向の初速 v を求めよ．

（2）質量 m のボールが v_1 の速さで，静止しているバットに衝突した．バットとボールの衝突時の力と時間の関係は，非常に短い時間 Δt を半周期とする振幅 f の正弦波で近似できる（図 4.10）．ボールが衝突前とは逆向きに飛んでいく速さ v_2 を求めよ．

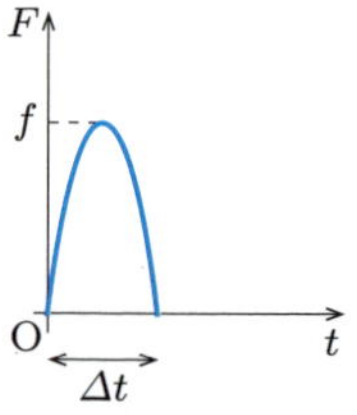

図 4.10

解　（1）式(4.16)から，$mv - 0 = I$．よって，$v = I/m$．

（2）衝突時にボールが受ける力は $F = f\sin(\pi t/\Delta t)$ $(0 \leq t \leq \Delta t)$．ボールが速さ v_2 で飛んでいく向きを正とすると，次のようになる．

$$mv_2 - (-mv_1) = \int_0^{\Delta t} Fdt = \int_0^{\Delta t} f\sin\frac{\pi}{\Delta t}tdt = \frac{2f\Delta t}{\pi} \qquad \therefore \quad v_2 = \frac{2f\Delta t}{m\pi} - v_1$$

4.4.2 運動量保存の法則

式(4.16)で外力が作用しない場合，すなわち，$\boldsymbol{F} = \boldsymbol{0}$ のとき，

$$\boldsymbol{p}_2 = \boldsymbol{p}_1 \tag{4.17}$$

となり，運動量は保存される．これを**運動量保存の法則**（law of conservation of momentum）という．さらに，質量 m の変化がないとき，式(4.16)から，$\boldsymbol{v} =$ 一定となる．これがニュートンの第 1 法則（慣性の法則）である．

4.4.3 角運動量保存の法則

運動方程式(4.1)の両辺に，左から位置ベクトル $\boldsymbol{r}$ をベクトル的にかける（外積をとる）と，

$$\boldsymbol{r} \times m\boldsymbol{a} = \boldsymbol{r} \times m\frac{d\boldsymbol{v}}{dt} = \boldsymbol{r} \times \boldsymbol{F} \tag{4.18}$$

となる．$\boldsymbol{r} \times m\dfrac{d\boldsymbol{v}}{dt} = \dfrac{d}{dt}(\boldsymbol{r} \times m\boldsymbol{v}) - \dfrac{d\boldsymbol{r}}{dt} \times m\boldsymbol{v}$，および $\boldsymbol{v} = \dfrac{d\boldsymbol{r}}{dt}$ だから，$\dfrac{d\boldsymbol{r}}{dt} \times m\boldsymbol{v} = \boldsymbol{0}$ を考慮すると，式(4.18)は，

$$\dot{\boldsymbol{L}} = \boldsymbol{N} \tag{4.19a}$$

となる．ここに，

$$\boldsymbol{L} = \boldsymbol{r} \times m\boldsymbol{v} = \boldsymbol{r} \times \boldsymbol{p}, \quad \boldsymbol{N} = \boldsymbol{r} \times \boldsymbol{F} \tag{4.19b}$$

である．$\boldsymbol{L}$ は原点 O に関する運動量 $\boldsymbol{p}$ のモーメント，すなわち，**角運動量**（angular momentum）であり，$\boldsymbol{N}$ は同じく原点 O まわりの外力 $\boldsymbol{F}$ のモーメントである．したがって，式(4.19)は，ある原点 O に関する角運動量の時間的変化割合がその点まわりの外力 $\boldsymbol{F}$ のモーメントに等しいことを表しており，**角運動方程式**（equation of angular motion）という．式(4.19a)の両辺を時刻 t_1 から t_2 まで積分すると，

$$\int_1^2 d\boldsymbol{L} = \boldsymbol{L}_2 - \boldsymbol{L}_1 = \int_{t_1}^{t_2} \boldsymbol{N} dt \tag{4.20}$$

となる．積分量 $\displaystyle\int_{t_1}^{t_2} \boldsymbol{N} dt$ を**角力積**（angular impulse）あるいは力積モーメントとよぶことにすれば，上式は，角運動量の変化は角力積に等しいことを示している．上式から，外力のモーメントが作用しない場合，すなわち，$\boldsymbol{N} = \boldsymbol{0}$ のとき，

$$\boldsymbol{L}_2 = \boldsymbol{L}_1 \tag{4.21}$$

となり，角運動量は保存される．これを**角運動量保存の法則**（law of conservation of angular momentum）という．

4.5 質点系の力学

多くの質点から構成される系を**質点系**（system of particles）とよぶ．ここでは，N

個の質点からなる質点系の力学を考え，質点系全体を1つの系として大きくとらえて，質点系の重心の並進運動とその重心まわりの回転運動について述べる．剛体は無数の質点の集合であり，各質点間の距離が不変である特殊な質点系とみなすことができるので，この質点系の力学は第5章の「剛体の力学」の基礎となる．なお，質点系内にある個々の質点の運動解析に関しては，第7章の「解析力学の基礎」で述べる．

4.5.1 質点系の運動方程式

質点系内の各質点には，系の外部から外力が，また，系の内部の質点間には内力が作用する．図4.11に示すように，質点系内の第 i 番目の質点の質量を m_i $(i = 1, \ldots, N)$，静止座標系 O-xyz の原点 O に関する位置ベクトルを $\boldsymbol{r}_i$，質点に作用する外力を $\boldsymbol{F}_i$，第 j 番目の質点から第 i 番目の質点に作用する内力を $\boldsymbol{F}_{ij}$（ただし，$\boldsymbol{F}_{ii} = \mathbf{0}$）とする．そのとき，質点系内の第 i 番目の質点の運動方程式は次式で表せる．その質点に外力または特定の質点からの内力が作用しないときは，対応した力を $\mathbf{0}$ とおけばよい．

$$m_i \ddot{\boldsymbol{r}}_i = \boldsymbol{F}_i + \sum_{j=1}^{N} \boldsymbol{F}_{ij} \quad ここに，\ i = 1, \ldots, N \tag{4.22}$$

式(4.22)において，$i = 1, \ldots, N$ のすべての質点に関して総和をとると，

$$\sum_{i=1}^{N} m_i \ddot{\boldsymbol{r}}_i = \sum_{i=1}^{N} \boldsymbol{F}_i + \sum_{i=1}^{N} \sum_{j=1}^{N} \boldsymbol{F}_{ij} \tag{4.23}$$

となる．内力は一般に作用・反作用の法則に従うので，次式が成り立つ．

$$\boldsymbol{F}_{ij} + \boldsymbol{F}_{ji} = \mathbf{0} \tag{4.24}$$

式(4.24)を考慮すると，式(4.23)の右辺第2項は $\mathbf{0}$ となるので，次式を得る．

$$\sum_{i=1}^{N} m_i \ddot{\boldsymbol{r}}_i = \sum_{i=1}^{N} \boldsymbol{F}_i \quad または，\quad \sum_{i=1}^{N} \boldsymbol{F}_i + \left(-\sum_{i=1}^{N} m_i \ddot{\boldsymbol{r}}_i \right) = \mathbf{0} \tag{4.25}$$

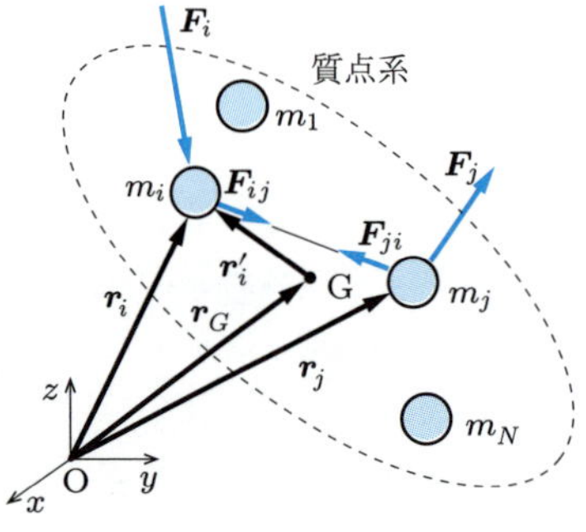

図4.11

上式の第 2 式は，質点系の外力の総和 $\sum_{i=1}^{N} \boldsymbol{F}_i$ と慣性力の総和 $-\sum_{i=1}^{N} m_i \ddot{\boldsymbol{r}}_i$ とが動的につり合っていることを示している．上式から，質点系全体に作用する力のつり合いを考えるとき，内力は現れないことがわかる．また，質点系の重心 G の位置ベクトルを $\boldsymbol{r}_G$ とすると，重心は，

$$\boldsymbol{r}_G = \frac{\displaystyle\sum_{i=1}^{N} m_i \boldsymbol{r}_i}{M} \quad \text{ここに，} \quad M = \sum_{i=1}^{N} m_i : \text{質点系の全質量} \tag{4.26}$$

で定義される．したがって，式(4.25)は次のようになる．

$$M\ddot{\boldsymbol{r}}_G = \sum_{i=1}^{N} \boldsymbol{F}_i \quad \text{または，} \quad \sum_{i=1}^{N} \boldsymbol{F}_i + (-M\ddot{\boldsymbol{r}}_G) = \boldsymbol{0} \tag{4.27}$$

上式から，質点系の重心の並進運動は，系の全質量が重心に集中し，全外力がその重心に作用すると考えたときの運動と同じであることがわかる．外力が作用しない場合，もしくは外力が作用してもその総和が $\boldsymbol{0}$ である場合には，質点系の重心は静止するか，または等速直線運動をする．また，質点系が加速度運動する座標系上を運動するとき，質点系の全慣性力は，質点系の全質量が質点系の重心にあるとみなしたときの慣性力に一致する．

例題 4.7　図 4.12 のように，質量 M，長さ l の一様な丸太が静かに水に浮かんでいる．この丸太の上を質量 m の人が一端から他端に向かって静かに等速で歩くと，人の足が丸太を蹴って前進する．丸太は人からの作用力を受けて後進する．その間に丸太の動く距離を求めよ．ただし，水の抵抗はないものと仮定する．

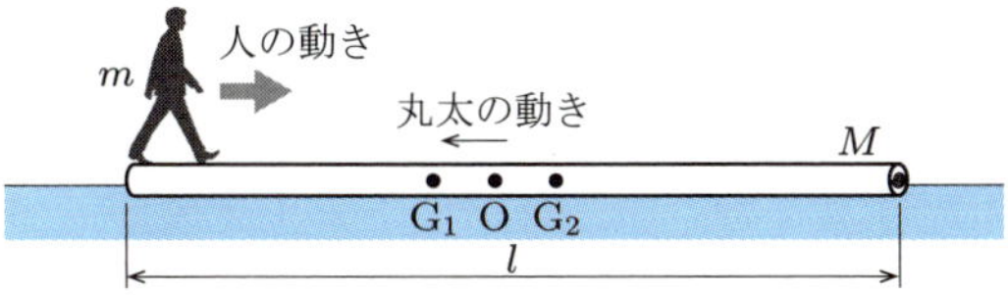

図 4.12

解　人と丸太をひとまとめに考えると，水の抵抗がないので，水平方向に外力は作用しない．式(4.27)において $\boldsymbol{F}_i = \boldsymbol{0}$ とおくと，$\ddot{\boldsymbol{r}}_G = \boldsymbol{0}$ となる．最初静止していたのであるから，$\boldsymbol{r}_G =$ 一定，したがって，静止座標系から見れば系全体の重心は不動である．一方，丸太は移動するので，系全体の重心は，丸太上では最初の重心位置 G_1 から最後の重心位置 G_2 まで動くことになる．丸太上での点 G_1 から丸太の重心 O までの距離を x とすると，$-m(l/2-x)+Mx=0$．したがって，丸太の動く距離は，$2x = ml/(M+m)$ となる．

4.5.2 質点系の運動量と角運動量

式(4.27)を運動量を用いて書き換えてみる．式(4.26)から，$\sum_{i=1}^{N} m_i\dot{\boldsymbol{r}}_i = M\dot{\boldsymbol{r}}_G$ となることを考慮して，

$$\boldsymbol{p}_i = m_i\dot{\boldsymbol{r}}_i, \quad \boldsymbol{P} = \sum_{i=1}^{N} \boldsymbol{p}_i = M\dot{\boldsymbol{r}}_G \tag{4.28}$$

とおくと，式(4.27)第1式は次式となる．

$$\dot{\boldsymbol{P}} = \sum_{i=1}^{N} \boldsymbol{F}_i \tag{4.29}$$

すなわち，質点系全体の運動量は重心に全質量が集中したとみなしたときの運動量 $\boldsymbol{P}$ に一致し，その時間的変化割合は外力の総和に等しい．もし，外力の総和が $\boldsymbol{0}$ であれば，質点系全体の運動量は保存される（$\boldsymbol{P}$ = 一定）．これを質点系の運動量保存の法則という．

例題 4.8 静止した質量 20×10^3 kg の貨車 B に，質量 15×10^3 kg の貨車 A が 1 m/s の速度で連結し，連結後は一体となって運動した．連結直後の速度 v を求めよ．

解 まず，貨車 A，B それぞれに対して式(4.16)を適用してみる．連結時に貨車 A が貨車 B に及ぼす力を $F(t)$ とすると，作用・反作用の法則により，貨車 B は貨車 A に対して逆向きの反作用力 $-F(t)$ を及ぼす．連結にかかる時間を Δt，貨車 A の進行方向を正とすると，

$$\text{貨車 A：} 15 \times 10^3\,\text{kg} \times v\,[\text{m/s}] - 15 \times 10^3\,\text{kg} \times 1\,\text{m/s} = -\int_0^{\Delta t} F(t)dt \tag{a}$$

$$\text{貨車 B：} 20 \times 10^3\,\text{kg} \times v\,[\text{m/s}] - 0 = \int_0^{\Delta t} F(t)dt \tag{b}$$

式(a)，(b)の両辺どうしを加えると，次式を得る．

$$(15 + 20) \times 10^3 \times v = 15 \times 10^3 \times 1 \tag{c}$$

式(c)は運動量保存の法則にほかならない．すなわち，貨車 A，B の運動量の総和は連結前後で変化しない．貨車 A，B の質点系から見ると連結力 $F(t)$ は内力だから，貨車 A，B をひとまとめにして質点系とした場合には，これらの力積はキャンセルし合う．式(c)から，$v = 0.429$ m/s となる．

この場合，連結時に，連結器の中では衝撃や発熱などでエネルギー消費が生じているため，連結前後で力学的エネルギー保存の法則（6.3 節参照）は成立しないことに注意しよう．このように，貨車 A，B の系に外力が作用していなければ，連結時の作用力や時間が不明でも，系全体から見ると運動量保存の法則で連結後の速度を求めることができる．

次に，式(4.22)の両辺に，左から各質点の位置ベクトル $\boldsymbol{r}_i$ をベクトル的にかけて（外積をとって）モーメントをとり，すべての質点に関して総和をとると，次式となる．

$$\sum_{i=1}^{N} \boldsymbol{r}_i \times m_i \ddot{\boldsymbol{r}}_i = \sum_{i=1}^{N} \boldsymbol{r}_i \times \left(\boldsymbol{F}_i + \sum_{j=1}^{N} \boldsymbol{F}_{ij} \right) \tag{4.30}$$

ここで,

$$\boldsymbol{L} = \sum_{i=1}^{N} \boldsymbol{r}_i \times m_i \dot{\boldsymbol{r}}_i = \sum_{i=1}^{N} \boldsymbol{r}_i \times \boldsymbol{p}_i \tag{4.31}$$

とおく.式(4.31)の $\boldsymbol{L}$ は原点 O に関する質点系全体の角運動量である.そのとき,式(4.30)の左辺は次のように変形される.

$$\sum_{i=1}^{N} \boldsymbol{r}_i \times m_i \ddot{\boldsymbol{r}}_i = \sum_{i=1}^{N} \left\{ \frac{d}{dt}(\boldsymbol{r}_i \times m_i \dot{\boldsymbol{r}}_i) - \dot{\boldsymbol{r}}_i \times m_i \dot{\boldsymbol{r}}_i \right\} = \frac{d}{dt} \sum_{i=1}^{N} \boldsymbol{r}_i \times m_i \dot{\boldsymbol{r}}_i = \dot{\boldsymbol{L}} \tag{4.32}$$

ここに,$\dot{\boldsymbol{r}}_i \times \dot{\boldsymbol{r}}_i = \boldsymbol{0}$ の関係を用いた.また,第 i 番目と第 j 番目の質点間に作用する内力 $\boldsymbol{F}_{ij}$,$\boldsymbol{F}_{ji}$ がつくるモーメントの和を考えると,式(4.24)から,$\boldsymbol{r}_i \times \boldsymbol{F}_{ij} + \boldsymbol{r}_j \times \boldsymbol{F}_{ji} = (\boldsymbol{r}_i - \boldsymbol{r}_j) \times \boldsymbol{F}_{ij} = \boldsymbol{0}$ となる.なぜならば,図 4.11 に示すように,$\boldsymbol{F}_{ij}$ は第 i 番目と第 j 番目の質点を結んだ直線方向を向き,$\boldsymbol{r}_i - \boldsymbol{r}_j$ と同じ方向($\boldsymbol{F}_{ij}$ は $\boldsymbol{r}_i - \boldsymbol{r}_j$ に平行)となるからである.

以上から,式(4.30)は式(4.19)と同様の形式となり,次式のように表せる.

$$\dot{\boldsymbol{L}} = \boldsymbol{N} \tag{4.33a}$$

ここに,

$$\boldsymbol{N} = \sum_{i=1}^{N} \boldsymbol{r}_i \times \boldsymbol{F}_i \tag{4.33b}$$

は外力 $\boldsymbol{F}_i$ の原点 O まわりの合モーメントである.したがって,式(4.33a)から,原点 O に関する質点系全体の角運動量 $\boldsymbol{L}$ の時間的変化割合は,その点まわりの外力のモーメントの総和 $\boldsymbol{N}$ に等しいことがわかる.外力のモーメントの総和が $\boldsymbol{0}$ のとき,質点系全体の角運動量は保存される($\boldsymbol{L}$ = 一定).これを質点系の角運動量保存の法則という.

式(4.31)を,質点系の重心の運動と,重心に対する各質点の相対的な運動とに分けて書き表してみよう.重心 G を始点とする質点 m_i の相対位置ベクトルを $\boldsymbol{r}'_i$ とすると,次式となる.

$$\boldsymbol{r}_i = \boldsymbol{r}_G + \boldsymbol{r}'_i \tag{4.34}$$

ここに,重心 G の位置ベクトル $\boldsymbol{r}_G$ は式(4.26)で与えられる.式(4.34)を式(4.31)に代入して変形しよう.

まず,式(4.34)を式(4.26)に代入すると,次式を得る.

$$\sum_{i=1}^{N} m_i \boldsymbol{r}'_i = \boldsymbol{0} \tag{4.35}$$

また，上式を時間で微分すると，$\sum_{i=1}^{N} m_i \dot{\boldsymbol{r}}'_i = \boldsymbol{0}$ となるので，式(4.31)，(4.34)，(4.35)から角運動量は，

$$\boldsymbol{L} = \sum_{i=1}^{N} (\boldsymbol{r}_G + \boldsymbol{r}'_i) \times m_i (\dot{\boldsymbol{r}}_G + \dot{\boldsymbol{r}}'_i) = \boldsymbol{r}_G \times M\dot{\boldsymbol{r}}_G + \boldsymbol{L}_G \tag{4.36a}$$

となる．ここに，

$$\boldsymbol{L}_G = \sum_{i=1}^{N} \boldsymbol{r}'_i \times m_i \dot{\boldsymbol{r}}'_i \tag{4.36b}$$

である．このように，式(4.36a)から，質点系全体の角運動量は，重心に全質量が集中したとみなしたときの原点 O に関する角運動量 $\boldsymbol{r}_G \times M\dot{\boldsymbol{r}}_G$ と，重心に関する相対角運動量 $\boldsymbol{L}_G$ の和となる．

一方，外力のモーメントの和である $\boldsymbol{N}$ は，質点系の重心の並進運動に関する式(4.27)を考慮すると，

$$\begin{aligned} \boldsymbol{N} &= \sum_{i=1}^{N} (\boldsymbol{r}_G + \boldsymbol{r}'_i) \times \boldsymbol{F}_i = \boldsymbol{r}_G \times \sum_{i=1}^{N} \boldsymbol{F}_i + \sum_{i=1}^{N} \boldsymbol{r}'_i \times \boldsymbol{F}_i \\ &= \boldsymbol{r}_G \times M\ddot{\boldsymbol{r}}_G + \sum_{i=1}^{N} \boldsymbol{r}'_i \times \boldsymbol{F}_i \end{aligned} \tag{4.37}$$

となる．式(4.36a)と式(4.37)を式(4.33a)に代入し，$\dot{\boldsymbol{r}}_G \times \dot{\boldsymbol{r}}_G = \boldsymbol{0}$ を考慮すると，

$$\dot{\boldsymbol{L}}_G = \boldsymbol{N}_G \tag{4.38a}$$

を得る．ここに，

$$\boldsymbol{N}_G = \sum_{i=1}^{N} \boldsymbol{r}'_i \times \boldsymbol{F}_i \tag{4.38b}$$

である．したがって，重心に関する相対角運動量 $\boldsymbol{L}_G$ の時間的変化割合は，質点系に作用する外力の重心まわりのモーメントの総和に等しい．もし，重心に関する外力のモーメントの総和が $\boldsymbol{0}$ であれば，重心に関する相対角運動量 $\boldsymbol{L}_G$ は保存される．

4.5.3 質点系の運動方程式の要点

以上をまとめると，各質点の運動方程式(4.22)から，質点系全体の集合体としての運動として，質点系の重心の並進運動を支配する方程式(4.27)または式(4.29)と，重心まわりに分布した各質点が集合体として重心まわりにどのように回転運動するかを決定する方程式(4.38)が導かれた．これらはともに内力を含んでいない．これらの方程

式は，第 5 章で剛体の運動を考えるときの基本となる．一方，質点系内部での各質点の個別の運動を決定するためには，式(4.27)，(4.38)だけでは不十分であり，式(4.22)を直接解かなければならない．すなわち，各質点に内力や拘束力が作用する場合には，これらを考慮して個々の質点の運動を決定しなければならない．

4.5.4 衝 突

図 4.13 に示すように，床に対して速度 u_1 で衝突した球が衝突後，どれだけの速度 u_2 で跳ね返ってくるか理論的に予測することは困難である．そこで，次のようなパラメータを実験によって測定する方法が用いられている．

$$e = -\frac{u_2}{u_1} \tag{4.39}$$

この値 e を反発係数（coefficient of restitution）といい，2 つの物体の材質によって定まる定数である．右辺に負号が付いているのは速度 u_1 と u_2 が逆向きとなっているためである．$e = 1$ のとき，すなわち，$|u_1| = |u_2|$ のときの衝突を完全弾性衝突（completely elastic collision）といい，球を静かに床に落とすと球が元の位置まで跳ね返ってくる．しかし，実際には衝突時に床や球の接触部が局所的に塑性変形したり，振動や熱が生じたりして，衝突前に球がもっていた力学的エネルギー（6.3 節参照）の一部は消失して $0 < e < 1$ の値をとる．たとえば，ガラスとガラスの衝突で $e = 0.95$，鋼と鋼で 0.55，鉛と鉛で 0.20 程度の値となる．硬い物質ほど反発係数は大きい．$e = 0$ のとき，球は反発せず床に付着してしまう．これは，衝突前に球がもっていた力学的エネルギーが衝突によって完全に失われたことを意味し，このような衝突を完全非弾性衝突（completely inelastic collision）という．

（a）衝突直前　（b）衝突直後

図 4.13

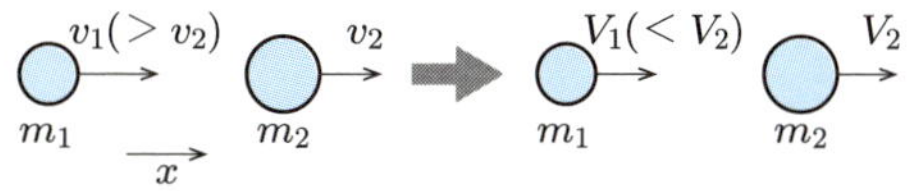

（a）衝突前　（b）衝突後

図 4.14

2 つの球が一直線上で衝突する問題では，式(4.39)の u_1，u_2 として 2 つの球の間の衝突前後の相対速度をとる．図 4.14 に示すように，質量 m_1，m_2 の 2 つの球がそれぞれ v_1，v_2 の速度で一直線上を動いて，お互いに衝突した後の球の運動を考えよう．衝突後の球の速度をそれぞれ V_1，V_2 とする．速度の正方向を図の x 方向とする．2 つの球が衝突するときの接触力は系全体から見ると内力であるので，外力ははたらいていない．したがって，衝突前後において，2 つの球からなる系の運動量は保存される．

すなわち，

$$m_1 v_1 + m_2 v_2 = m_1 V_1 + m_2 V_2 \tag{4.40}$$

となる．衝突前の球の相対的な接近速度は $v_1 - v_2$，衝突後の相対的に離れていく速度は $V_2 - V_1$ であるから，

$$e = -\frac{V_1 - V_2}{v_1 - v_2} \tag{4.41}$$

となる．式(4.40)，(4.41)から，衝突後の速度 V_1，V_2 は次のように求められる．

$$\left.\begin{aligned} V_1 &= v_1 - \frac{m_2}{m_1 + m_2}(1+e)(v_1 - v_2) \\ V_2 &= v_2 + \frac{m_1}{m_1 + m_2}(1+e)(v_1 - v_2) \end{aligned}\right\} \tag{4.42}$$

速度が負であれば，向きは仮定した向きとは反対である．

もし，質量 m_1 の球が，質量が非常に大きい静止した壁 $(m_2 \to \infty)$ に衝突する場合には，式(4.42)は，

$$\left.\begin{aligned} V_1 &= v_1 - \frac{1}{m_1/m_2 + 1}(1+e)(v_1 - 0) = -ev_1 \\ V_2 &= 0 + \frac{m_1/m_2}{m_1/m_2 + 1}(1+e)(v_1 - 0) = 0 \end{aligned}\right\} \tag{4.43}$$

となり，m_1 の球は ev_1 の速さで跳ね返る．この結果は式(4.39)と一致する．

例題 4.9 ビー玉をふすまの敷居において実験しよう．ビー玉はガラス製で反発係数を1と仮定し，すべて同じものを使用する．下記の場合，それぞれどのような挙動が見られるか．

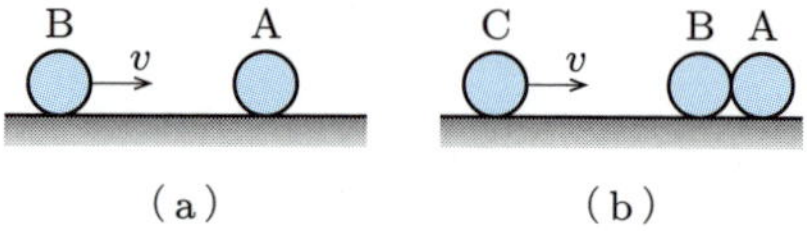

図 4.15

（1）図 4.15 (a)のように，1つのビー玉Aが静止しており，それにもう1つのビー玉Bが速度 v で衝突するとき．

（2）図(b)のように，2つのビー玉A，Bが接触して静止しており，それにもう1つのビー玉Cが速度 v で衝突するとき．

解 ビー玉の質量を m とする．はじめに速度 v で動くビー玉の向きを速度の正方向とする．

（1）衝突後のビー玉A，Bの速度をそれぞれ V_A，V_B とする．運動量保存の法則から，

$$mv = mV_A + mV_B$$

である．反発係数が1であるから，$V_A - V_B = v$．これらの式から，$V_A = v$，$V_B = 0$．すなわち，衝突によってビー玉Bは止まり，ビー玉Aは衝突前のビー玉Bと同じ速さで同じ向きに動く．

（2）ビー玉C，Bの衝突前の速度はそれぞれ v，0である，衝突後のそれらを V_C，v_B とおく．次に，ビー玉B，Aの衝突では，衝突前の速度はそれぞれ v_B，0であり，衝突後のそれらを V_B，V_A とおく．（1）と同様にして，

$$mv = mV_C + mv_B, \quad v = v_B - V_C \qquad \therefore \quad v_B = v, \ V_C = 0$$

$$mv_B = mV_B + mV_A,\ v_B = V_A - V_B \qquad \therefore\quad V_A = v,\ V_B = 0$$

となる．よって，結局，ビー玉 C，B は止まり，ビー玉 A は衝突前のビー玉 C と同じ速さで同じ向きに動く．ビー玉は反発係数が大きく，実験でこの結果を目で見ることができるので，確かめてみよ．

演習問題［4］

4.1 自動車の加速性能を知る指標として，速度 0 から発進して 400 m の距離を走行するのに要する時間（ゼロヨンのタイム）がある．いま，自動車の質量を 1000 kg，そのタイムを 12 秒としたときの，加速のために要した力を計算せよ．また，ゴール地点の速度を求めよ．ただし，自動車は等加速度運動をしたと仮定する．

4.2 水の上に浮かんでいる質量 M の平らな船の上を，質量 m の自動車が船に対して加速度 α で動く．このとき，船には静止座標系に対して自動車の移動方向とは逆向きにいくらの加速度が生じるか．また，自動車と船との間に作用する力はいくらか．ただし，船と水の間には抵抗はないものとする．

4.3 図 4.16 のように，質量 M の物体が速度 V で運動している．突然この物体がそれぞれ質量 m_1 および m_2 の 2 物体に分離した．2 物体の分離後の運動方向 θ_1 および θ_2 と，その方向の速度 v_1 および v_2 の関係を示す式を表せ．

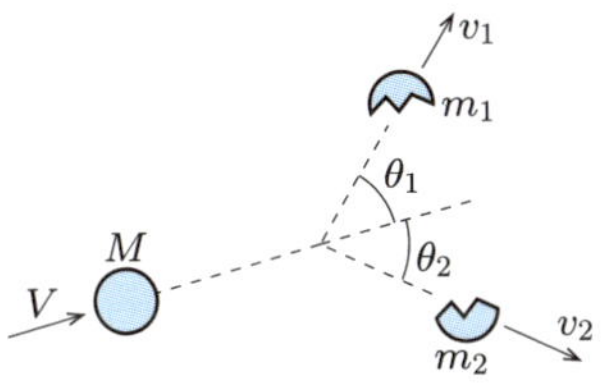

図 4.16

4.4 水平円板が鉛直軸まわりに一定角速度 ω で回転している．その円板の表面は粗く，円板上で回転軸から距離 a のところに質量 m の物体がおかれていて，円板とともに回転している．この物体が滑り始める円板の角速度を求めよ．ここに，物体と円板の間の静止摩擦係数を μ とする．

第 5 章

剛体の力学

質点および質点系はそれぞれ質量のみがあり，大きさのない物体およびその集合体である．一方，剛体（rigid body）とは質量が空間に連続して分布し，しかも外力が作用しても変形しないという性質をもち，広がりのある物体である．実際の物体は力が作用すると多かれ少なかれ変形するが，変形から生じる物体上の各点の間の相対運動が物体の全体的な運動に比べて十分に小さければ，その物体を剛体とみなして取り扱うことができる．実際に，機械の要素を剛体とみなしてよい場合が多い．

また，剛体を微小な体積をもつきわめて多くの質量要素に分割し，それらの質量要素を質点とみなすことによって，剛体を質点系として近似することができるであろう．したがって，4.5 節の質点系の力学から導かれた結論は，剛体の力学にもほぼそのまま当てはまる．ただし，剛体が一般の質点系と異なるのは，剛体を構成する質点間の距離が不変（質点間に相対運動が生じない）という点である．この特殊性により，剛体の運動は，剛体の重心の並進運動と重心まわりの回転運動によって完全に決定される．

5.1 剛体の力学の基礎事項

剛体を質量 dm をもった微小体積要素の集合，すなわち無限個の質点からなる質点系とみなしてみよう．このとき，剛体のおのおのの微小体積要素に関する総和 $\displaystyle\lim_{N\to\infty}\sum_{i=1}^{N}$ は，剛体の全領域 V にわたる体積積分 $\displaystyle\int_V$ におき換えられる．また，剛体には n 個の集中外力 $\boldsymbol{F}_i$ $(i = 1, \ldots, n)$ が作用しているものとする．以上の変更により，質点系の力学で得られた結論は，剛体に対して以下の各項のように書き換えられる．

5.1.1 剛体の重心

図 5.1 に示すように，剛体の重心を G，その重心 G を原点として剛体内に固定された移動座標系を G-$\xi\eta\zeta$，空間に固定された静止座標系 O-xyz から見た重心 G および剛体内の任意の点 P にある質量要素 dm の位置ベクトルをそれぞれ $\boldsymbol{r}_G$ および $\boldsymbol{r}$，また，移動座標系 G-$\xi\eta\zeta$ から見た点 P の位置ベクトルを $\boldsymbol{r}'$ とする．式(4.26)の総和を積分に変更すると，

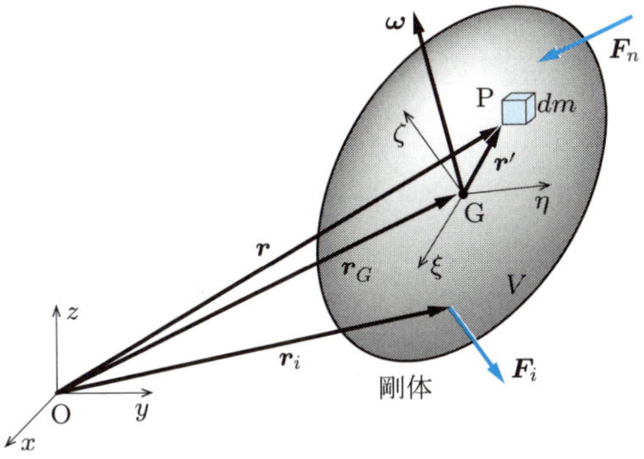

図 5.1

$$\boldsymbol{r}_G = \frac{\int_V \boldsymbol{r} dm}{M} \quad ここに，M = \int_V dm：剛体の全質量 \tag{5.1}$$

である．ところで，

$$\boldsymbol{r} = \boldsymbol{r}_G + \boldsymbol{r}' \tag{5.2}$$

であるから，$\int_V \boldsymbol{r} dm = \int_V (\boldsymbol{r}_G + \boldsymbol{r}')dm = \boldsymbol{r}_G M + \int_V \boldsymbol{r}' dm$ となる．この関係と式(5.1)とから，次式が成立する．

$$\int_V \boldsymbol{r}' dm = \boldsymbol{0} \tag{5.3}$$

5.1.2　重心の並進運動

質量要素の運動量は $d\boldsymbol{P} = dm\dot{\boldsymbol{r}}$ であり，式(5.3)から $\int_V \dot{\boldsymbol{r}}' dm = \boldsymbol{0}$ であるので，剛体全体の運動量 $\boldsymbol{P}$ は次式となる．

$$\boldsymbol{P} = \int_V d\boldsymbol{P} = \int_V \dot{\boldsymbol{r}} dm = \int_V \dot{\boldsymbol{r}}_G dm + \int_V \dot{\boldsymbol{r}}' dm = M\dot{\boldsymbol{r}}_G \tag{5.4}$$

すなわち，剛体全体の運動量は，剛体の全質量と重心の速度との積で与えられる．

剛体に作用する外力を $\boldsymbol{F}_i$，この作用点の原点 O からの位置ベクトルを $\boldsymbol{r}_i$ とする．ここに，$i = 1, \ldots, n$ である．並進運動の運動方程式は，質点系に対する式(4.29)と同様に次式となる．

$$\dot{\boldsymbol{P}} = \sum_{i=1}^{n} \boldsymbol{F}_i \tag{5.5}$$

したがって，式(5.4)を式(5.5)に代入すると，

$$M\ddot{\boldsymbol{r}}_G = \sum_{i=1}^{n} \boldsymbol{F}_i \quad \text{または,} \quad \sum_{i=1}^{n} \boldsymbol{F}_i + (-M\ddot{\boldsymbol{r}}_G) = \boldsymbol{0} \tag{5.6}$$

となる．すなわち，剛体の重心の並進運動は，全質量が重心に集中し，さらに外力の総和が重心に作用すると考えたときの質点の並進運動と等価である．あるいは，剛体に作用する外力の総和と剛体の重心の慣性力とが動的につり合っていると考えてもよい．このように，剛体上から見ると，剛体の重心の並進運動に関してもダランベールの原理が成り立つことがわかる．

5.1.3 重心まわりの回転運動

原点Oに関する剛体の角運動量 $\boldsymbol{L}$ は，式(4.31)の総和を積分に変更すると，次式となる．

$$\boldsymbol{L} = \int_V \boldsymbol{r} \times \dot{\boldsymbol{r}} dm = \int_V \boldsymbol{r} \times d\boldsymbol{P} \tag{5.7}$$

また，角運動量と外力のモーメントの関係は式(4.33)と同じである．すなわち，

$$\dot{\boldsymbol{L}} = \boldsymbol{N} \tag{5.8a}$$

である．ここに，

$$\boldsymbol{N} = \sum_{i=1}^{n} \boldsymbol{r}_i \times \boldsymbol{F}_i \tag{5.8b}$$

は n 個の外力 $\boldsymbol{F}_i$ の原点Oまわりの合モーメントであり，$\boldsymbol{r}_i$ はO-xyz 座標系での外力 $\boldsymbol{F}_i$ の作用点の位置ベクトルである．

重心Gまわりの剛体の角速度ベクトルを $\boldsymbol{\omega}$ とすると，式(3.18)により，重心Gから $\boldsymbol{r}'$ の位置にある質量要素 dm は，重心Gに対して $\dot{\boldsymbol{r}}' = \boldsymbol{\omega} \times \boldsymbol{r}'$ の相対速度をもつ．あるいは，質量要素の位置は剛体内に固定されているから，式(3.23a)で $\dfrac{d^*\boldsymbol{r}'}{dt} = \boldsymbol{0}$ とおいた式からもこの相対速度を求めることができる．相対速度に重心Gの速度 $\dot{\boldsymbol{r}}_G$ を加えると，原点Oから見た質量要素の速度を得る．

$$\dot{\boldsymbol{r}} = \dot{\boldsymbol{r}}_G + \dot{\boldsymbol{r}}' = \dot{\boldsymbol{r}}_G + \boldsymbol{\omega} \times \boldsymbol{r}' \tag{5.9}$$

式(5.2)，(5.9)を式(5.7)に代入して，式(5.3)の関係を考慮すると，

$$\boldsymbol{L} = \int_V (\boldsymbol{r}_G + \boldsymbol{r}') \times (\dot{\boldsymbol{r}}_G + \boldsymbol{\omega} \times \boldsymbol{r}') dm = \boldsymbol{r}_G \times M\dot{\boldsymbol{r}}_G + \boldsymbol{L}_G \tag{5.10a}$$

となる．ここに，

$$\boldsymbol{L}_G = \int_V \boldsymbol{r}' \times (\boldsymbol{\omega} \times \boldsymbol{r}') dm \tag{5.10b}$$

は剛体の重心Gに関する角運動量を表す．すなわち，原点Oに関する角運動量 $\boldsymbol{L}$ は，

全質量 M が重心 G に集中したとみなした質点の原点 O に関する角運動量 $\boldsymbol{r}_G \times M\dot{\boldsymbol{r}}_G$ と，重心 G に関する角運動量 $\boldsymbol{L}_G$ の和で表される．

一方，重心 G を始点とする外力作用点の位置ベクトルを $\boldsymbol{r}'_i$ とすると，$\boldsymbol{r}_i = \boldsymbol{r}_G + \boldsymbol{r}'_i$ であるから，式(5.8b)は式(5.6)を考慮すれば，式(4.37)と同様に次式となる．

$$\boldsymbol{N} = \sum_{i=1}^{n}(\boldsymbol{r}_G + \boldsymbol{r}'_i) \times \boldsymbol{F}_i = \boldsymbol{r}_G \times M\ddot{\boldsymbol{r}}_G + \sum_{i=1}^{n}\boldsymbol{r}'_i \times \boldsymbol{F}_i \tag{5.11}$$

式(5.10a)，(5.11)を式(5.8a)に代入し，$\dot{\boldsymbol{r}}_G \times \dot{\boldsymbol{r}}_G = \boldsymbol{0}$ を考慮すると，

$$\dot{\boldsymbol{L}}_G = \boldsymbol{N}_G \tag{5.12a}$$

を得る．ここに，

$$\boldsymbol{N}_G = \sum_{i=1}^{n}\boldsymbol{r}'_i \times \boldsymbol{F}_i \tag{5.12b}$$

である．すなわち，重心 G に関する角運動量の時間的変化割合は，その点まわりの外力のモーメントの総和 $\boldsymbol{N}_G$ に等しい．式(5.12a)を剛体の重心まわりの回転運動の運動方程式という．

式(5.12a)の左辺の項を右辺に移項すると，次式を得る．

$$\boldsymbol{N}_G + (-\dot{\boldsymbol{L}}_G) = \boldsymbol{0} \tag{5.12c}$$

したがって，式(5.12c)は $\boldsymbol{N}_G$ と $-\dot{\boldsymbol{L}}_G$ がつり合っているとみなすことができる．ここでは，この $-\dot{\boldsymbol{L}}_G$ を，剛体の重心に関する慣性偶力とよぶことにする．式(5.12c)は，剛体上から見たときの重心まわりの外力の合モーメントと慣性偶力の動的平衡を表し，ダランベールの原理を剛体の回転運動に拡張したものである．もちろん，慣性偶力は見かけのトルクである．

剛体の質量要素間に作用する内力が，式(5.6)および式(5.12)の運動方程式中に現れてこないことは，4.5 節の質点系の力学で述べたとおりである．

5.2 重心を通る固定軸まわりの回転運動

軸受などで拘束されて方向が変化しない回転軸を固定軸とよぶ．前節では，剛体の運動を一般的な形で示したが，ここでは，式(5.12)の内容を具体的に示すため，もっとも基本的な例である剛体の重心を通る固定軸まわりの回転運動について考えてみよう．

図 5.2 に示すように，固定軸に関して対称な剛体の角速度を ω，質量 dm の質量要素の回転軸からの距離を r' とすると，質量要素の速度は $v = r'\omega$，運動量は $dm\,r'\omega$ となる．この運動量に距離 r' をかけた $dm\,r'^2\omega$ は，運動量 $dm\,r'\omega$ が重心 G を通る固定軸まわりにつくるモーメント，すなわち，重心 G に関する角運動量を表す．剛体の全領域 V にわたって角運動量の総和 L_G をとると，

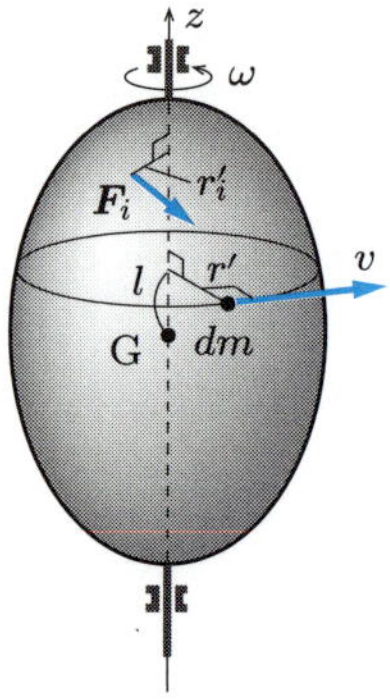

図 5.2

$$L_G = \omega \int_V r'^2 dm = I_G \omega \tag{5.13a}$$

を得る．ここに，

$$I_G = \int_V r'^2 dm \tag{5.13b}$$

は重心を通る軸まわりの**慣性モーメント**（moment of inertia）とよばれ，その単位は[kgm^2]である†．固定軸まわりの剛体の角運動量は，剛体の慣性モーメントと角速度の積で与えられる．なお，式(5.13a)は，$\boldsymbol{i}$ および $\boldsymbol{k}$ をそれぞれ半径および回転軸方向の単位ベクトルとして，$\boldsymbol{r}' = r'\boldsymbol{i} + l\boldsymbol{k}$，$\boldsymbol{\omega} = \omega\boldsymbol{k}$，$\boldsymbol{L}_G = L_G\boldsymbol{k}$ を式(5.10b)に代入したときの $\boldsymbol{k}$ 方向成分として求めることもできる．

一方，外力 $\boldsymbol{F}_i$ の作用点の回転軸からの距離を r'_i，$\boldsymbol{F}_i$ の半径方向，接線方向，軸方向成分をおのおの F_{ir}，$F_{i\theta}$，F_{iz} とする．固定軸まわりにモーメントをつくるのは $F_{i\theta}$ 成分のみであるから，固定軸まわりの外力のモーメントの総和は，

$$N_G = \sum_{i=1}^{n} N_i \tag{5.14}$$

となる．ここに，$N_i = F_{i\theta} r'_i$ は外力による固定軸まわりのモーメント（トルクともいう）である．剛体に外力としてではなく，トルクが外部から直接作用するときには，そのトルクを N_i として式(5.14)の右辺に代入すればよい．式(5.12)で示したように，重心を通る軸まわりの角運動量 L_G の時間的変化割合は，その軸まわりに生じるトルクの総和 N_G に等しいから，式(5.13a)の時間微分と式(5.14)から，

$$I_G \alpha = N_G \tag{5.15}$$

---

† 「モーメント」という言葉から力のモーメント[Nm]と混同しないこと．「慣性モーメント」と「力のモーメント」は，まったく別の物理量である．

を得る．ここに，$\alpha = \dot{\omega}$ は角加速度である．式(5.15)は，慣性モーメントと角加速度の積がトルク N_i の総和 N_G に等しいことを示しており，重心を通る固定軸まわりの回転運動の運動方程式とよばれる．慣性モーメント I_G は回転運動の変化のしにくさを表す量で，この量が大きい剛体ほど回転させにくく，また回転を止めにくい．

慣性モーメント I_G の大きさを，次のように κ で評価することもある．

$$I_G = M\kappa^2, \quad \kappa = \sqrt{\frac{I_G}{M}} \tag{5.16}$$

ここに，M は剛体の質量である．式(5.16)は，慣性モーメントが I_G の剛体を，回転軸から κ の距離にある質量 M の質点でおき換えたことを意味する．この κ を**回転半径**（radius of gyration）とよび，その単位は[m]である．

剛体が一定の角速度 ω で回転している場合（$\alpha = 0$）には，式(5.15)から $N_G = 0$，すなわち固定軸まわりのトルクのつり合いが成り立つ．

例題 5.1 図 5.3 のように，半径 r の滑車に巻き付けた質量のないロープの端に質量 m のおもりが取り付けられている．滑車に回転トルクをかけておもりを等速でもち上げたい．必要なトルク T を求めよ．

解 おもりが等速でもち上げられるためには，滑車は一定角速度で回転しなければならない．式(5.15)において，$\alpha = 0$ とおくと，$N_G = T - Fr = 0$．また，$F - mg = 0$ から，$T = mgr$ を得る．

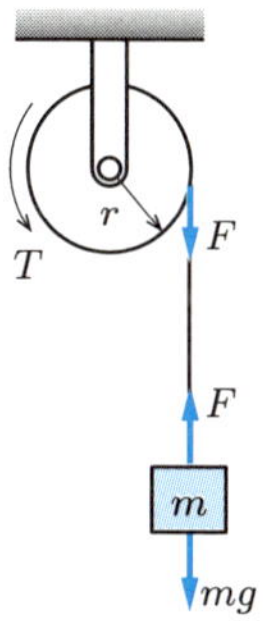

図 5.3

例題 5.2 砥石を取り付けたモータのスイッチを入れたところ，3 秒後に回転数が 1800 rpm に達した．この間の角加速度 $\alpha = \dot{\omega}$ を一定としてモータの駆動トルクを求めよ．ただし，電機子と砥石の回転軸まわりの慣性モーメントの和を $I = 0.1\,\mathrm{kgm^2}$，摩擦トルクを $L = 0.08\,\mathrm{Nm}$ とする．

解 3 秒後の角速度は $\omega = 1800\,\mathrm{rpm} \times 2\pi/60 = 60\pi\,\mathrm{rad/s}$，角加速度は $\alpha = 60\pi/3 = 20\pi\,\mathrm{rad/s^2}$．モータの駆動トルクを T とすると，砥石の回転速度を加速させるトルクは $T - L$ である．よって，回転の運動方程式は，$I\alpha = T - L$．$\therefore \quad T = I\alpha + L = 6.36\,\mathrm{Nm}$.

5.3 慣性モーメントの計算

式(5.13b)からわかるように，慣性モーメントは質量の分布状態に依存する．しかしながら，剛体の密度が均一な場合には，慣性モーメントは剛体の形状によってのみ決まる．

5.3.1 基本形状をもった剛体の慣性モーメント

基本形状をもった剛体の慣性モーメントを求めてみよう．以下に示す形状の剛体は機械要素に多く見られる．重心 G を原点とし，剛体の対称軸または中心軸と，それに直交した軸を座標軸とする G-$\xi\eta\zeta$ 座標系を定め，これらの座標軸まわりの慣性モーメントを求める．この座標軸 ξ，η，ζ は，5.5 節で述べる慣性主軸に相当する．

まず，図 5.4 に示すような細長い棒の，ξ 軸まわりの慣性モーメント I_ξ を求めよう．棒の質量を M，長さを L とする．棒の線密度は $\rho = M/L$ である．質量 $dm = \rho d\zeta$ の線要素の ξ 軸からの距離を ζ とすると，I_ξ は次式で与えられる．

$$I_\xi = \int_V \zeta^2 dm = \rho \int_{-L/2}^{L/2} \zeta^2 d\zeta = \rho \left[\frac{\zeta^3}{3} \right]_{-L/2}^{L/2} = \frac{1}{12} ML^2 \tag{5.17}$$

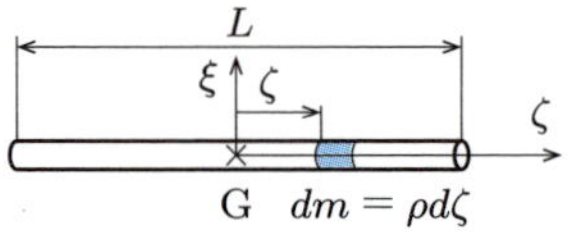

図 5.4

例題 5.3 図 5.5 に示すような，横，縦の長さが a，b，質量が M の薄い長方形板の ξ，η，ζ 軸まわりの慣性モーメント I_ξ，I_η，I_ζ を求めよ．

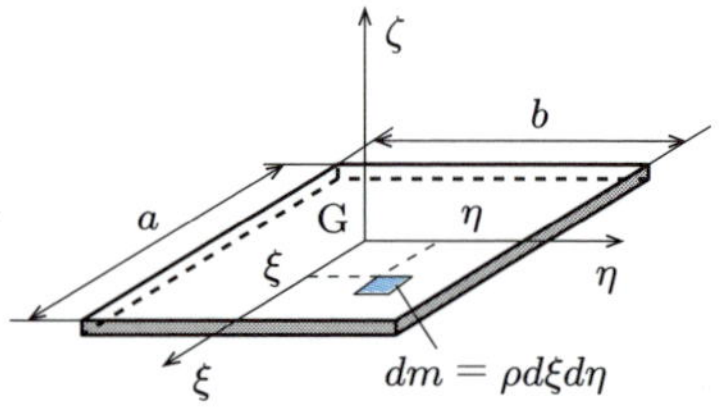

図 5.5

解 面密度は $\rho = M/ab$．質量 $dm = \rho d\xi d\eta$ の面要素の位置を (ξ, η) とすると，次のようになる．

$$I_\xi = \int_V \eta^2 dm = \rho \int_{-a/2}^{a/2} \int_{-b/2}^{b/2} \eta^2 d\eta d\xi = \frac{M}{12} b^2$$

$$I_\eta = \int_V \xi^2 dm = \rho \int_{-b/2}^{b/2} \int_{-a/2}^{a/2} \xi^2 d\xi d\eta = \frac{M}{12} a^2$$

$$I_\zeta = \int_V (\xi^2 + \eta^2) dm = \int_V \xi^2 dm + \int_V \eta^2 dm = I_\eta + I_\xi = \frac{M}{12}(a^2 + b^2)$$

次に，図 5.6 に示す半径 R，長さ L の円柱の中心軸 ζ まわりの慣性モーメント I_ζ，および重心 G を通る直径軸 ξ まわりの慣性モーメント I_ξ を求めよう．重心 G を原点とする円筒座標系 (r, θ, ζ) を定める．質量 $dm = \rho r dr d\theta d\zeta$（$\rho$ は密度）の質量要素の ζ 軸からの距離は r だから，I_ζ は次式のようになる．

$$I_\zeta = \int_V r^2 dm = \rho \int_{-L/2}^{L/2} \int_0^{2\pi} \int_0^R r^3 dr d\theta d\zeta = \frac{1}{2} MR^2 \tag{5.18}$$

ここに，$M = \rho\pi R^2 L$ は円柱の質量である．質量要素の ξ 軸からの距離を l とすると，

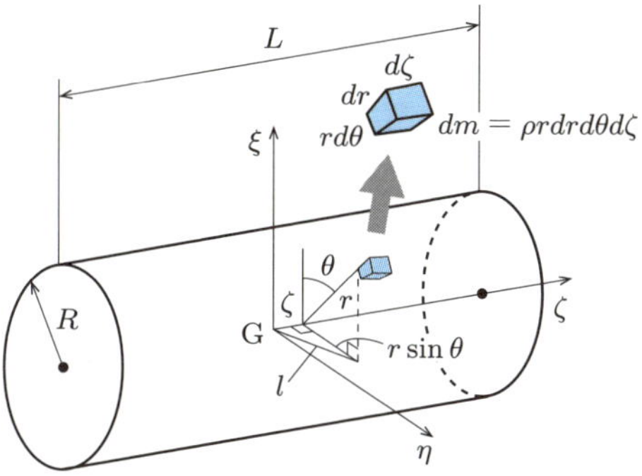

図 5.6

$l^2 = \zeta^2 + r^2 \sin^2\theta$ だから，I_ξ は次式のようになる．

$$I_\xi = \int_V l^2 dm = \rho \int_{-L/2}^{L/2} \int_0^{2\pi} \int_0^R (\zeta^2 + r^2 \sin^2\theta) r dr d\theta d\zeta = M\left(\frac{R^2}{4} + \frac{L^2}{12}\right) \tag{5.19}$$

例題 5.4 （1）図 5.7 のような，半径 R，質量 M の球の重心を通る直径軸まわりの慣性モーメントを求めよ．

（2）半径 R，質量 M の球殻（厚さが薄い中空の球）の直径軸まわりの慣性モーメントを求めよ．

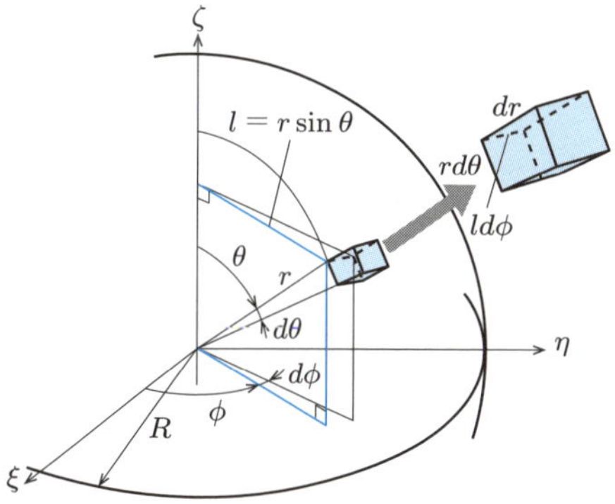

図 5.7

解 （1）球座標 (r, ϕ, θ) を導入する．質量要素の ζ 軸からの距離を l とすると，$l = r\sin\theta$ である．密度を ρ とすると，質量要素は $dm = \rho \times dr \times rd\theta \times ld\phi = \rho r^2 \sin\theta dr d\theta d\phi$ の質量をもつ．よって，$M = 4\pi\rho R^3/3$ を考慮すると，ζ 軸まわりの慣性モーメントは次のようになる．

$$\begin{aligned} I_\zeta &= \int_V l^2 dm = \int_0^{2\pi} \int_0^{\pi} \int_0^R \rho r^4 \sin^3\theta \, dr d\theta d\phi \\ &= \rho \left[\frac{r^5}{5}\right]_0^R \left[\frac{1}{12}\cos 3\theta - \frac{3}{4}\cos\theta\right]_0^{\pi} [\phi]_0^{2\pi} = \frac{2}{5} M R^2 \end{aligned}$$

（2）球殻の ζ 軸まわりの慣性モーメントを求める．球殻の面密度を ρ_1 とし，球のときの変数を $\rho dr \to \rho_1$，$r \to R$，$M = 4\pi\rho_1 R^2$ のように変換すれば，次のようになる．

$$I_\zeta = \int_0^{2\pi} \int_0^{\pi} \rho_1 R^4 \sin^3\theta \, d\theta d\phi = \frac{2}{3} M R^2$$

表 5.1 基本形状の剛体（質量 M）の慣性モーメント

（a）棒	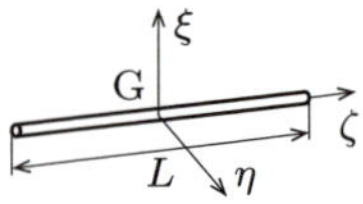	$I_\xi = I_\eta = \dfrac{1}{12}ML^2,\ I_\zeta = 0$ （円柱で $R = 0$, または 直方体で $a = b = 0, c = L$ の場合に相当）
（b）長方形板	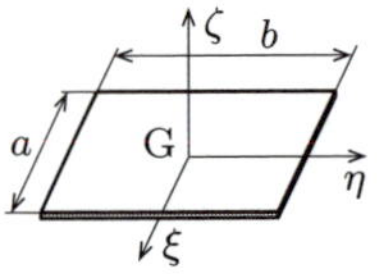	$I_\xi = \dfrac{1}{12}Mb^2,\ I_\eta = \dfrac{1}{12}Ma^2,\ I_\zeta = \dfrac{1}{12}M(a^2 + b^2)$ （直方体で $c = 0$ の場合に相当）
（c）円板	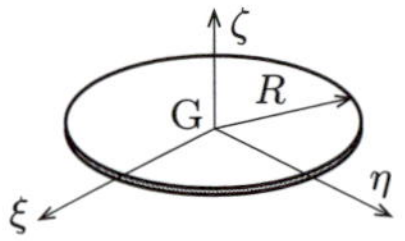	$I_\xi = I_\eta = \dfrac{1}{4}MR^2,\ I_\zeta = \dfrac{1}{2}MR^2$ （円柱で $L = 0$ の場合に相当）
（d）直方体	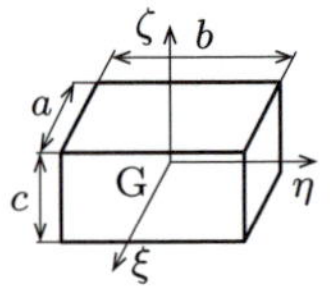	$I_\xi = \dfrac{1}{12}M(b^2 + c^2),\ I_\eta = \dfrac{1}{12}M(c^2 + a^2),$ $I_\zeta = \dfrac{1}{12}M(a^2 + b^2)$
（e）円柱	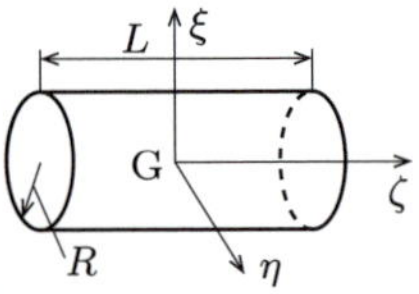	$I_\xi = I_\eta = M\left(\dfrac{R^2}{4} + \dfrac{L^2}{12}\right),$ $I_\zeta = \dfrac{1}{2}MR^2$
（f）球	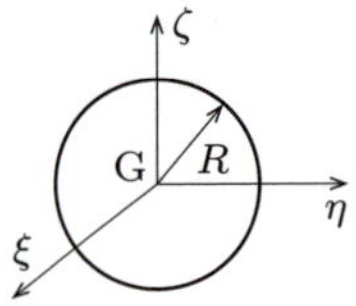	$I_\xi = I_\eta = I_\zeta = \dfrac{2}{5}MR^2$

表 5.1 は，基本形状をもった剛体の重心を通る各軸まわりの慣性モーメントをまとめたものである．棒，長方形板，円板の慣性モーメントは，円柱や直方体の特別な場合として求めることができる．

5.3.2 慣性モーメントに関する諸定理

以下に，5.3.1 項で求めた重心を通る軸まわりの慣性モーメントから重心を通らない軸まわりの慣性モーメントを求めたり，複雑な形状をした剛体の慣性モーメントを求めたりするときに便利な定理を紹介しよう．

(1) 直交軸の定理

図 5.8 に示すような，厚さの無視できる平面図形に垂直な ζ 軸まわりの慣性モーメント I_ζ を**極慣性モーメント**（polar moment of inertia）という．平面上の ξ，η 座標軸まわりの慣性モーメントをそれぞれ I_ξ，I_η とおく．質量 dm の面要素の位置を (ξ, η)，面要素から ζ 軸までの距離を r とすると，$r^2 = \xi^2 + \eta^2$ から次の関係が成り立つ．

$$I_\zeta = \int_V r^2 dm = \int_V \xi^2 dm + \int_V \eta^2 dm = I_\eta + I_\xi \tag{5.20}$$

すなわち，極慣性モーメント I_ζ は，平面上の ξ，η 軸まわりの慣性モーメント I_ξ と I_η の和に等しい．ただし，この関係は，厚さの無視できる平面図形の場合にしか成立しないことに注意しなければならない．

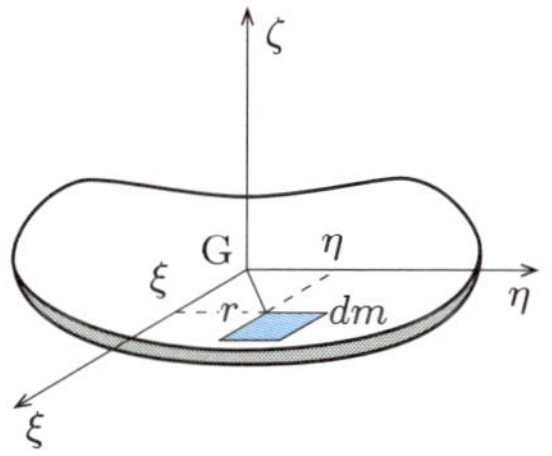

図 5.8

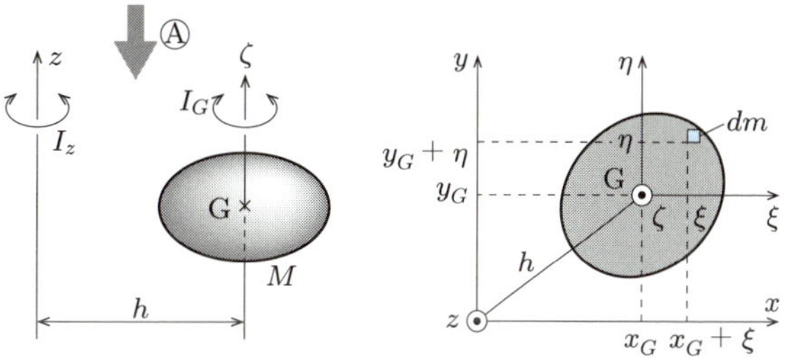

（a）　（b）Ⓐから見た図

図 5.9

(2) 平行軸の定理

図 5.9 のように，剛体の重心 G を通る軸まわりの慣性モーメントが与えられているとき，その軸に平行な別の軸まわりの慣性モーメントが必要になる場合がある．そのような場合には，次に示す**平行軸の定理**（parallel-axis theorem）を用いればよい．図(a)に示す重心 G を通る ζ 軸まわりの慣性モーメント I_G と，これに平行で距離 h だけ隔てた z 軸まわりの慣性モーメント I_z の間には，次の関係が成り立つ．

$$I_z = I_G + Mh^2 \tag{5.21}$$

ここに，M は剛体の質量である．上式を証明しよう．図(b)に示すように，重心 G を通る G-$\xi\eta\zeta$ 座標系とこれに平行な別の O-xyz 座標系を設定する．また，重心 G の O-xyz 座標系上の座標を (x_G, y_G, z_G) とすると，dm の x および y 座標は，$x = x_G + \xi$，$y = y_G + \eta$ となるので，剛体の z 軸まわりの慣性モーメント I_z は次式で与えられる．

$$I_z = \int_V (x^2 + y^2) dm = \int_V \{(x_G + \xi)^2 + (y_G + \eta)^2\} dm$$

$$= \int_V (\xi^2 + \eta^2) dm + (x_G^2 + y_G^2) \int_V dm + 2x_G \int_V \xi dm + 2y_G \int_V \eta dm \tag{5.22}$$

式(5.3)において，$\boldsymbol{r}' = \{\xi, \eta, \zeta\}$ だから，$\int_V \xi dm = \int_V \eta dm = 0$ が成り立つ．また，$I_G = \int_V (\xi^2 + \eta^2) dm$，$h = \sqrt{x_G^2 + y_G^2}$，$M = \int_V dm$ であるから，式(5.21)を得る．平行な軸どうしで比べると，剛体の重心を通る軸まわりの慣性モーメントが最小となる．

(3) 慣性モーメントの和・差

積分の性質として，基本形状の組み合わせからなる剛体の慣性モーメントは，基本形状をもった剛体の慣性モーメントの和・差から求められる．その一例を図 5.10 に示す．各基本形状の重心を通る平行軸が一致していない場合には，（2）の平行軸の定理を用いて，同じ軸まわりの慣性モーメントに換算しておけばよい．

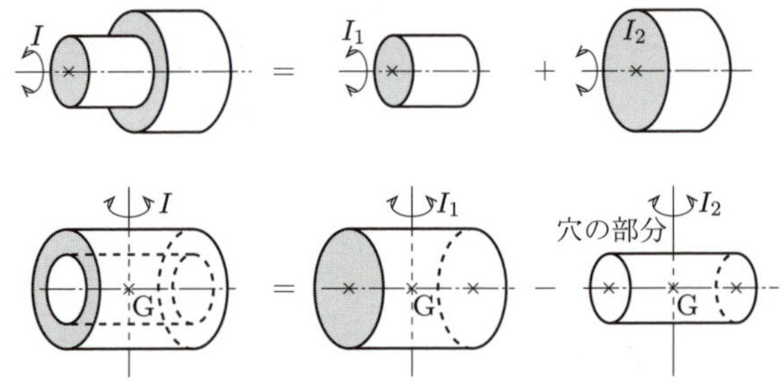

図 5.10

例題 5.5 図 5.11 のように，半径 $R = 100\,\mathrm{mm}$，厚さ $h = 1\,\mathrm{mm}$ の薄い円板に半径 $r = 30\,\mathrm{mm}$ の穴が等間隔に 4 個あいている．穴の中心は半径 $a = 60\,\mathrm{mm}$ の円周上にある．円板の重心 G まわりの極慣性モーメント I_ζ を求めよ．円板の密度を $\rho = 7.86 \times 10^3\,\mathrm{kg/m^3}$ とする．

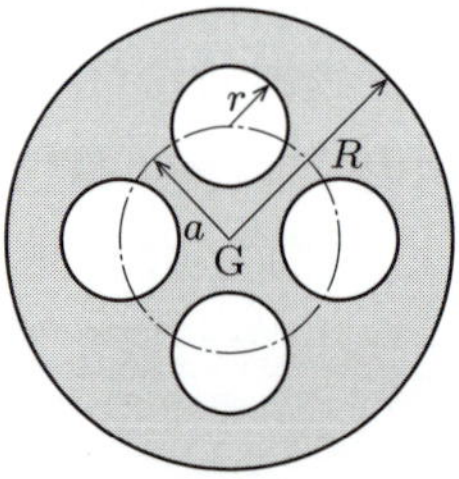

図 5.11

解 板厚が半径に比べて十分小さいので，表 5.1 の(c)円板の慣性モーメントの公式を用いる．まず，穴のない円板の極慣性モーメントは，$I = \rho\pi R^4 h/2 = 1.235 \times 10^{-3}\,\mathrm{kgm^2}$．穴の部分の穴の中心まわりの慣性モーメントは，$\rho\pi r^4 h/2$．平行軸の定理から，1 つの穴の部分の中心 G まわりの慣性モーメントは，$J = \rho\pi r^4 h/2 + \rho\pi r^2 h a^2 = 9.000 \times 10^{-5}\,\mathrm{kgm^2}$．
$\therefore \quad I_\zeta = I - 4J = 8.75 \times 10^{-4}\,\mathrm{kgm^2}$．

5.4 剛体の平面運動

5.2 節では，重心を通る固定軸まわりの回転運動を取り扱った．ここでは，剛体の重心 G が平面内を移動し，かつ剛体が平面に垂直な軸まわりに回転するように拘束された剛体の平面運動について述べる．

5.4.1 重心の並進運動と重心まわりの回転運動

図 5.12 に示すように，剛体の平面運動は，剛体の重心 G の並進運動①と重心 G まわりの回転運動②に分けて考えることができる．以下，それぞれの運動方程式を具体的な形で求めてみよう．

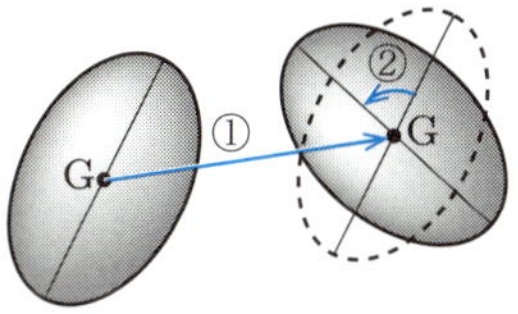

図 5.12

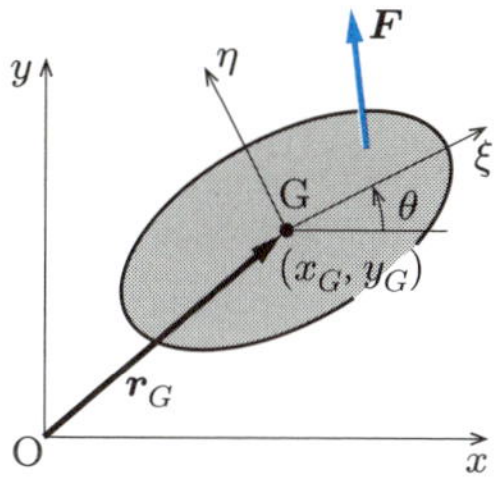

図 5.13

図 5.13 に示すように，平面内に静止座標系 O-xy を定め，剛体の重心 G の位置ベクトルを $\boldsymbol{r}_G = \{x_G, y_G\}$ とする．また，剛体に固定された重心 G を原点とする移動座標系 G-$\xi\eta$ の ξ 軸が，静止座標軸 x となす角度を θ とする．まず，5.1 節で述べたように，剛体の重心 G の並進運動は，剛体の全質量 M が重心 G に集中したと考えたときの質点の運動方程式で与えられる．いま，剛体上にはたらく外力を $\boldsymbol{F} = \{F_x, F_y\}$ とすると，重心 G の並進運動の運動方程式は次式となる．

$$M\ddot{\boldsymbol{r}}_G = \boldsymbol{F} \quad \text{あるいは，} \quad M\ddot{x}_G = F_x, \quad M\ddot{y}_G = F_y \tag{5.23}$$

一方，$\boldsymbol{F}$ がつくる重心 G まわりの力のモーメントを N_G とすると，重心 G まわりの回転運動の運動方程式は，式(5.15)から，次式で与えられる．

$$I_G\ddot{\theta} = N_G \tag{5.24}$$

ここに，I_G は剛体の重心 G まわりの慣性モーメント，$\ddot{\theta} = \alpha$ は角加速度を表す．

例題 5.6 図 5.14 に示すように，質量 M，半径 R の円柱が角度 α の斜面を滑ることなく転がるときの，円柱の加速度，角加速度を求めよ．また，円柱が滑らない条件を求めよ．

解 円柱の重心 G の斜面に沿った方向の変位を x，円柱の回転角を θ，垂直抗力を N，摩擦力を F とする．重心 G の並進運動の運動方程式は $M\ddot{x} = Mg\sin\alpha - F$，重心 G まわりの円柱の慣性

モーメントは $MR^2/2$ であるので，重心 G まわりの回転運動の運動方程式は $\frac{1}{2}MR^2\ddot{\theta} = FR$．また，滑らない条件から，$x = R\theta$ の幾何学的関係があるので，$\ddot{x} = R\ddot{\theta}$．これらの式を $\ddot{x}$，$\ddot{\theta}$ および F について解くと，

$$\text{加速度}：\ddot{x} = \frac{2g\sin\alpha}{3}$$

$$\text{角加速度}：\ddot{\theta} = \frac{2g\sin\alpha}{3R}$$

となり，そのときの摩擦力は $F = (Mg\sin\alpha)/3$ となる．

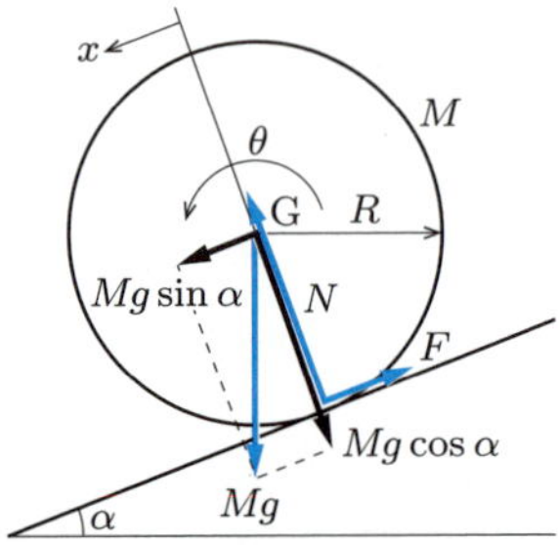

図 5.14

次に，円柱が滑らない条件を求める．円柱は斜面に直角な方向に運動しないから，この方向の力のつり合いから $N = Mg\cos\alpha$ である．静止摩擦係数を μ_s とおくと，$F \leq \mu_s N$ であれば円柱は滑らない．得られた F，N をこの条件式に代入すると，$\tan\alpha \leq 3\mu_s$ を得る．

例題 5.7 図 5.15 に示すように，質量 M のおもりを吊るした質量 m，半径 R の動滑車を加速度 a で引き上げた．ロープに加えた力 F_1 と AB 間のロープの張力 F_2 を求めよ．ここに，ロープと滑車は滑らないものとする．

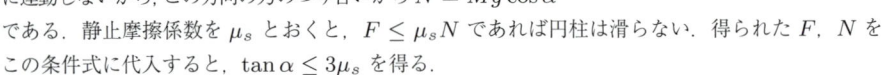

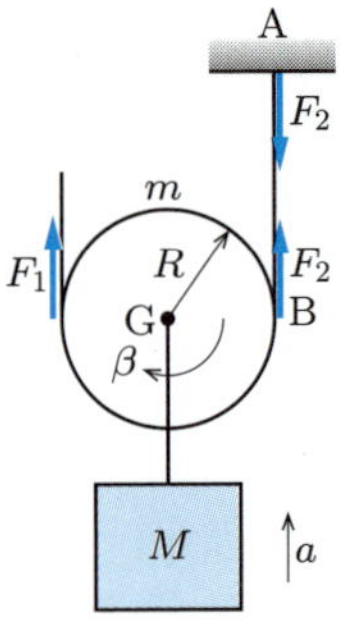

図 5.15

解 動滑車の重心 G まわりの慣性モーメントは $mR^2/2$ である．例題 4.1 で加速度運動する質量の両側に作用する力の大きさが異なることを示したが，慣性モーメントをもつ円板が，ある角加速度で回転する場合にも，その両側で作用する力の大きさが異なってくる．そこで，動滑車の両側の張力を F_1，F_2 のように区別しておく．動滑車とおもりは一体となって加速度 a で運動するから，$(M+m)a = F_1 + F_2 - (M+m)g$ となる．

動滑車の角加速度を β とすると，動滑車の重心 G まわりの回転運動の運動方程式は $(1/2)mR^2\beta = F_1R - F_2R$ となる．また，$a = R\beta$ の関係が成り立つ．

以上の式から β を消去して F_1，F_2 を求めると，次式となる．

$$F_1 = \frac{(M+m)(a+g)}{2} + \frac{ma}{4}$$

$$F_2 = \frac{(M+m)(a+g)}{2} - \frac{ma}{4} \neq F_1$$

なお，この式から，ロープの張力が動滑車に加わる荷重の半分になるのは，動滑車を静かに動かした場合（$a \approx 0$）であることがわかる．

5.4.2 重心以外を通る固定軸まわりの運動

図 5.16 に示すように，重心以外の点 O を通る固定軸まわりの剛体の回転運動を考える．固定軸に作用する拘束力 $\boldsymbol{f}$ は，その作用線が固定軸と交わるように作用するから，拘束力 $\boldsymbol{f}$ の固定軸まわりのモーメントは $\mathbf{0}$ である．したがって，固定軸まわりの回転運動の運動方程式を求めれば，拘束力 $\boldsymbol{f}$ を考慮する必要がなくなる．静止座標系

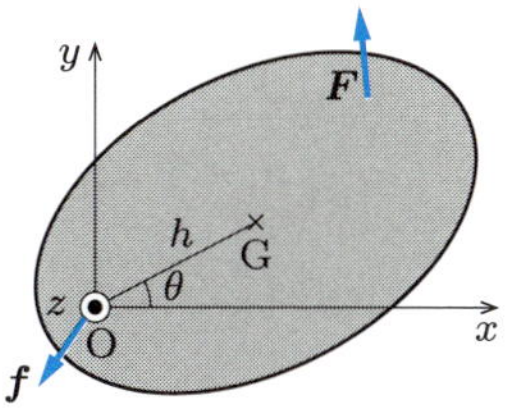

図 5.16

O-xyz の z 軸を固定軸，剛体の質量を M，重心 G まわりの慣性モーメントを I_G，重心 G から固定軸 O までの距離を h，固定軸まわりの回転角を θ とする．そのとき，平行軸の定理から，固定軸まわりの慣性モーメントは $I_z = I_G + Mh^2$ となる．剛体に作用する外力 $\boldsymbol{F}$ の固定軸まわりのモーメント，および外部から直接作用するトルクの総和を N_z とすると，固定軸まわりの剛体の回転運動の運動方程式は，次式で表せる．

$$I_z\ddot{\theta} = N_z \tag{5.25}$$

式(5.25)は，重心まわりの回転運動の運動方程式(5.24)と同形であるが，慣性モーメントと外力のモーメントがともに z 軸まわりであることに注意が必要である．

例題 5.8 図 5.17 に示すように，質量 m，長さ l の一様な細い棒を点 O で支持した振子がある．O-xyz を静止座標系として，振子の運動方程式を導け．このような剛体の振子を**物理振子**（physical pendulum）という．

解 棒の重心 G まわりの慣性モーメントは，$I_G = ml^2/12$ である．原点 O まわりの慣性モーメントは，平行軸の定理から $I_z = I_G + m(l/2)^2 = ml^2/3$ となる．一方，振子の振れ角を θ とおくと角加速度は $\ddot{\theta}$ であり，重力の点 O まわりのモーメントは θ と同一の回転方向を正とすると，$N_z = -mg\sin\theta \times l/2$ となる．これらを式(5.25)に代入すると，振子の運動方程式は次式となる．

$$\ddot{\theta} + \left(\frac{3g}{2l}\right)\sin\theta = 0$$

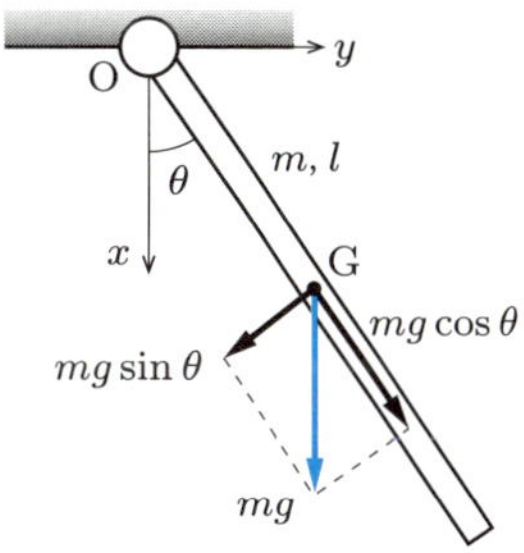

図 5.17

5.5 剛体の 3 次元空間運動

5.5.1 角運動量の成分表示

剛体が重心 G を通る，ある軸まわりに回転しているものとする．5.2 節で述べた固定軸まわりの回転運動と異なる点は，回転軸の方向が変化し得ることである．

図 5.18 に示すように，剛体の重心 G を原点とする剛体内に固定された回転座標系 G-$\xi\eta\zeta$ を定め，ξ，η，ζ 軸方向の単位ベクトルをそれぞれ $\boldsymbol{i}$，$\boldsymbol{j}$，$\boldsymbol{k}$ とする．また，重

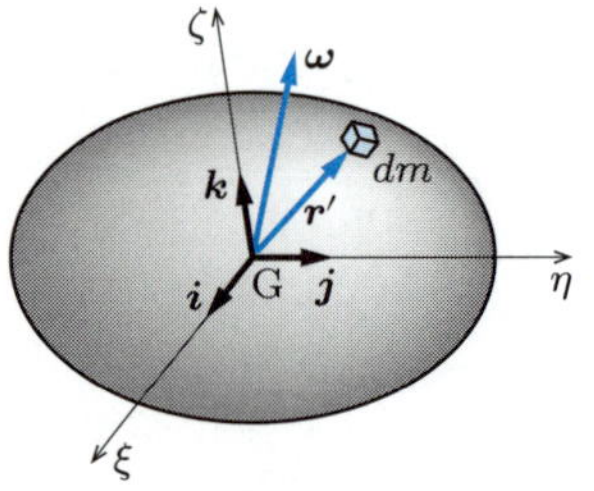

図 5.18

心 G を始点とする質量要素 dm の位置ベクトル $\boldsymbol{r}'$ および角速度ベクトル $\boldsymbol{\omega}$ が，いずれも G-$\xi\eta\zeta$ 座標系上で $\boldsymbol{r}' = \xi\boldsymbol{i} + \eta\boldsymbol{j} + \zeta\boldsymbol{k}$ および $\boldsymbol{\omega} = \omega_\xi\boldsymbol{i} + \omega_\eta\boldsymbol{j} + \omega_\zeta\boldsymbol{k}$ のように成分表示されているものとする．

式(5.10b)の重心 G まわりの角運動量 $\boldsymbol{L}_G$ を，G-$\xi\eta\zeta$ 座標系上で成分表示してみよう．L_ξ，L_η，L_ζ をそれぞれ ξ，η，ζ 軸まわりの角運動量とすれば，

$$\boldsymbol{L}_G = L_\xi\boldsymbol{i} + L_\eta\boldsymbol{j} + L_\zeta\boldsymbol{k} \tag{5.26}$$

と書き表せる．さらに，

$$\boldsymbol{\omega} \times \boldsymbol{r}' = (\omega_\eta\zeta - \omega_\zeta\eta)\boldsymbol{i} + (\omega_\zeta\xi - \omega_\xi\zeta)\boldsymbol{j} + (\omega_\xi\eta - \omega_\eta\xi)\boldsymbol{k} \tag{5.27}$$

$$\begin{aligned}\boldsymbol{r}' \times (\boldsymbol{\omega} \times \boldsymbol{r}') &= \begin{vmatrix} \boldsymbol{i} & \boldsymbol{j} & \boldsymbol{k} \\ \xi & \eta & \zeta \\ \omega_\eta\zeta - \omega_\zeta\eta & \omega_\zeta\xi - \omega_\xi\zeta & \omega_\xi\eta - \omega_\eta\xi \end{vmatrix} \\ &= \{(\eta^2 + \zeta^2)\omega_\xi - \xi\eta\omega_\eta - \zeta\xi\omega_\zeta\}\boldsymbol{i} \\ &\quad + \{-\xi\eta\omega_\xi + (\zeta^2 + \xi^2)\omega_\eta - \eta\zeta\omega_\zeta\}\boldsymbol{j} \\ &\quad + \{-\zeta\xi\omega_\xi - \eta\zeta\omega_\eta + (\xi^2 + \eta^2)\omega_\zeta\}\boldsymbol{k}\end{aligned} \tag{5.28}$$

となる．したがって，式(5.28)を式(5.10b)に代入すると，次の関係が導かれる．

$$\boldsymbol{L}_G = \boldsymbol{I}_G\boldsymbol{\omega} \tag{5.29a}$$

ここに，

$$\boldsymbol{L}_G = \begin{bmatrix} L_\xi \\ L_\eta \\ L_\zeta \end{bmatrix}, \quad \boldsymbol{I}_G = \begin{bmatrix} I_\xi & -I_{\xi\eta} & -I_{\xi\zeta} \\ -I_{\eta\xi} & I_\eta & -I_{\eta\zeta} \\ -I_{\zeta\xi} & -I_{\zeta\eta} & I_\zeta \end{bmatrix}, \quad \boldsymbol{\omega} = \begin{bmatrix} \omega_\xi \\ \omega_\eta \\ \omega_\zeta \end{bmatrix} \tag{5.29b}$$

$$\left.\begin{aligned}
&I_\xi = \int_V (\eta^2 + \zeta^2)dm, \quad I_\eta = \int_V (\zeta^2 + \xi^2)dm, \\
&I_\zeta = \int_V (\xi^2 + \eta^2)dm, \\
&I_{\xi\eta} = I_{\eta\xi} = \int_V \xi\eta dm, \quad I_{\eta\zeta} = I_{\zeta\eta} = \int_V \eta\zeta dm, \\
&I_{\zeta\xi} = I_{\xi\zeta} = \int_V \zeta\xi dm
\end{aligned}\right\} \tag{5.29c}$$

である．I_ξ, I_η, I_ζ は慣性モーメント，$I_{\xi\eta}$, $I_{\eta\zeta}$, $I_{\zeta\xi}$ は**慣性乗積**（products of inertia），および対称行列 $\boldsymbol{I}_G$ は**慣性テンソル**（inertia tensor）とよばれる．5.5.2 項で述べるように，ξ, η, ζ 軸の方向を適切に選ぶことによって，慣性乗積 $I_{\xi\eta}$, $I_{\eta\zeta}$, $I_{\zeta\xi}$ をすべて 0，したがって慣性テンソル $\boldsymbol{I}_G$ を対角行列（付録 I.3 参照）にすることができる．そのときの ξ, η, ζ 軸を**慣性主軸**（principal axes of inertia）という．5.3.1 項で述べたような，密度が均一な剛体の対称軸や中心軸，また重心 G を通ってこれらの軸に直交する軸は，慣性主軸である．

なお，慣性モーメントに対して平行軸の定理が成り立つことは 5.3.2 項で述べたが，慣性乗積に関しても同様の定理が成り立つ．たとえば，図 5.9 (b)の xy 平面に関する慣性乗積 I_{xy} を計算すると，次式となる．

$$I_{xy} = \int_V xy dm = \int_V (x_G + \xi)(y_G + \eta)dm = M x_G y_G + I_{\xi\eta} \tag{5.30}$$

例題 5.9 重心を通る座標系 G-$\xi\eta\zeta$ において，剛体が ζ 軸を回転軸として角速度 ω_ζ で回転するときの重心に関する角運動量を求めよ．

解 式(5.29a)，(5.29b)から，

$$L_\xi = -I_{\xi\zeta}\omega_\zeta, \quad L_\eta = -I_{\eta\zeta}\omega_\zeta, \quad L_\zeta = I_\zeta\omega_\zeta$$

となる．すなわち，ζ 軸まわりの回転にもかかわらず，慣性乗積の存在によって ξ, η 軸まわりの角運動量が生じる．

5.5.2 座標変換

慣性主軸と一致しない軸のまわりに剛体が回転するとき，この回転軸に関する慣性モーメントや慣性乗積は，以下に示す座標変換則を用いて，慣性主軸まわりの慣性モーメントから求めることができる．

(1) ベクトルの座標変換則

まず，座標変換の基礎事項について述べる．図 5.19 のように，原点 G を共有し，座

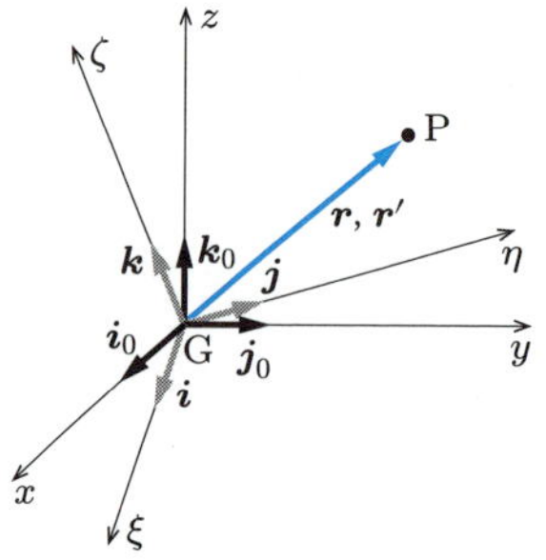

図 5.19

表 5.2 方向余弦

	$\boldsymbol{i}$	$\boldsymbol{j}$	$\boldsymbol{k}$
$\boldsymbol{i}_0$	l_1	m_1	n_1
$\boldsymbol{j}_0$	l_2	m_2	n_2
$\boldsymbol{k}_0$	l_3	m_3	n_3

標軸の方向が互いに異なる2つの直交座標系 G-xyz および G-$\xi\eta\zeta$ を定める†．x，y，z 軸方向の単位ベクトルをそれぞれ $\boldsymbol{i}_0$，$\boldsymbol{j}_0$，$\boldsymbol{k}_0$ とし，ξ，η，ζ 軸方向の単位ベクトルをそれぞれ $\boldsymbol{i}$，$\boldsymbol{j}$，$\boldsymbol{k}$ とする．点Pの位置ベクトルを座標系 G-xyz および G-$\xi\eta\zeta$ 上で成分表示したものを，それぞれ $\boldsymbol{r}$ および $\boldsymbol{r}'$ とする．すなわち，次式となる．

$$\boldsymbol{r} = x\boldsymbol{i}_0 + y\boldsymbol{j}_0 + z\boldsymbol{k}_0, \quad \boldsymbol{r}' = \xi\boldsymbol{i} + \eta\boldsymbol{j} + \zeta\boldsymbol{k} \tag{5.31}$$

これらの成分である x，y，z と ξ，η，ζ の間の関係を求めてみよう．まず，単位ベクトル $\boldsymbol{i}$，$\boldsymbol{j}$ および $\boldsymbol{k}$ の x, y, z 軸方向成分を，それぞれ (l_1, l_2, l_3)，(m_1, m_2, m_3) および (n_1, n_2, n_3) とする．これは，たとえば ξ 軸と x，y，z 軸のなす角度をそれぞれ θ_1，θ_2，θ_3 とすると，$l_1 = \cos\theta_1$，$l_2 = \cos\theta_2$，$l_3 = \cos\theta_3$ で与えられる．すなわち，軸方向成分は対応する座標軸のなす角度の余弦となるので，これらを方向余弦 (cosine of direction) という．その対応関係を表 5.2 に示す．逆に，単位ベクトル $\boldsymbol{i}_0$，$\boldsymbol{j}_0$ および $\boldsymbol{k}_0$ の ξ，η，ζ 軸方向成分は，方向余弦の定義から明らかなように表 5.2 を横方向に見ることによって求められるので，それぞれ (l_1, m_1, n_1)，(l_2, m_2, n_2) および (l_3, m_3, n_3) となる．したがって，単位ベクトル間の関係は次のようになる．

$$\left.\begin{aligned} &\boldsymbol{i} = l_1\boldsymbol{i}_0 + l_2\boldsymbol{j}_0 + l_3\boldsymbol{k}_0, \quad \boldsymbol{j} = m_1\boldsymbol{i}_0 + m_2\boldsymbol{j}_0 + m_3\boldsymbol{k}_0, \\ &\boldsymbol{k} = n_1\boldsymbol{i}_0 + n_2\boldsymbol{j}_0 + n_3\boldsymbol{k}_0, \end{aligned}\right\} \tag{5.32a}$$

$$\left.\begin{aligned} &\boldsymbol{i}_0 = l_1\boldsymbol{i} + m_1\boldsymbol{j} + n_1\boldsymbol{k}, \quad \boldsymbol{j}_0 = l_2\boldsymbol{i} + m_2\boldsymbol{j} + n_2\boldsymbol{k}, \\ &\boldsymbol{k}_0 = l_3\boldsymbol{i} + m_3\boldsymbol{j} + n_3\boldsymbol{k} \end{aligned}\right\} \tag{5.32b}$$

この関係を用いると，式(5.31)の第2式は，

$$\begin{aligned} \boldsymbol{r}' &= \xi\boldsymbol{i} + \eta\boldsymbol{j} + \zeta\boldsymbol{k} \\ &= \xi(l_1\boldsymbol{i}_0 + l_2\boldsymbol{j}_0 + l_3\boldsymbol{k}_0) + \eta(m_1\boldsymbol{i}_0 + m_2\boldsymbol{j}_0 + m_3\boldsymbol{k}_0) \\ &\quad + \zeta(n_1\boldsymbol{i}_0 + n_2\boldsymbol{j}_0 + n_3\boldsymbol{k}_0) \end{aligned}$$

† これらの座標系の原点が一致していれば，並進運動してもよいし，相対的に回転してもよい．

$$= (l_1\xi + m_1\eta + n_1\zeta)\boldsymbol{i}_0 + (l_2\xi + m_2\eta + n_2\zeta)\boldsymbol{j}_0 + (l_3\xi + m_3\eta + n_3\zeta)\boldsymbol{k}_0$$

のように座標系 G-xyz 上の成分表示に変換することができる．上式は x，y，z 成分を用いて表した $\boldsymbol{r}$ と同じものであるから，式(5.31)の第 1 式と比較することにより，次式を得る．

$$\begin{bmatrix} x \\ y \\ z \end{bmatrix} = \xi \begin{bmatrix} l_1 \\ l_2 \\ l_3 \end{bmatrix} + \eta \begin{bmatrix} m_1 \\ m_2 \\ m_3 \end{bmatrix} + \zeta \begin{bmatrix} n_1 \\ n_2 \\ n_3 \end{bmatrix} = \begin{bmatrix} l_1 & m_1 & n_1 \\ l_2 & m_2 & n_2 \\ l_3 & m_3 & n_3 \end{bmatrix} \begin{bmatrix} \xi \\ \eta \\ \zeta \end{bmatrix}$$

または，$\boldsymbol{r} = \boldsymbol{T}\boldsymbol{r}'$ (5.33)

ここに，$\boldsymbol{r} = \begin{bmatrix} x \\ y \\ z \end{bmatrix}$，$\boldsymbol{r}' = \begin{bmatrix} \xi \\ \eta \\ \zeta \end{bmatrix}$，$\boldsymbol{T} = \begin{bmatrix} l_1 & m_1 & n_1 \\ l_2 & m_2 & n_2 \\ l_3 & m_3 & n_3 \end{bmatrix}$ である．

式(5.33)は，G-$\xi\eta\zeta$ 座標成分から G-xyz 座標成分への座標変換則である．行列 $\boldsymbol{T}$ を**座標変換行列**（coordinate transformation matrix）という．同様に，x，y，z 成分から ξ，η，ζ 成分への座標変換則は，

$$\begin{bmatrix} \xi \\ \eta \\ \zeta \end{bmatrix} = x \begin{bmatrix} l_1 \\ m_1 \\ n_1 \end{bmatrix} + y \begin{bmatrix} l_2 \\ m_2 \\ n_2 \end{bmatrix} + z \begin{bmatrix} l_3 \\ m_3 \\ n_3 \end{bmatrix} = \begin{bmatrix} l_1 & l_2 & l_3 \\ m_1 & m_2 & m_3 \\ n_1 & n_2 & n_3 \end{bmatrix} \begin{bmatrix} x \\ y \\ z \end{bmatrix}$$

または，$\boldsymbol{r}' = \boldsymbol{T}^T\boldsymbol{r}$ (5.34)

となる．式(5.33)，(5.34)から $\boldsymbol{T}^{-1} = \boldsymbol{T}^T$ となる†．このような性質をもった行列 $\boldsymbol{T}$ を**直交行列**（orthogonal matrix）という．

式(5.33)および式(5.34)の座標変換則は，ほかのベクトル量についても成り立つ．すなわち，同一のベクトル量を座標系 G-xyz および G-$\xi\eta\zeta$ 上で成分表示したものをそれぞれ $\boldsymbol{v}$ および $\boldsymbol{v}'$ とすると，両者の関係は $\boldsymbol{v} = \boldsymbol{T}\boldsymbol{v}'$，あるいは $\boldsymbol{v}' = \boldsymbol{T}^T\boldsymbol{v}$ で表される．

例題 5.10 G-xyz 上で座標 $(1, 1, 1)$ の位置にある点は，G-xyz 座標系を z 軸まわりに $30°$ 回転させた G-$\xi\eta\zeta$ 座標系上ではどの位置にあるか．

解 両座標系間の方向余弦表は表 5.3 のようになる．したがって，次のようになる．

$$\begin{bmatrix} \xi \\ \eta \\ \zeta \end{bmatrix} = \begin{bmatrix} \cos 30° & -\sin 30° & 0 \\ \sin 30° & \cos 30° & 0 \\ 0 & 0 & 1 \end{bmatrix}^T \begin{bmatrix} 1 \\ 1 \\ 1 \end{bmatrix} = \begin{bmatrix} (\sqrt{3}+1)/2 \\ (\sqrt{3}-1)/2 \\ 1 \end{bmatrix}$$

† $\boldsymbol{T}^{-1}$ は $\boldsymbol{T}$ の逆行列，$\boldsymbol{T}^T$ は $\boldsymbol{T}$ の転置行列を表す（付録 I.6，I.4 参照）．

表 5.3

	ξ	η	ζ
x	$\cos 30°$	$-\sin 30°$	0
y	$\sin 30°$	$\cos 30°$	0
z	0	0	1

例題 5.11　図 5.20 (a)のように，ある角度で交わる 2 軸間で回転運動を伝える継手を自在継手（フック継手）という．軸 AA′ が一定角速度 ω で回転するときの軸 BB′ の角速度を求めよ．ここに，軸 AA′ と BB′ が水平面内でなす角を α，$\mathrm{OP} \perp \mathrm{OQ}$，$\overline{\mathrm{OP}} = \overline{\mathrm{OQ}} = R$ とする．

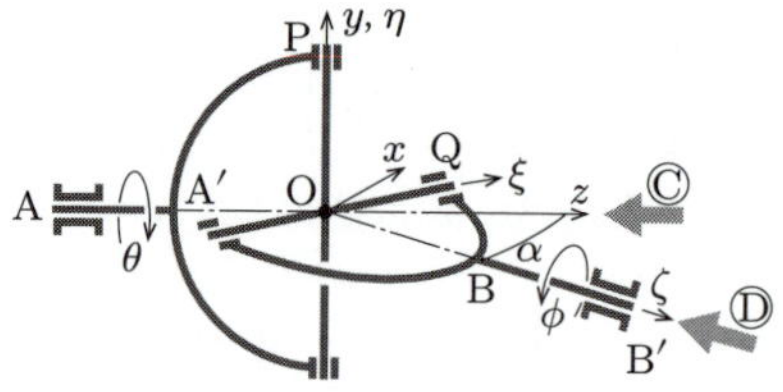

（a）

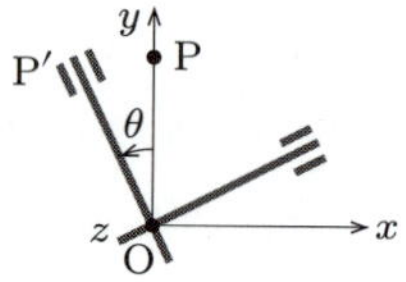

（b）Ⓒの方向から見た図を θ だけ回転

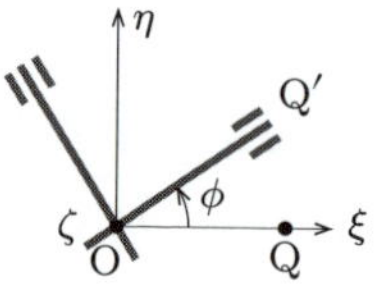

（c）Ⓓの方向から見た図を ϕ だけ回転

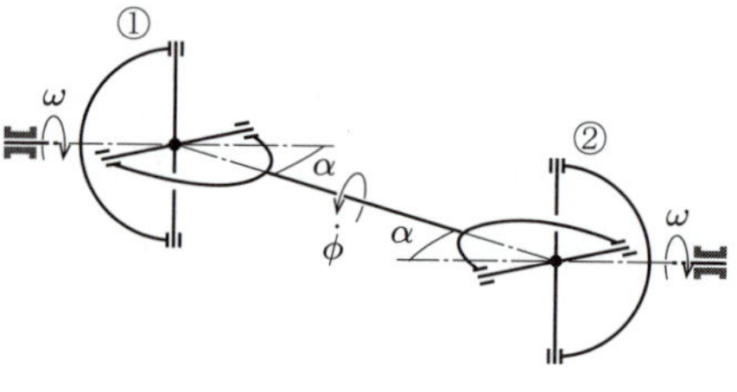

（d）

図 5.20

解　図 5.20 (a)のように，静止直交座標系 O-xyz および O-$\xi\eta\zeta$ を定める．軸 AA′ が $\theta = \omega t$ だけ回転したとき，軸 BB′ は ϕ だけ回転し，軸受 P，Q が P′，Q′ に移動したとする．図(b)，(c)から P′，Q′ の位置は，次式で表される．

$$\mathrm{P}'(x, y, z) = (-R\sin\theta, R\cos\theta, 0)$$

$$\mathrm{Q}'(\xi, \eta, \zeta) = (R\cos\phi, R\sin\phi, 0)$$

一方，O-xyz 座標系を y 軸まわりに $-\alpha$ だけ回転させたのが，O-$\xi\eta\zeta$ 座標系であるから，

$$\begin{bmatrix} x \\ y \\ z \end{bmatrix} = \begin{bmatrix} \cos\alpha & 0 & -\sin\alpha \\ 0 & 1 & 0 \\ \sin\alpha & 0 & \cos\alpha \end{bmatrix} \begin{bmatrix} \xi \\ \eta \\ \zeta \end{bmatrix}$$

の座標変換則が成り立つ．上式を用いて Q′ の位置を x，y，z 座標で表すと，次のようになる．

$$\mathrm{Q}'(x, y, z) = (R\cos\alpha\cos\phi, R\sin\phi, R\sin\alpha\cos\phi)$$

ところで，$\overrightarrow{\mathrm{OP}'}$ と $\overrightarrow{\mathrm{OQ}'}$ は直交するから，

$$\overrightarrow{\mathrm{OP}'} \cdot \overrightarrow{\mathrm{OQ}'} = -R^2 \sin\theta\cos\alpha\cos\phi + R^2\cos\theta\sin\phi = 0$$

となる．よって，次の関係が成り立つ．

$$\tan\phi = \cos\alpha\tan\theta$$

さらに，この式の両辺を時間 t で微分すると，$\dot{\phi}\sec^2\phi = \omega\cos\alpha\sec^2\theta$（ここに，$\omega = \dot{\theta}$）となるから，軸 BB′ の角速度 $\dot{\phi}$ は次式のように求められる．

$$\dot{\phi} = \omega\cos\alpha\frac{\cos^2\phi}{\cos^2\theta} = \frac{\omega\cos\alpha}{(1+\tan^2\phi)\cos^2\theta} = \frac{\omega\cos\alpha}{(1+\cos^2\alpha\tan^2\theta)\cos^2\theta}$$
$$= \frac{\cos\alpha}{1-\sin^2\alpha\sin^2\omega t}\omega$$

ただし，上の分母の計算過程で $\tan\phi = \cos\alpha\tan\theta$ の関係を用いている．

交差角が $\alpha = 0$ のとき，$\dot{\phi} = \omega$（一定）となる．$\alpha \neq 0$ のとき，上式の分母に $\sin^2\omega t$（$=(1-\cos 2\omega t)/2$）の項があるので，軸 BB′ の角速度 $\dot{\phi}$ は 1 回転中に 2 回変動する．そこで，通常は図(d)のように，2 つの自在継手を組み合わせた両自在継手を用いる．こうすれば，継手①で生じた角速度変動は継手②でキャンセルされて，継手②の出力軸の角速度は $\omega =$ 一定となる（確かめてみよ）．

（2） 慣性テンソルの座標変換則

図 5.19 の座標系 G-$\xi\eta\zeta$ 上で表した慣性モーメントおよび慣性乗積がわかっているとき，座標系 G-xyz 上で表した慣性モーメント，慣性乗積を求めよう．座標系 G-$\xi\eta\zeta$，G-xyz はともに剛体に固定された回転座標系である．

まず，改めて角運動量，角速度ベクトルが座標系 G-xyz および G-$\xi\eta\zeta$ 上で次のように成分表示されるものとする．ここでは，右肩に付した記号「′」（プライム）があるものは座標系 G-$\xi\eta\zeta$ 上のベクトルおよびテンソルとする．

$$\boldsymbol{L}_G = \begin{bmatrix} L_x \\ L_y \\ L_z \end{bmatrix},\quad \boldsymbol{\omega} = \begin{bmatrix} \omega_x \\ \omega_y \\ \omega_z \end{bmatrix},\quad \boldsymbol{L}'_G = \begin{bmatrix} L_\xi \\ L_\eta \\ L_\zeta \end{bmatrix},\quad \boldsymbol{\omega}' = \begin{bmatrix} \omega_\xi \\ \omega_\eta \\ \omega_\zeta \end{bmatrix} \tag{5.35}$$

座標系 G-$\xi\eta\zeta$ から G-xyz への座標変換行列を $\boldsymbol{T}$ とすると，これらのベクトルに関して式(5.33)，(5.34)と同様の関係が成り立つ．すなわち，

$$\boldsymbol{L}_G = \boldsymbol{T}\boldsymbol{L}'_G,\quad \boldsymbol{\omega}' = \boldsymbol{T}^T\boldsymbol{\omega} \tag{5.36}$$

となる．また，式(5.29a)から，座標系 G-$\xi\eta\zeta$ 上で次式が成り立つ．

$$\boldsymbol{L}'_G = \boldsymbol{I}'_G\boldsymbol{\omega}' \quad ここに，\boldsymbol{I}'_G = \boldsymbol{I}'^T_G = \begin{bmatrix} I_\xi & -I_{\xi\eta} & -I_{\zeta\xi} \\ -I_{\xi\eta} & I_\eta & -I_{\eta\zeta} \\ -I_{\zeta\xi} & -I_{\eta\zeta} & I_\zeta \end{bmatrix} \tag{5.37}$$

式(5.37)の両辺に左側から $\boldsymbol{T}$ をかけて式(5.36)の関係を用いると，次式となる．

$$\boldsymbol{L}_G = \boldsymbol{I}_G\boldsymbol{\omega} \tag{5.38a}$$

ここに，

$$\boldsymbol{I}_G = \boldsymbol{T}\boldsymbol{I}'_G\boldsymbol{T}^T \quad および，\boldsymbol{I}_G = \boldsymbol{I}^T_G = \begin{bmatrix} I_x & -I_{xy} & -I_{zx} \\ -I_{xy} & I_y & -I_{yz} \\ -I_{zx} & -I_{yz} & I_z \end{bmatrix} \tag{5.38b}$$

である．

$\boldsymbol{I}_G$ は，座標系 G-xyz 上で表した慣性テンソルを表す．式(5.38b)が慣性テンソルの座標変換則である．このような変換を行列の相似変換とよび，$\boldsymbol{I}_G$ と $\boldsymbol{I}'_G$ のようにお互いに相似変換される行列を相似行列という．線形代数の知識から，任意の対称行列は，適切な相似変換によって対角化する（慣性乗積をすべて0にする）ことができる．これが，剛体には必ず慣性主軸が存在することの理論的根拠である．逆に，ξ，η，ζ 軸を慣性主軸とすれば，慣性主軸について求めた慣性テンソルから，任意の軸に関する慣性テンソルが相似変換によって求められることがわかる．

例題 5.12　図5.21のように，回転軸 z が質量 m，半径 R の薄い円板の中心Gを通り，円板の法線 η に対して θ だけ傾いている．座標系 G-xyz に関する慣性モーメントと慣性乗積を求めよ．

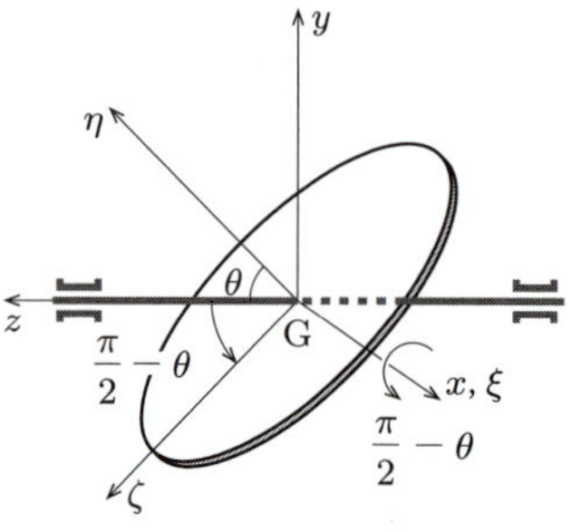

図5.21

解　ξ，η，ζ 軸は円板の慣性主軸である．ベクトルの座標変換則は，

$$\begin{bmatrix} x \\ y \\ z \end{bmatrix} = \begin{bmatrix} 1 & 0 & 0 \\ 0 & \cos(\pi/2-\theta) & -\sin(\pi/2-\theta) \\ 0 & \sin(\pi/2-\theta) & \cos(\pi/2-\theta) \end{bmatrix} \begin{bmatrix} \xi \\ \eta \\ \zeta \end{bmatrix}$$

$$= \begin{bmatrix} 1 & 0 & 0 \\ 0 & \sin\theta & -\cos\theta \\ 0 & \cos\theta & \sin\theta \end{bmatrix} \begin{bmatrix} \xi \\ \eta \\ \zeta \end{bmatrix}$$

となる．したがって，式(5.38b)から

$$\begin{bmatrix} I_x & -I_{xy} & -I_{zx} \\ -I_{xy} & I_y & -I_{yz} \\ -I_{zx} & -I_{yz} & I_z \end{bmatrix}$$

$$= \begin{bmatrix} 1 & 0 & 0 \\ 0 & \sin\theta & -\cos\theta \\ 0 & \cos\theta & \sin\theta \end{bmatrix} \begin{bmatrix} I & 0 & 0 \\ 0 & 2I & 0 \\ 0 & 0 & I \end{bmatrix} \begin{bmatrix} 1 & 0 & 0 \\ 0 & \sin\theta & \cos\theta \\ 0 & -\cos\theta & \sin\theta \end{bmatrix}$$

を得る．ただし，$I = mR^2/4$ とおいている．上式から，次の結果を得る．

$$I_x = \frac{mR^2}{4}, \quad I_y = \frac{mR^2(1+\sin^2\theta)}{4}, \quad I_z = \frac{mR^2(1+\cos^2\theta)}{4},$$

$$I_{xy} = I_{zx} = 0, \quad I_{yz} = -\frac{mR^2\sin\theta\cos\theta}{4} = -\frac{mR^2\sin 2\theta}{8}(\neq 0)$$

5.5.3　3次元空間運動の運動方程式

剛体の運動を，重心の並進運動と重心まわりの回転運動に分けて考える．式(5.6)から，重心Gの並進運動の運動方程式は，

$$M\ddot{\boldsymbol{r}}_G = \boldsymbol{F} \tag{5.39a}$$

となる．ここに，$\boldsymbol{F} = \sum_{i=1}^{n} \boldsymbol{F}_i$ とおいている．上式を静止座標系 O-xyz 上で成分表示して，

$$M\ddot{x}_G = F_x, \quad M\ddot{y}_G = F_y, \quad M\ddot{z}_G = F_z \tag{5.39b}$$

となる．ただし，$\boldsymbol{r}_G = \{x_G, y_G, z_G\}$ であり，$\boldsymbol{F} = \{F_x, F_y, F_z\}$ は外力の合力を表す．

次に，重心まわりの回転運動の運動方程式を求めよう．式(5.26)を時間 t で微分すると，式(3.19)の関係から次のようになる．

$$\begin{aligned}\dot{\boldsymbol{L}}_G &= \dot{L}_\xi \boldsymbol{i} + \dot{L}_\eta \boldsymbol{j} + \dot{L}_\zeta \boldsymbol{k} + L_\xi \frac{d\boldsymbol{i}}{dt} + L_\eta \frac{d\boldsymbol{j}}{dt} + L_\zeta \frac{d\boldsymbol{k}}{dt} \\ &= \dot{L}_\xi \boldsymbol{i} + \dot{L}_\eta \boldsymbol{j} + \dot{L}_\zeta \boldsymbol{k} + \boldsymbol{\omega} \times \boldsymbol{L}_G = \frac{d^* \boldsymbol{L}_G}{dt} + \boldsymbol{\omega} \times \boldsymbol{L}_G\end{aligned} \tag{5.40}$$

一方，外力が重心 G まわりになすモーメントと外部から直接作用するトルクの総和 $\boldsymbol{N}_G$ の，G-$\xi\eta\zeta$ 座標系上での成分を，

$$\boldsymbol{N}_G = N_{G\xi} \boldsymbol{i} + N_{G\eta} \boldsymbol{j} + N_{G\zeta} \boldsymbol{k} \tag{5.41}$$

とおく．式(5.40)の ξ，η，ζ 軸方向成分を具体的に求め，式(5.41)とともに式(5.12a)に代入すると，次式を得る．

$$\left.\begin{aligned}\dot{L}_\xi - \omega_\zeta L_\eta + \omega_\eta L_\zeta = N_{G\xi} \\ \dot{L}_\eta - \omega_\xi L_\zeta + \omega_\zeta L_\xi = N_{G\eta} \\ \dot{L}_\zeta - \omega_\eta L_\xi + \omega_\xi L_\eta = N_{G\zeta}\end{aligned}\right\} \tag{5.42}$$

さらに，式(5.29a)で計算される角運動量成分を上式に代入すると，剛体の重心まわりの回転運動の方程式が得られる．とくに，剛体に固定された回転座標系 G-$\xi\eta\zeta$ の座標軸 ξ，η，ζ が，剛体の慣性主軸と一致するように選ばれたときを考えてみよう．そのとき，慣性乗積はすべて 0 となるから，

$$L_\xi = I_\xi \omega_\xi, \quad L_\eta = I_\eta \omega_\eta, \quad L_\zeta = I_\zeta \omega_\zeta \tag{5.43}$$

となる．したがって，式(5.42)は次式のように簡単化される．

$$\left.\begin{aligned}I_\xi \dot{\omega}_\xi - (I_\eta - I_\zeta)\omega_\eta \omega_\zeta = N_{G\xi} \\ I_\eta \dot{\omega}_\eta - (I_\zeta - I_\xi)\omega_\zeta \omega_\xi = N_{G\eta} \\ I_\zeta \dot{\omega}_\zeta - (I_\xi - I_\eta)\omega_\xi \omega_\eta = N_{G\zeta}\end{aligned}\right\} \tag{5.44}$$

これは，**オイラーの運動方程式**（Euler's equation of motion）とよばれ，剛体の重心まわりの回転運動を表す基礎式である．なお，式(5.44)中のすべての物理量は，剛体の慣性主軸方向に一致させた回転座標系の G-$\xi\eta\zeta$ 方向成分で表されていることに注意が必要である．

上で導出した運動方程式は，こまの運動解析や人工衛星の姿勢制御，ロボットの動力学などの問題に応用されるが，これらの問題については他書を参照されたい．本書

では，次項に回転体の力学への応用例を示す．

例題 5.13 図 5.22 に示すように，質量 M，半径 R の円板が，滑らかな軸受 A，B で支持された長さ $2l$ の回転軸の中央に取り付けられている．いま，円板が一定角速度 ω で回転しており，さらに，軸受 A，B を保持したフレームが一定角速度 Ω で回転している．軸受 A，B に作用する力を求めよ．

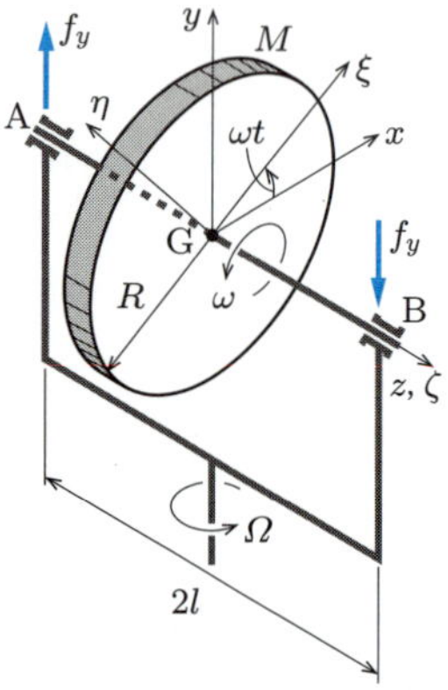

図 5.22

解 一定角速度 Ω と ω の ξ，η，ζ 軸方向の成分の関係は，$\omega_\xi = \Omega \sin\omega t$, $\omega_\eta = \Omega\cos\omega t$, $\omega_\zeta = \omega$ となる．円板の慣性主軸 ξ, η, ζ 軸まわりの慣性モーメントは，$I_\xi = I_\eta = MR^2/4$, $I_\zeta = MR^2/2$ であるから，これらをオイラーの運動方程式(5.44)に代入すると，

$$N_{G\xi} = I_\xi \Omega\omega\cos\omega t - (I_\eta - I_\zeta)\Omega\omega\cos\omega t$$
$$= \frac{MR^2\Omega\omega}{2}\cos\omega t$$
$$N_{G\eta} = -I_\eta\Omega\omega\sin\omega t - (I_\zeta - I_\xi)\Omega\omega\sin\omega t$$
$$= -\frac{MR^2\Omega\omega}{2}\sin\omega t$$
$$N_{G\zeta} = -(I_\xi - I_\eta)\Omega^2\cos\omega t\sin\omega t = 0$$

これらのモーメント成分を，座標系 G-xyz の x，y，z 軸方向成分 N_{Gx}，N_{Gy}，N_{Gz} に変換すると，

$$N_{Gx} = N_{G\xi}\cos\omega t - N_{G\eta}\sin\omega t = \frac{MR^2\Omega\omega}{2} = \text{一定}$$
$$N_{Gy} = N_{G\xi}\sin\omega t + N_{G\eta}\cos\omega t = 0$$
$$N_{Gz} = N_{G\zeta} = 0$$

を得る．したがって，円板には外部から x 軸まわりのモーメント N_{Gx}（拘束モーメント）が作用して，このような運動が可能となっている．このモーメントは，軸受 A および B が z 軸に及ぼす y 方向反力 f_y および $-f_y$ によって与えられる．これらの反力がつくるモーメントが N_{Gx} に等しいとおいて，

$$2f_y l = N_{Gx} \quad \therefore \quad f_y = \frac{MR^2\Omega\omega}{4l}$$

作用・反作用の法則から，軸受 A，B にはこれとは逆向きの力が作用する．なお，N_{Gx} に負号を付けた $-N_{Gx}$ を，ジャイロモーメント（gyromoment）という．フレームの回転軸 y と直交した x 軸のまわりにジャイロモーメントが発生することは，興味深いことである．

5.5.4 慣性主軸と異なる固定軸まわりの回転運動

再び，重心を通る固定軸まわりの回転運動を考えてみよう．ただし，5.2 節と異なるのは，固定軸が剛体の慣性主軸と一致していない点である．このような場合，固定軸が重心を通っていても，剛体を固定軸まわりに回転させるためには軸受から拘束力を与える必要がある．この拘束力は，前項の 3 次元空間運動に対する運動方程式(5.39a)

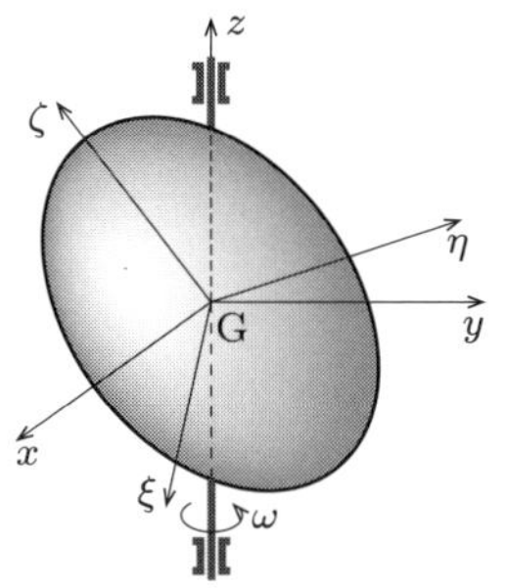

図 5.23

および式(5.44)を用いて求めることができる．

図 5.23 に示すように，剛体の重心 G を原点，固定軸を z 軸とする剛体に固定された回転座標系 G-xyz を設定する．剛体は z 軸まわりに角速度 ω で回転している．また，座標系 G-$\xi\eta\zeta$ は剛体の慣性主軸に選ばれている．G-xyz の座標軸方向が慣性主軸と一致していないこと，および G-xyz は回転座標系であることに注意を要する．

剛体は，固定軸を通して軸受から拘束力を受ける．拘束力も外力であるが，ここではそれらを区別して，剛体に作用する拘束力の合力を $\boldsymbol{f} = \{f_x, f_y, f_z\}$，拘束力以外の外力の合力を $\boldsymbol{F} = \{F_x, F_y, F_z\}$ とする．剛体の重心 G は回転軸上に不動であるから，$\ddot{\boldsymbol{r}}_G = \boldsymbol{0}$ である．これらを運動方程式(5.39a)に代入すると，

$$\boldsymbol{F} + \boldsymbol{f} = \boldsymbol{0} \tag{5.45a}$$

となる．あるいは，G-xyz 座標系上で成分表示して，次式を得る．

$$F_x + f_x = 0, \quad F_y + f_y = 0, \quad F_z + f_z = 0 \tag{5.45b}$$

一般に，拘束力は重心 G まわりにモーメントを生じさせる．このモーメントを，外力によるモーメントおよび外部から直接作用するトルクと区別して，式(5.42)を次のように書き換える．

$$\left.\begin{aligned} \dot{L}_x - \omega_z L_y + \omega_y L_z &= N_{Gx} + M_{Gx} \\ \dot{L}_y - \omega_x L_z + \omega_z L_x &= N_{Gy} + M_{Gy} \\ \dot{L}_z - \omega_y L_x + \omega_x L_y &= N_{Gz} \end{aligned}\right\} \tag{5.46}$$

ここに，M_{Gx}，M_{Gy} は，それぞれ拘束力が x，y 軸まわりにつくるモーメントである．拘束力の作用線は固定軸 z と交わるから，z 軸まわりのモーメントは生じない．

剛体は x 軸，y 軸まわりに回転しないので，$\omega_x = \omega_y = 0$，$\omega_z = \omega$，したがって，式(5.38)から，$L_x = -I_{zx}\omega$，$L_y = -I_{yz}\omega$，$L_z = I_z\omega$ となる．これらを式(5.46)に代入すると，次式を得る．

$$
\left.\begin{aligned}
&-I_{zx}\dot{\omega} + I_{yz}\omega^2 = N_{Gx} + M_{Gx}\\
&-I_{yz}\dot{\omega} - I_{zx}\omega^2 = N_{Gy} + M_{Gy}\\
&I_z\dot{\omega} = N_{Gz}
\end{aligned}\right\} \tag{5.47}
$$

式(5.47)の第3式は式(5.15)にほかならない．第3式から ω を求め，それを第1，2式に代入すると，拘束力のモーメント M_{Gx}，M_{Gy} が求められる．また，拘束力の合力成分 f_x，f_y，f_z も式(5.45b)から求められる．なお，固定軸 z が剛体の慣性主軸と一致する場合には，慣性乗積はすべて0となるので，式(5.47)は次のように簡単になる．

$$
\left.\begin{aligned}
&N_{Gx} + M_{Gx} = 0\\
&N_{Gy} + M_{Gy} = 0\\
&I_z\dot{\omega} = N_{Gz}
\end{aligned}\right\} \tag{5.48}
$$

第1，2式は，x 軸および y 軸まわりの力のモーメントのつり合いを表す方程式である．

例題 5.14 図5.24の円板が，z 軸まわりに一定角速度 ω で回転するときの軸受A，Bにはたらく力を求めよ．ここに，円板は回転軸の中央に取り付けられており，重力は無視する．

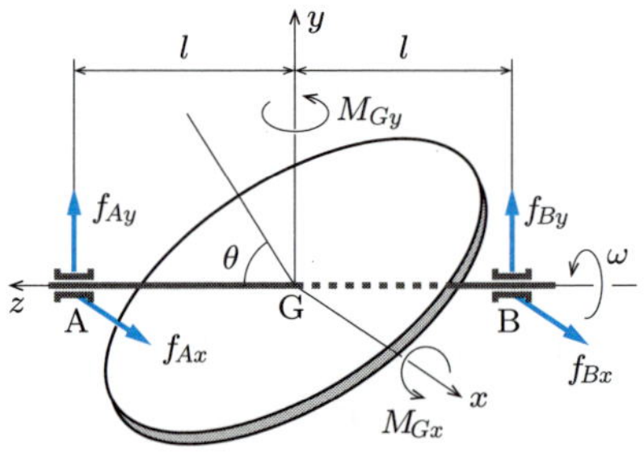

図5.24

解 剛体に固定された座標系 G-xyz に関して，式(5.47)が成り立つ．式(5.47)の第1，2式に，例題5.12で求めた $I_{zx} = 0$, $I_{yz} = -(mR^2 \sin 2\theta)/8$ および $\omega =$ 一定を代入し，また外力および外力によるモーメントが0であることを考慮すると，次式になる．

$$
M_{Gx} = -\frac{mR^2\omega^2 \sin 2\theta}{8}, \quad M_{Gy} = 0 \tag{a}
$$

一方，図のように軸受AおよびBの反力の x，y 方向成分を f_{Ax}，f_{Ay} および f_{Bx}，f_{By}，軸受A，Bと重心Gの間の距離をともに l とすると，式(5.45b)および反力とそのモーメントの関係から，

$$
f_{Ax} + f_{Bx} = 0, \quad f_{Ay} + f_{By} = 0 \tag{b}
$$

$$
(f_{By} - f_{Ay})l = M_{Gx}, \quad (f_{Ax} - f_{Bx})l = M_{Gy} \tag{c}
$$

を得る．式(a)を式(c)に代入して，式(b)，(c)を解くと，

$$
f_{Ax} = f_{Bx} = 0, \quad f_{Ay} = -f_{By} = \frac{mR^2\omega^2 \sin 2\theta}{16l} \tag{d}
$$

となり，軸受Aの反力は y 方向，軸受Bの反力は $-y$ 方向を向く．その反作用として，軸受A，Bにはそれぞれ逆向きの力がはたらく．y 軸は円板とともに回転するので，これらの力の方向も円板の回転とともに変化する．

もし，$\theta = 0$ のときは，軸受反力はすべて0となる．

5.6 運動量および角運動量保存の法則

剛体に外力が作用しないとき，式(5.4)，(5.5)から，

$$\dot{\boldsymbol{P}} = \frac{d}{dt}(M\dot{\boldsymbol{r}}_G) = \boldsymbol{0} \tag{5.49}$$

となる．したがって，剛体の運動量 $\boldsymbol{P} = M\dot{\boldsymbol{r}}_G$ は一定である．これが，剛体の運動量保存の法則である．

剛体の重心 G まわりの外力のモーメントと，外部から直接作用するトルクの総和 $\boldsymbol{N}_G$ が $\boldsymbol{0}$ の場合，式(5.12a)，(5.29a)から，次式となる．

$$\dot{\boldsymbol{L}}_G = \frac{d}{dt}(\boldsymbol{I}_G\boldsymbol{\omega}) = \boldsymbol{N}_G = \boldsymbol{0} \tag{5.50}$$

すなわち，重心 G まわりの角運動量 $\boldsymbol{L}_G = \boldsymbol{I}_G\boldsymbol{\omega}$ は一定となる．これを剛体の角運動量保存の法則という．

角運動量保存の法則を，慣性主軸の 1 つを固定軸とする剛体の回転運動を例にとって具体的に示そう．簡単のため，外力 F は接線方向を向くものとし，回転軸から作用点までの半径を R とすると，外力のモーメントは $N_G = FR$ である．剛体の固定軸まわりの角運動量 L_G は式(5.13a)で与えられる．回転運動の運動方程式(5.15) を書き直すと，$\dfrac{d}{dt}(I_G\omega) = N_G$ となる．両辺を時刻 t_1 から t_2 まで積分すると，

$$(I_G\omega)_2 - (I_G\omega)_1 = \int_{t_1}^{t_2} N_G dt = R\int_{t_1}^{t_2} F dt \tag{5.51}$$

となる．上式から，ある時間内の角運動量の変化量はその時間内の角力積に等しいことがわかる．合モーメント N_G が 0 の場合には，式(5.51)は次式のようになる．

$$(I_G\omega)_2 = (I_G\omega)_1 \tag{5.52}$$

すなわち，剛体にモーメントが作用しないとき，重心 G を通る固定軸まわりの角運動量は保存される．I_G が一定であれば，角速度 ω は一定となる．

例題 5.15 フィギュアスケーターが両腕を大きく広げてスピンしている．その状態からスケーターは徐々に両腕を縮め始めた．その後のスケーターの回転はどうなるか．

解 スピンを始めたスケーターの，回転軸まわりの慣性モーメントを I_0，角速度を ω_0，時間 t 後のそれらを $I(t)$ および $\omega(t)$ とする．回転中は回転させる外力やトルクが作用していないとすると，角運動量保存の法則が成り立つので，$I_0\omega_0 = I(t)\omega(t)$．また，両腕を縮めると回転半径が小さくなるので $I_0 > I(t)$．したがって，$\omega(t)$ は ω_0 よりも徐々に大きくなり，スピンは徐々に速くなっていく．なお，スケーターが両腕を縮め始めたとき，スケーターの腕の筋力が遠心力に逆らって仕事をするので，力学的エネルギー保存の法則（6.3 節参照）は成り立たない．

例題 5.16 図 5.25 に示すように，角速度 ω_0 で回転している円板 1 を静止した円板 2 に押し付けたところ，しばらくして両者は一体となって回転した．そのときの角速度 ω を求めよ．ただし，円板 1，2 の回転軸まわりの慣性モーメントを I とする．

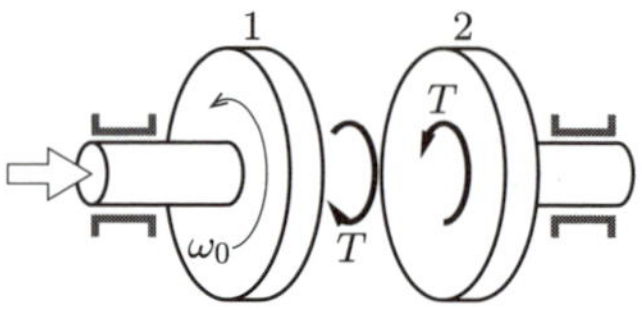

図 5.25

解 角運動量保存の法則が適用できると予想できるが，まず，円板 1，2 それぞれに着目して方程式をたてる．接触時点 $t=0$ から Δt 時間後に両者の角速度が ω になるものとする．円板 1，2 間に作用する摩擦トルクを T，また，ω_0 の回転方向を正とすると，次式が成り立つ．

$$\text{円板 1：} I\omega - I\omega_0 = -\int_0^{\Delta t} T dt$$

$$\text{円板 2：} I\omega - 0 = \int_0^{\Delta t} T dt$$

これらの式の両辺を加え合わせると，$I\omega + I\omega = I\omega_0$ となる．これは円板 1，2 を 1 つの系として扱ったときの角運動量保存の法則の式にほかならない．このとき，摩擦トルク T は内部トルクとなるから，系の角運動量は保存される．上式から $\omega = \omega_0/2$ となる．この場合，力学的エネルギー保存の法則（6.3 節参照）は成立しないことに注意せよ（例題 4.8 参照）．

5.7 打撃の中心

図 5.26 のように，はじめ静止している質量 M の剛体の棒がある．棒の重心を G とし，重心から距離 a の点 P に質量 m の質点が棒に垂直に速度 v_1 で衝突したとする．衝突直後，棒は質点の衝突方向の重心の並進運動と，重心まわりの回転運動が重なった運動をする．衝突直後の質点の速度を V_1，剛体の重心速度を V_2，剛体の重心まわりの角速度を ω，重心まわりの慣性モーメントを $I = M\kappa^2$ とする．

まず，質点が剛体棒に衝突している間に作用する接触力は，質点と剛体棒の系から見ると内力であるので，質点と剛体棒をひとまとめに考えたときの運動量の総和，および剛体棒の重心まわりの角運動量の総和は保存される．質点の運動方向の運動量保

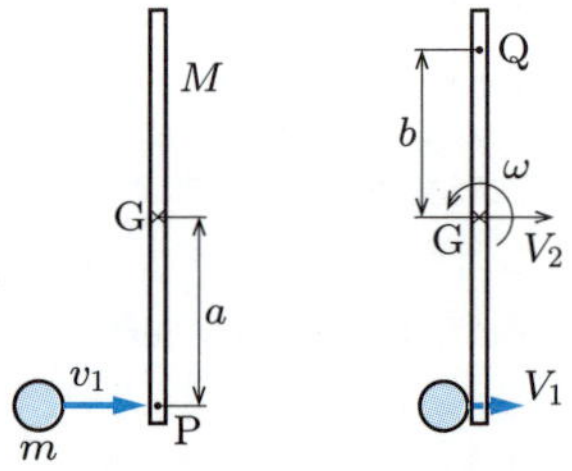

（a）衝突直前　（b）衝突直後

図 5.26

存の法則から，次式となる．

$$mv_1 = mV_1 + MV_2 \tag{5.53}$$

次に，質点の角運動量は質点の運動量のモーメントとして求められるから，

$$mv_1a = mV_1a + I\omega \tag{5.54}$$

となる．また，剛体棒の接触点での衝突直後の速度は $V_2 + a\omega$ だから，衝突点での速度の関係は，e を反発係数とすると，次式となる．

$$V_1 - (V_2 + a\omega) = -e(v_1 - 0) \tag{5.55}$$

したがって，式(5.53)～(5.55)から，V_1，V_2 および ω が以下のように求められる．

$$\left.\begin{aligned} V_1 &= \frac{\{m(\kappa^2 + a^2) - eM\kappa^2\}v_1}{M\kappa^2 + m(\kappa^2 + a^2)} \\ V_2 &= \frac{m\kappa^2(1+e)v_1}{M\kappa^2 + m(\kappa^2 + a^2)} \\ \omega &= \frac{m(1+e)av_1}{M\kappa^2 + m(\kappa^2 + a^2)} \end{aligned}\right\} \tag{5.56}$$

衝突直後の剛体棒の運動を考えよう．重心が V_2 で移動し，重心が反時計まわりに角速度 ω で回転しているので，衝突点とは反対側で重心から距離 b の点は，並進運動による速度と回転運動による速度が逆向きとなる．そのため，$V_2 - b\omega = 0$ を満たす位置 Q が存在する．式(5.56)を $V_2 = b\omega$ に代入すると，次式を得る．

$$\kappa^2 = ab \tag{5.57}$$

ここに，κ は剛体棒の回転半径である．上式を満足するとき，点 Q は静止する．したがって，点 P に打撃を与えても，点 Q ではその衝撃を受けないことになる．このような場合，点 P を点 Q に対する**打撃の中心**（center of percussion）という．反対に，点 Q を打撃した場合も，点 P が静止することが示される．

例題 5.17 図 5.27 のように，運動会で大きな球殻（中空の球）をこどもが押して競争している．球殻をできるだけ滑ることなく転がすためには，どの位置を押せばよいか．

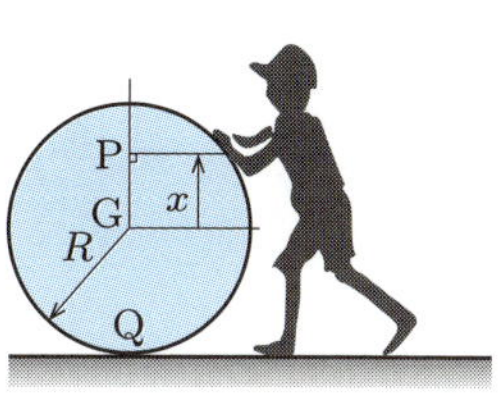

図 5.27

解 球殻の重心 G から上向きに x だけ離れた点 P を，こどもが水平に押すものとする．球殻が滑らずになるべく効率よく転がるためには，球殻と地面の接触点で滑り摩擦力が作用しないようにすればよい．そのためには，点 P を，球殻と地面との接点 Q に対する打撃の中心にとり，点 Q で水平方向の速度を生じないようにすればよい．球殻の半径を R とすると，例題 5.4 から，球殻の回転半径は $\kappa = \sqrt{2/3}R$ だから，式(5.57)を用いると，$2R^2/3 = Rx$．よって，$x = 2R/3$ の位置，すなわち，地面から $5R/3$ の位置を押せばよい．

例題 5.18 転がり軸受の半径方向のばね定数を測定するために，図 5.28 のような実験装

置を製作した．軸受の位置 P をハンマーで垂直方向に打撃加振し，円筒状の剛体の固有振動数（8.3 節参照）をセンサーからの情報により測定して，軸受のばね定数を求めたい．剛体の固有振動数が支点 Q での支持剛性に依存しないようにするためには，支点 Q をどこに設置すればよいか．

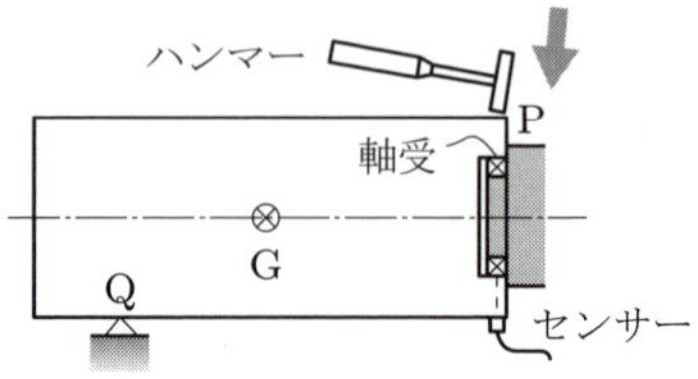

図 5.28

解 剛体の支持点 Q を，点 P が点 Q に対する打撃の中心となるように配置すれば，点 Q は上下方向に動かず，系の振動は支持部の剛性に影響されないことになる．

演習問題［5］

5.1 表 5.1 について，(d)直方体の ζ 軸まわりの慣性モーメントと，(c)円板の ξ，ζ 軸まわりの慣性モーメントを導け．

5.2 質量が m，2 辺の長さが a の直角二等辺三角形の薄い板がある．この板に垂直でその重心 G を通る軸まわりの慣性モーメント I_G を求めよ．

5.3 図 5.29 のように，質量 M のおもりを質量 m，半径 r の円板状の動滑車と固定滑車で吊るしている．ロープの質量，ロープの伸び縮みを無視し，滑車とロープ間の滑りはないものとする．

（1）おもりの加速度 $\ddot{x}$ を求めよ．

（2）おもりが等速で動くための動滑車の質量と，そのときの固定滑車が支持部から受ける力 F を求めよ．

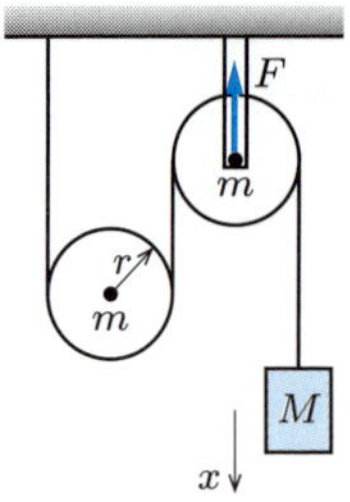

図 5.29

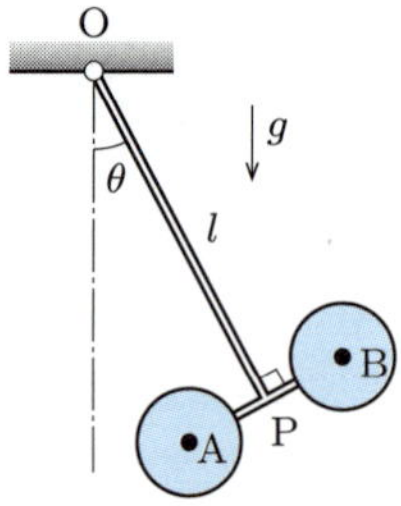

図 5.30

5.4 図 5.30 のように，質量が無視でき，直角に交わる 2 つの剛体フレーム OP と AB がある．フレーム AB の両端に質量 m，半径 r の 2 つの球が取り付けられた物理振子の，面内の運動方程式を求めよ．ただし，$\overline{\mathrm{AP}} = \overline{\mathrm{BP}} = a$，$\overline{\mathrm{OP}} = l$ とする．

5.5 図 5.31 の歯車減速装置で，歯車 1 および 2 の角速度，ピッチ円の半径，回転軸まわりの慣性モーメントを，それぞれ ω，r，I および Ω，R，J とする．また，歯車 1 を駆動するモータトルクを T，歯車 2 に加わる負荷トルク（歯車 2 と結合した機械からの反作用トルク）

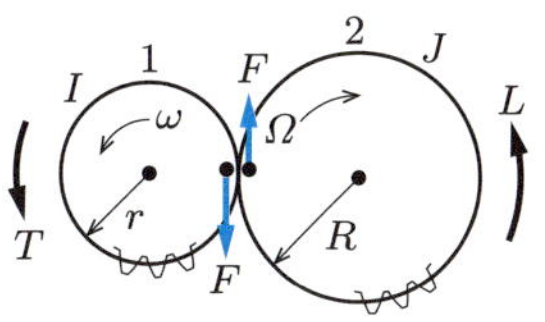

図 5.31

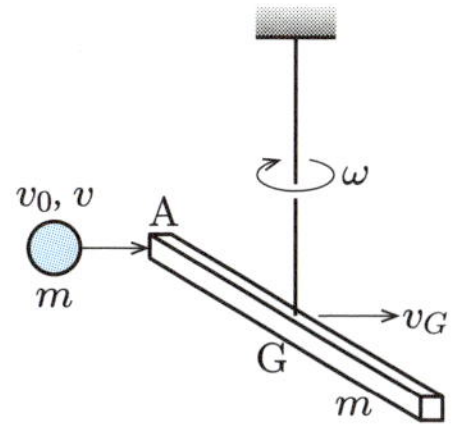

図 5.32

を L，歯車 1，2 間に作用する接線方向の力を F とする．

（1）歯車 1，2 の回転運動の運動方程式を求めよ．

（2）減速比 $\omega/\Omega = R/r = n$ として，ω だけで表した運動方程式を導け．

5.6　図 5.32 のように，重心 G を糸で吊るされた質量 m，長さ $2l$ の一様な棒の一端 A に，質量 m の質点が棒に垂直な方向から速度 v_0 で衝突した．棒と質点の間の反発係数を $e = 1$ として，衝突直後の棒の重心の速度 v_G，重心まわりの角速度 ω，質点の速度 v を求めよ．

第6章 仕事とエネルギー

前章までに取り扱った力，力のモーメント，変位，速度，加速度，運動量，角運動量および力積などはすべてベクトル量であり，大きさと方向と向きとをもっていた．以下では，仕事，エネルギー，動力などの重要なスカラー量を取り扱う．スカラー量とは，ベクトル量とは異なり，大きさのみをもつ物理量である．ただし，後述の仕事や位置エネルギーのように，ある基準値を設けてそれに対する大小を正負の値で表し，その符号に物理的意味をもたせることもある．仕事やエネルギーは，第7章の解析力学を論じる場合に重要な役割をもつ．

6.1 仕 事

図 6.1 (a)のように，物体に一定の大きさの力 F が作用して，その力と同じ向きに物体が r だけ動いたとき，積 Fr を力 F が物体になした仕事（work）という．この仕事を W で表すと，次式となる．

$$W = Fr \tag{6.1}$$

図(b)のように，一定の力 F と物体の移動方向が異なる場合には，物体を r だけ動かすための力は F ではなく，F の物体移動方向の成分 $F\cos\alpha$ であるので，力 F のなした仕事は，

$$W = Fr\cos\alpha \tag{6.2}$$

となる．これは，力 F が物体を F の向きに動かした距離が $r\cos\alpha$ であると考えてもよい．いずれにせよ，力と移動量（変位）をベクトル的に $\boldsymbol{F}$，$\boldsymbol{r}$ で表すとき，仕事は次のように，両者の内積によって表すことができる．

$$W = \boldsymbol{F}\cdot\boldsymbol{r} \tag{6.3}$$

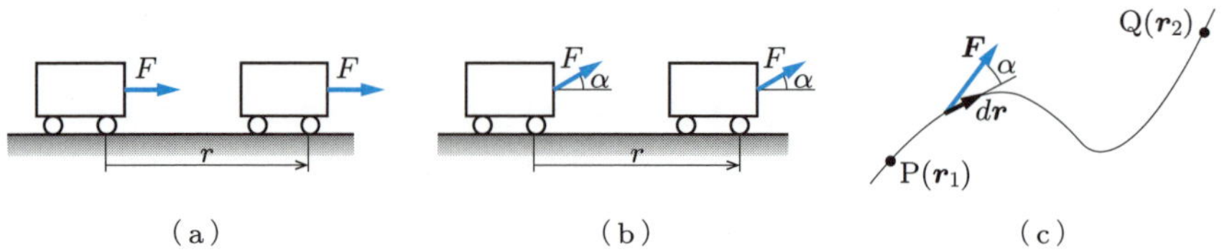

図 6.1

次に，図(c)のように，力の大きさや向きが変化し，物体の移動の向きも変化する場合に力がなす仕事を考えよう．そのため，ある瞬間における力，微小変位をそれぞれ $\boldsymbol{F}$，$d\boldsymbol{r}$，およびそれらのベクトルの大きさをそれぞれ F，dr で表し，$\boldsymbol{F}$ と $d\boldsymbol{r}$ の間の角度を α とする．いま，点 $\mathrm{P}(\boldsymbol{r}_1)$ から点 $\mathrm{Q}(\boldsymbol{r}_2)$ までの移動を考える．物体が $\boldsymbol{r} = \{x, y, z\}$ からその近傍点の $\boldsymbol{r} + d\boldsymbol{r} = \{x + dx, y + dy, z + dz\}$ に移動する間に $\boldsymbol{F}$ は変化しないとみなせるので，その間に $\boldsymbol{F}$ のなす微小仕事 dW は，

$$dW = F\,dr\cos\alpha = \boldsymbol{F}\cdot d\boldsymbol{r} \tag{6.4}$$

である．したがって，PQ 間に力 $\boldsymbol{F}$ のなした仕事 W は，次式で表せる．

$$W = \int_{\mathrm{P}}^{\mathrm{Q}} dW = \int_{\boldsymbol{r}_1}^{\boldsymbol{r}_2} \boldsymbol{F}\cdot d\boldsymbol{r} \tag{6.5}$$

上式右辺の積分は，移動の経路に沿った線積分を表す．

図(c)で，物体に複数の力 $\boldsymbol{F}_1, \boldsymbol{F}_2, \ldots, \boldsymbol{F}_m$ が同時に作用しているときには，式(6.4)，(6.5)の $\boldsymbol{F}$ を合力 $\boldsymbol{F} = \boldsymbol{F}_1 + \boldsymbol{F}_2 + \cdots + \boldsymbol{F}_m$ におき換えればよい．

例題 6.1　図 6.2 のように，重力場で質量 m の物体を糸で吊るして他端を手でもつ．（1）手を水平に，または（2）垂直上向きに，距離 h だけゆっくりと動かすときの手のなす仕事を求めよ．

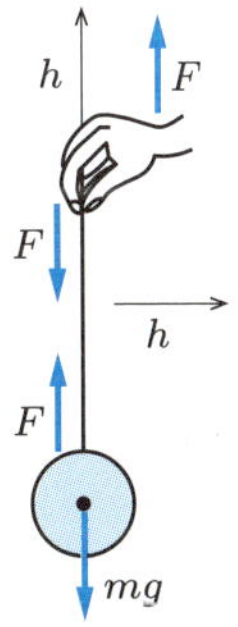

図 6.2

解　糸は質量がないとし，糸の張力を F とする．物体には下向きの重力 mg と上向きの糸の張力 F が作用するので，力のつり合いから，$F - mg = 0$．手には糸からの下向きの張力 F が作用するので，手は上向きの力 F をはたらかせてつり合いを保っている．

（1）水平移動の場合：手による力 F の方向と移動方向とは直角であるので，$W_1 = Fh\cos 90° = 0$．

（2）垂直移動の場合：手による力 F の向きと移動の向きは一致しているので，$W_2 = Fh = mgh$．したがって，物体を重力に逆らってもち上げるには，手は mgh の仕事をする必要がある．

例題 6.2　A，B の 2 チームで綱引きをした．3 分間の勝負で綱は行きつ戻りつしたが，結局引き分けであった．A，B 両チームの 3 分間の仕事を求めよ．

解　A，B チームとも結果的には「力学的な仕事」は 0 である．汗をかいたのに．

仕事の時間的変化割合を，**動力** (power) または**仕事率**という．したがって，式(6.4)と同様に，$d\boldsymbol{r}$ の移動中に $\boldsymbol{F}$ は一定とみなせるので，動力 P は，

$$P = \frac{dW}{dt} = \boldsymbol{F}\cdot\frac{d\boldsymbol{r}}{dt} = \boldsymbol{F}\cdot\boldsymbol{v} \tag{6.6}$$

で定義される．ここに，$\boldsymbol{v} = \dfrac{d\boldsymbol{r}}{dt}$ は速度ベクトルである．動力は単位時間になされる

仕事と考えることもできる．

次に，図 6.3 のように半径 a の円板の円周方向に一定の大きさの力 F が作用して，円板が x 軸まわりに回転運動しているものとする．このとき，微小回転角 $d\theta$ の回転の間に力 F がなす微小仕事は $dW = Fad\theta$ だから，角変位 θ の間に力 F のなす仕事は，

$$W = \int_1^2 dW = \int_0^\theta Fad\theta = Fa\theta = N\theta \tag{6.7}$$

となる．ここに，$N = Fa$ は，円板を x 軸まわりに回転させようとする力のモーメント，すなわち，トルクである．このように，回転運動での仕事は，トルクとその向きに回転した角変位との積で与えられる．また，$dW = Fad\theta$ の関係と，$d\theta$ だけ回転する間にトルク N が一定とみなせるので，回転運動の動力 P は，

$$P = N\dot{\theta} = N\omega \tag{6.8}$$

で表される．ここに，$\dot{\theta} = \omega$ は角速度である．

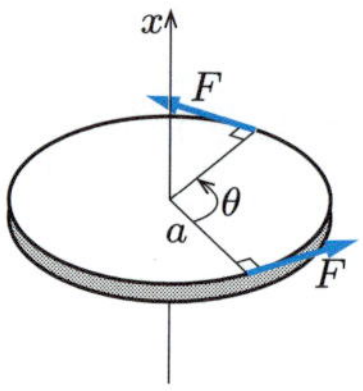

図 6.3

仕事の単位は，力 [N] × 距離 [m] あるいは力のモーメント [Nm] × 角度 [rad] だから，[Nm] となる．1 [Nm] を 1 [J]（ジュール）とよぶ．仕事の単位を [J] とすることで，力のモーメントやトルクと混同を避けることができる．一方，動力の単位は力 [N] × 速度 [m/s] あるいはトルク [Nm] × 角速度 [rad/s] だから，Nm/s = J/s となる．1 J/s を 1 W（ワット）とよぶ．

例題 6.3　図 6.4 のように，質量 $m = 1000\,\mathrm{kg}$ の自動車が，傾き角 $\theta = 10°$ の坂を一定速度 $v = 50\,\mathrm{km/h}$ で上るときに必要な自動車の動力 P を求めよ．ただし，自動車は空気抵抗 $C_D\rho Av^2/2$ と，道路からの垂直抗力 $N = mg\cos\theta$ に比例した転がり抵抗 μN を受けるものとする．ここに，$C_D = 0.35$ は空気抵抗係数，$\rho = 1.3\,\mathrm{kg/m^3}$ は空気密度，$A = 2\,\mathrm{m^2}$ は自動車の正面投影面積，$\mu = 0.02$ はタイヤと道路の間のわずかな滑りによる転がり抵抗係数，$g = 9.8\,\mathrm{m/s^2}$ は重力加速度である．

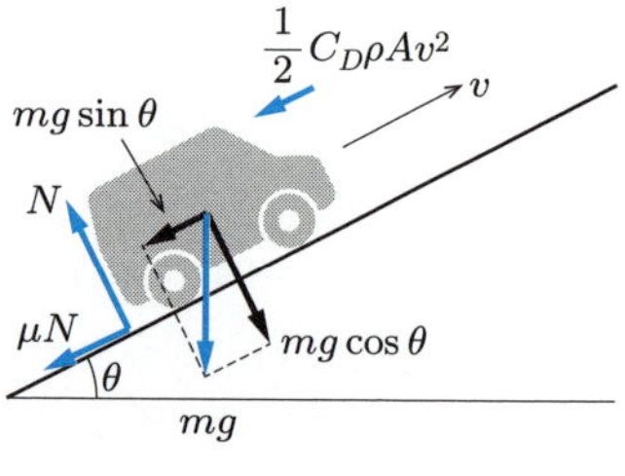

図 6.4

解 自動車が一定速度（加速度 $=0$）で走行するのに必要な駆動力 F は，重力による斜面に沿った下向きの力，空気抵抗力，および転がり抵抗力の和に等しい．したがって，動力は次のようになる．

$$P = Fv = \left(mg\sin\theta + \frac{1}{2}C_D\rho Av^2 + \mu mg\cos\theta\right)v = 27.5\,\mathrm{kW}$$

ダムの水は水車の羽根にぶつかってトルクを生じ，水車を回す．蒸気の力はタービンを回す．自動車のエンジンはタイヤを回す．このように，水，蒸気およびエンジンは仕事をすることができる．物体が仕事をする能力をもつとき，物体は**エネルギー**（energy）をもっているという．エネルギーは仕事をなし得る能力を表すスカラー量であり，仕事と同じ単位をもつ．機械力学で取り扱う主なエネルギーは，運動エネルギーとポテンシャルエネルギーであり，これらをあわせて**力学的エネルギー**（mechanical energy）という．

6.2 運動エネルギー

まず，質点の運動エネルギーを考えよう．質点の質量を m，質点に作用する力を $\boldsymbol{F}$，静止座標系（慣性系）から見た加速度を $\boldsymbol{a} = \ddot{\boldsymbol{r}}$ とおくと，ニュートンの第 2 法則は式(4.2)から次式で表せる．

$$\boldsymbol{F} = m\ddot{\boldsymbol{r}} \tag{6.9}$$

いま，静止座標系（慣性系）上で，質点が時刻 t_1 から t_2 の間に位置 $\boldsymbol{r}_1$ から $\boldsymbol{r}_2$ まで運動したとしよう．式(6.9)の両辺にスカラー的に微小変位 $d\boldsymbol{r}$ をかけて（内積をとって），質点の位置 $\boldsymbol{r}_1$ から $\boldsymbol{r}_2$ まで（時刻 t_1 から t_2 まで）積分すると，

$$\begin{aligned} W &= \int_{\boldsymbol{r}_1}^{\boldsymbol{r}_2} \boldsymbol{F}\cdot d\boldsymbol{r} = \int_{\boldsymbol{r}_1}^{\boldsymbol{r}_2} m\ddot{\boldsymbol{r}}\cdot d\boldsymbol{r} = \int_{t_1}^{t_2} m\ddot{\boldsymbol{r}}\cdot\frac{d\boldsymbol{r}}{dt}dt = \int_{t_1}^{t_2}\frac{d}{dt}\left(\frac{1}{2}m\dot{\boldsymbol{r}}\cdot\dot{\boldsymbol{r}}\right)dt \\ &= \int_1^2 d\left(\frac{1}{2}m\dot{\boldsymbol{r}}\cdot\dot{\boldsymbol{r}}\right) = \left(\frac{1}{2}m\dot{\boldsymbol{r}}^2\right)_2 - \left(\frac{1}{2}m\dot{\boldsymbol{r}}^2\right)_1 = T_2 - T_1 \end{aligned} \tag{6.10}$$

となる．ここに，$\dot{\boldsymbol{r}}^2 = \dot{\boldsymbol{r}}\cdot\dot{\boldsymbol{r}}$ とおいている．また，$\boldsymbol{v} = \dot{\boldsymbol{r}}$，$v = |\boldsymbol{v}|$ とおくと，

$$T_k = \left(\frac{1}{2}m\dot{\boldsymbol{r}}\cdot\dot{\boldsymbol{r}}\right)_k = \left(\frac{1}{2}m\dot{\boldsymbol{r}}^2\right)_k = \left(\frac{1}{2}m\boldsymbol{v}^2\right)_k = \left(\frac{1}{2}mv^2\right)_k \tag{6.11}$$

は，質点の並進運動に対する時刻 t_k での**運動エネルギー**（kinetic energy）である．その単位は仕事と同じジュール[J]である．したがって，式(6.10)から，運動中の質点のある時間内における運動エネルギーの増加は，その間に外力がなした仕事に等しいことがわかる．質点には大きさがないので，質点の運動エネルギーは，この並進運動に対する運動エネルギーのみである．

上の導出過程から理解できるように，並進運動に関する運動エネルギーはある 1 つ

の慣性系上で定義されているので，式(6.11)中の速さ v は，この慣性系上で計測された量を用いなければならない．

例題 6.4　（1）質点の運動エネルギーが2倍になると速度は何倍になるか．
（2）速度が2倍になると運動エネルギーは何倍になるか．

解　質点の質量を m，はじめの速度を v_1，変化後の速度を v_2 とする．

（1）$\dfrac{1}{2}mv_1^2 \times 2 = \dfrac{1}{2}mv_2^2 \quad \therefore \quad v_2 = \sqrt{2}v_1$ だから，$\sqrt{2}$ 倍．

（2）$\dfrac{1}{2}m(2v_1)^2 = 4 \times \dfrac{1}{2}mv_1^2 \quad \therefore$　4倍．

例題 6.5　図6.5のように，傾き角 θ の斜面を質量 m の物体が初速度0で滑り始める．物体の滑った距離が s のとき，（1）摩擦がない場合の物体の速度 v_1，（2）摩擦がある場合の物体の速度 v_2 を求めよ．ただし，動摩擦係数を μ とする．

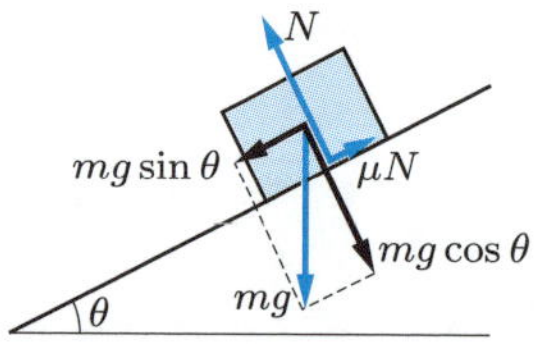

図 6.5

解　（1）摩擦がない場合：物体を斜面に沿って滑らせようとする力によってなされた仕事が，その間の運動エネルギーの増加に等しいから，関係式 $mg\sin\theta \cdot s = mv_1^2/2$ から速度 $v_1 = \sqrt{2gs\sin\theta}$ を得る．

（2）摩擦がある場合：摩擦力は運動方向と逆向きの斜面上向きに作用する．したがって，$(mg\sin\theta - \mu mg\cos\theta)\cdot s = mv_2^2/2$ から速度 $v_2 = \sqrt{2gs(\sin\theta - \mu\cos\theta)}$ を得る．ただし，物体が斜面を滑り落ちるためには，$\mu < \tan\theta$ を満たさなければならない．摩擦力と物体の滑る向きが逆であるため，摩擦力によってエネルギーが消費されることになる（$v_2 < v_1$）．このエネルギーは回収不可能な熱となって散逸してしまう．

次に，N 個の質点から構成される質点系の場合を考える．各質点には系外からの外力と系内の質点間の内力が作用する．第 i 番目の質点の質量を m_i $(i = 1, \ldots, N)$，静止座標系（慣性系）から見た質点の位置ベクトルを $\boldsymbol{r}_i$，さらに質点 m_i に作用する外力を $\boldsymbol{F}_i$，第 j 番目の質点から第 i 番目の質点に作用する内力を $\boldsymbol{F}_{ij}$（ただし，$\boldsymbol{F}_{ii} = \boldsymbol{0}$）とする．各質点の運動方程式は式(4.22)で表せる．

$$m_i\ddot{\boldsymbol{r}}_i = \boldsymbol{F}_i + \sum_{j=1}^{N}\boldsymbol{F}_{ij} \tag{6.12}$$

式(6.12)の両辺にスカラー的に微小変位 $d\boldsymbol{r}_i$ をかけて（内積をとって），式(6.10)と同様に $\boldsymbol{r}_i$ の位置 $\boldsymbol{r}_{i1}$ から $\boldsymbol{r}_{i2}$ まで（時刻 t_1 から t_2 まで）積分し，各質点に関して総和をとると，

$$\sum_{i=1}^{N}\int_{\boldsymbol{r}_{i1}}^{\boldsymbol{r}_{i2}}\left(\boldsymbol{F}_i + \sum_{j=1}^{N}\boldsymbol{F}_{ij}\right)\cdot d\boldsymbol{r}_i = \sum_{i=1}^{N}\int_{t_1}^{t_2}\left(\boldsymbol{F}_i + \sum_{j=1}^{N}\boldsymbol{F}_{ij}\right)\cdot\frac{d\boldsymbol{r}_i}{dt}dt$$

$$= \sum_{i=1}^{N} \int_{t_1}^{t_2} m_i \ddot{\boldsymbol{r}}_i \cdot \frac{d\boldsymbol{r}_i}{dt} dt = \left(\sum_{i=1}^{N} \frac{1}{2} m_i \dot{\boldsymbol{r}}_i^2 \right)_2 - \left(\sum_{i=1}^{N} \frac{1}{2} m_i \dot{\boldsymbol{r}}_i^2 \right)_1$$

$$= T_2 - T_1 \tag{6.13}$$

となる．ここに，$T_k = \left(\sum_{i=1}^{N} \frac{1}{2} m_i \dot{\boldsymbol{r}}_i^2 \right)_k$ $(k = 1, 2)$ は，並進運動に対する時刻 t_k での質点系全体の運動エネルギーの総和である．式(6.13)から，運動している質点系の，ある時間内における運動エネルギーの増加は，その間に外力と内力のなした仕事の和に等しいことがわかる．

質点系の運動を，質点系の重心の運動と各質点の重心に関する相対的な運動に分けて考えてみよう．図 6.6 のように，静止座標系 O-xyz において，質点系の重心 G の位置を $\boldsymbol{r}_G$，質点 m_i の位置を $\boldsymbol{r}_i$，重心からの質点 m_i の相対位置を $\boldsymbol{r}'_i$ とすると，式(4.34)のように，$\boldsymbol{r}_i = \boldsymbol{r}_G + \boldsymbol{r}'_i$ である．さらに，式(4.35)から $\sum_{i=1}^{N} m_i \dot{\boldsymbol{r}}'_i = \boldsymbol{0}$ であるので，質点系全体の質量を M とすると，質点系全体の運動エネルギーは，

$$T = \sum_{i=1}^{N} \frac{1}{2} m_i \dot{\boldsymbol{r}}_i^2 = \sum_{i=1}^{N} \frac{1}{2} m_i (\dot{\boldsymbol{r}}_G + \dot{\boldsymbol{r}}'_i)^2 = \frac{1}{2} M \dot{\boldsymbol{r}}_G^2 + \sum_{i=1}^{N} \frac{1}{2} m_i \dot{\boldsymbol{r}}_i'^2 \tag{6.14}$$

となる．したがって，質点系全体の運動エネルギーは，重心 G に質点系の全質量 M が集中したとみなしたときの運動エネルギーと，重心に対する各質点の相対運動の運動エネルギーの和となっていることがわかる．

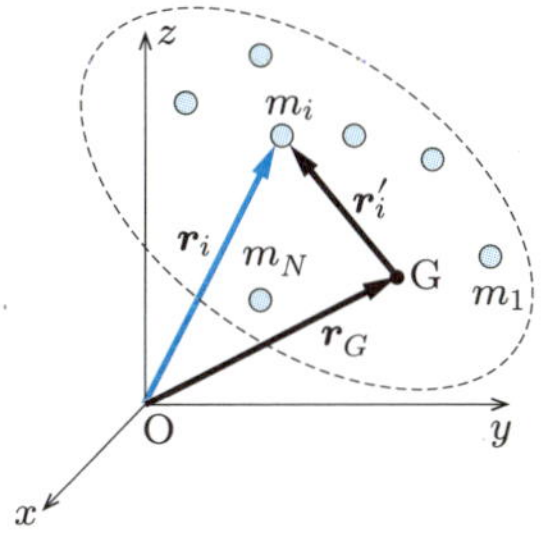

図 6.6

第 5 章でも述べたように，剛体を，各質点間の距離が不変な無限個の質点からなる特別な質点系とみなすことができる．いま，図 5.1 に示すように，剛体の重心を G，その重心 G を原点として剛体内に固定された移動座標系を G-$\xi\eta\zeta$，空間に固定された静止座標系（慣性系）O-xyz から見た重心 G の位置ベクトルを $\boldsymbol{r}_G = \{x_G, y_G, z_G\}$，同じく剛体内の任意の点 P の位置ベクトルを $\boldsymbol{r} = \{x, y, z\}$，移動座標系 G-$\xi\eta\zeta$ 上か

ら見た点Pの位置ベクトルを $\boldsymbol{r}' = \{\xi, \eta, \zeta\}$ とする．これらの位置ベクトルの間には，式(5.2)から，$\boldsymbol{r} = \boldsymbol{r}_G + \boldsymbol{r}'$ の関係が成り立つ．そのとき，剛体の運動エネルギー T は質点系のときの総和記号を積分記号に変更することによって，次式で与えられる．

$$T = \frac{1}{2}\int_V \dot{\boldsymbol{r}}^2 dm = \frac{1}{2}\int_V \boldsymbol{v}^2 dm \tag{6.15}$$

ここに，V は剛体の全領域，dm は質量要素，$\boldsymbol{v} = \dot{\boldsymbol{r}}$ は静止座標系 O-xyz から見た速度である．式(5.9)の $\dot{\boldsymbol{r}} = \dot{\boldsymbol{r}}_G + \boldsymbol{\omega} \times \boldsymbol{r}'$ を用いると，次式を得る．

$$\boldsymbol{v}^2 = \boldsymbol{v} \cdot \boldsymbol{v} = \dot{\boldsymbol{r}}_G^2 + 2\dot{\boldsymbol{r}}_G \cdot (\boldsymbol{\omega} \times \boldsymbol{r}') + (\boldsymbol{\omega} \times \boldsymbol{r}')^2 \tag{6.16}$$

したがって，式(5.3)の関係 $\displaystyle\int_V \boldsymbol{r}' dm = \boldsymbol{0}$ から，$\displaystyle\int_V 2\dot{\boldsymbol{r}}_G \cdot (\boldsymbol{\omega} \times \boldsymbol{r}') dm = 2\dot{\boldsymbol{r}}_G \cdot \left(\boldsymbol{\omega} \times \int_V \boldsymbol{r}' dm\right) = \boldsymbol{0}$ となることを考慮すれば，剛体の運動エネルギーは次式となる．

$$\begin{aligned} T &= \frac{1}{2}\int_V \{\dot{\boldsymbol{r}}_G^2 + 2\dot{\boldsymbol{r}}_G \cdot (\boldsymbol{\omega} \times \boldsymbol{r}') + (\boldsymbol{\omega} \times \boldsymbol{r}')^2\} dm \\ &= \frac{1}{2}M\dot{\boldsymbol{r}}_G^2 + \frac{1}{2}\int_V (\boldsymbol{\omega} \times \boldsymbol{r}')^2 dm \end{aligned} \tag{6.17}$$

ここに，M は剛体の質量である．式(6.17)は次のように表せる．

$$\left. \begin{aligned} & T = T_G + T_R \\ & T_G = \frac{1}{2}M\dot{\boldsymbol{r}}_G^2, \quad T_R = \frac{1}{2}\int_V (\boldsymbol{\omega} \times \boldsymbol{r}')^2 dm \end{aligned} \right\} \tag{6.18}$$

上式から，剛体の運動エネルギー T は，重心の並進運動に関する運動エネルギー T_G と，重心まわりの回転運動に関する運動エネルギー T_R の和で表せることがわかる．運動エネルギーを考える際にも，このように剛体の運動を重心の並進運動と重心まわりの回転運動に分けて考えることは，たいへん重要である．

まず，重心の並進運動に関する運動エネルギー T_G を成分表示すると，次式となる．

$$T_G = \frac{1}{2}M(\dot{x}_G^2 + \dot{y}_G^2 + \dot{z}_G^2) \tag{6.19}$$

一方，式(5.27)の関係 $\boldsymbol{\omega} \times \boldsymbol{r}' = (\omega_\eta \zeta - \omega_\zeta \eta)\boldsymbol{i} + (\omega_\zeta \xi - \omega_\xi \zeta)\boldsymbol{j} + (\omega_\xi \eta - \omega_\eta \xi)\boldsymbol{k}$ から，

$$\begin{aligned} (\boldsymbol{\omega} \times \boldsymbol{r}')^2 &= (\boldsymbol{\omega} \times \boldsymbol{r}') \cdot (\boldsymbol{\omega} \times \boldsymbol{r}') \\ &= (\eta^2 + \zeta^2)\omega_\xi^2 + (\zeta^2 + \xi^2)\omega_\eta^2 + (\xi^2 + \eta^2)\omega_\zeta^2 \\ &\quad - 2\xi\eta\omega_\xi\omega_\eta - 2\eta\zeta\omega_\eta\omega_\zeta - 2\zeta\xi\omega_\zeta\omega_\xi \end{aligned}$$

となる．上式を式(6.18)に代入し，式(5.29)を用いると，

$$T_R = \frac{1}{2}(I_\xi\omega_\xi^2 + I_\eta\omega_\eta^2 + I_\zeta\omega_\zeta^2 - 2I_{\xi\eta}\omega_\xi\omega_\eta - 2I_{\eta\zeta}\omega_\eta\omega_\zeta - 2I_{\zeta\xi}\omega_\zeta\omega_\xi)$$

$$
= \frac{1}{2}\begin{bmatrix} \omega_\xi & \omega_\eta & \omega_\zeta \end{bmatrix} \begin{bmatrix} I_\xi & -I_{\xi\eta} & -I_{\zeta\xi} \\ -I_{\xi\eta} & I_\eta & -I_{\eta\zeta} \\ -I_{\zeta\xi} & -I_{\eta\zeta} & I_\zeta \end{bmatrix} \begin{bmatrix} \omega_\xi \\ \omega_\eta \\ \omega_\zeta \end{bmatrix}
$$

$$
= \frac{1}{2}\boldsymbol{\omega}^T \boldsymbol{I}_G \boldsymbol{\omega} \tag{6.20}
$$

を得る．ここに，$\boldsymbol{\omega}^T$ はベクトル $\boldsymbol{\omega}$ の転置，$\boldsymbol{I}_G$ は重心に関する慣性テンソルで，$\boldsymbol{\omega}$ と $\boldsymbol{I}_G$ は式(5.29b)で表される．

簡単な例として，図 6.7 に示すように，重心を通る慣性主軸の 1 つである ξ 軸を固定軸とし，ξ 軸まわりの慣性モーメントが J で，ξ 軸まわりに角速度 ω で回転している剛体のもつ運動エネルギーを求めよう．式(6.20)で，$\omega_\xi = \omega$，$\omega_\eta = \omega_\zeta = 0$，$I_\xi = J$ とし，また慣性乗積をすべて 0 とおき，ξ 軸まわりの回転角を θ とおくと，

$$
T_R = \frac{1}{2}J\omega^2 = \frac{1}{2}J\dot{\theta}^2 \tag{6.21}
$$

となる．これが，固定軸まわりに回転する剛体の回転運動に対する運動エネルギーの式である．

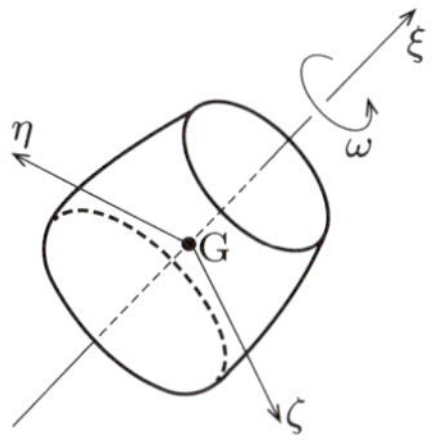

図 6.7

次に，慣性モーメント J をもつ回転体が，駆動トルク $N_D(t)$ と負荷トルク $N_L(t)$ を受けて角速度 ω で回転している場合を考えよう．そのとき，回転運動に関する運動方程式は，

$$
J\frac{d\omega}{dt} = N_D(t) - N_L(t) \quad \text{または，} \quad \frac{d\omega}{dt} = \frac{N_D(t) - N_L(t)}{J} \tag{6.22}
$$

で表される．いま，駆動トルクと負荷トルクは時間とともに変動するが，同一周期 T の周期関数とする．上式右辺の値が正であれば回転体は加速され，負であれば減速される．この 1 周期（T）間の角速度の変動率，すなわち角加速度 $\dfrac{d\omega}{dt}$ をできるだけ少なくすることを考える．そのためには，式(6.22)第 2 式から，慣性モーメント J を大きくすればよいことがわかる．このように，角速度の変動を抑える目的で軸系に取り付けられる大きな慣性モーメントをもった機械要素を，**はずみ車**（flywheel）という．内

燃機関や発電機などのような回転機械は，回転角速度の変動をできるだけ少なくして運転しなければならない場合が非常に多いので，はずみ車がしばしば利用されている．

以下に，はずみ車の慣性モーメントの大きさと角速度の変動率の関係を調べよう．時刻 t_1，t_2 での角速度をそれぞれ最小値 ω_1，最大値 ω_2 および回転角を θ_1，θ_2 として，式(6.22)の第1式の両辺を回転角 θ に関して θ_1 から θ_2 まで積分する．

$$\Delta W = \int_{\theta_1}^{\theta_2} (N_D - N_L) d\theta = \int_{\theta_1}^{\theta_2} J \frac{d\omega}{dt} d\theta = J \int_{t_1}^{t_2} \frac{d\omega}{dt} \frac{d\theta}{dt} dt = J \int_{\omega_1}^{\omega_2} \omega d\omega$$
$$= \frac{1}{2} J(\omega_2^2 - \omega_1^2) \tag{6.23}$$

上式から，θ_1 から θ_2（ω_1 から ω_2）の間にトルク $N_D - N_L$ がなした仕事 ΔW は，その間におけるはずみ車の運動エネルギーの増加量に等しいことがわかる．このように，大きな慣性モーメントをもつはずみ車は，ΔW の変動を運動エネルギーの形で吸収して角速度の変動を抑えるのである．逆に，角速度が最大値 ω_2 から最小値 ω_1 まで減少する範囲では，はずみ車は運動エネルギーを放出する．

角速度の平均値 ω_m と角速度の変動の尺度である速度変動率 δ を，次式のように定義する．

$$\omega_m = \frac{1}{2}(\omega_1 + \omega_2), \quad \delta = \frac{\omega_2 - \omega_1}{\omega_m} \tag{6.24}$$

このとき，はずみ車の慣性モーメントと速度変動率との間の関係は，

$$\delta = \frac{\Delta W}{J\omega_m^2} \tag{6.25}$$

となる．回転機械は，その用途に応じて速度変動率 δ が規定される．したがって，ΔW がわかれば，上式から使用すべきはずみ車の慣性モーメント J が計算される．

例題 6.6 図 6.8 のように，半径 a，質量 m の円板が一定角速度 ω で回転している．この円板の外周上に，押し付け力 F でブロックを押し付けた．円板とブロックの間の動摩擦係数を μ として，ブロックの押し付け開始から円板が静止するまでの円板の回転角 θ を求めよ．

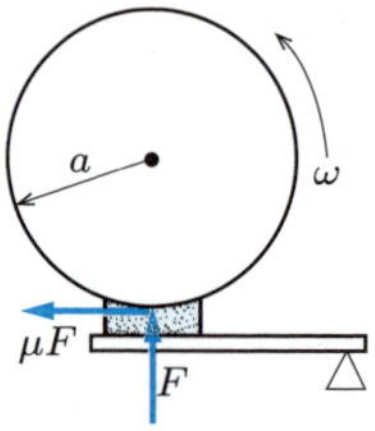

図 6.8

解 円板がはじめにもっていた運動エネルギーが，摩擦力によって消費されたエネルギーに等しくなったときに，円板は静止する．円板の外周上の円周方向に摩擦力 μF がはたらく．したがって，$J\omega^2/2 = \mu F a\theta$．ここに，$J = ma^2/2$．ゆえに，$\theta = ma\omega^2/4\mu F$ [rad]．この間に摩擦力によって消費されたエネルギーは，回収不可能な熱となって散逸してしまう．

例題 6.7 図 6.9 のように，半径 a，質量 m の円柱コロが x 方向に滑ることなく転がっている．コロの運動エネルギー T を求めよ．

解 コロは剛体であるから，重心 G の並進運動と重心まわりの回転運動を行う．回転軸（慣性主軸）まわりの慣性モーメントは $J = ma^2/2$ である．重心の x 方向速度を $\dot{x}$，コロの回転角速度を $\dot{\theta}$ とすると，滑らない条件から，$\dot{x} = a\dot{\theta}$．ゆえに，運動エネルギー T は次式となる．

$$T = \frac{1}{2}m\dot{x}^2 + \frac{1}{2}J\dot{\theta}^2 = \frac{3}{4}m\dot{x}^2$$

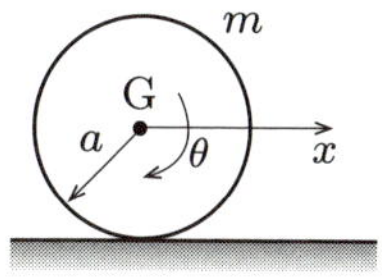

図 6.9

例題 6.8 図 5.17 の物理振子が質量 m，長さ l，直径 d の円柱棒のとき，運動エネルギー T を求めよ．

解 静止座標系 O-xy を図 5.17 のように設定し，円柱棒と x 軸の間の角度を θ，重心の位置を (x, y) とする．円柱棒の重心まわりの慣性モーメントは表 5.1 (e)から，$J = m(d^2/16 + l^2/12)$ であることがわかる．重心の位置を θ で表すと，$x = (l/2)\cos\theta$，$y = (l/2)\sin\theta$．微分して，$\dot{x} = -(l/2)\dot{\theta}\sin\theta$，$\dot{y} = (l/2)\dot{\theta}\cos\theta$．ゆえに，運動エネルギー T は次式となる．

$$T = \frac{1}{2}m(\dot{x}^2 + \dot{y}^2) + \frac{1}{2}J\dot{\theta}^2 = \frac{1}{2}m\left(\frac{d^2}{16} + \frac{l^2}{3}\right)\dot{\theta}^2$$

なお，円柱棒の点 O まわりの慣性モーメント I_z は，平行軸の定理から $I_z = J + m(l/2)^2 = m(d^2/16 + l^2/3)$ であるので，これから直接 $T = I_z\dot{\theta}^2/2$ と考えてもよい．

例題 6.9 図 6.10 のように，一定角速度 ω で回転する半径 a の円板の外周上の一点に，長さ l の単振子が取り付けられている．質量 m の質点の運動エネルギー T を図中の角度 ϕ，θ を用いて求めよ．

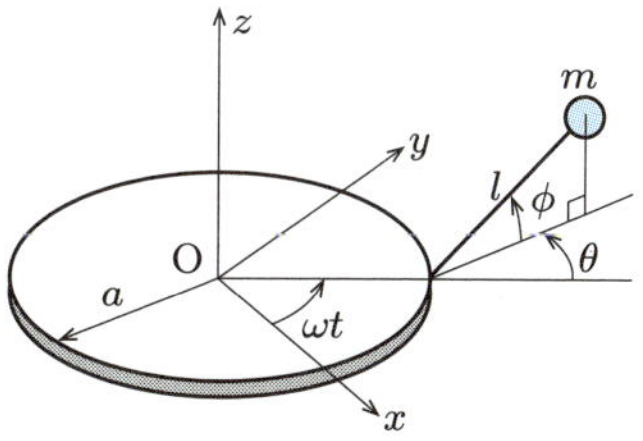

図 6.10

解 静止座標系 O-xyz から見た質点の座標を (x, y, z) とすると，$T = \dfrac{1}{2}m(\dot{x}^2 + \dot{y}^2 + \dot{z}^2)$．質点の座標を角度 ϕ，θ を用いて書き表すと，

$$x = a\cos\omega t + l\cos\phi\cos(\omega t + \theta)$$

$$y = a\sin\omega t + l\cos\phi\sin(\omega t + \theta)$$

$$z = l\sin\phi$$

となる．ゆえに，運動エネルギー T は次式となる．

$$T = \frac{1}{2}m\{l^2\dot{\phi}^2 + l^2(\omega+\dot{\theta})^2\cos^2\phi + a^2\omega^2 - 2a\omega l\dot{\phi}\sin\phi\sin\theta + 2a\omega l(\omega+\dot{\theta})\cos\phi\cos\theta\}$$

6.3 ポテンシャルエネルギー

物体に作用する力が物体の位置のみによって定められる空間を，**力の場**（field of

force）とよぶ．式(6.5)の仕事 W が積分経路に無関係で，積分の始点と終点のみに依存する量となるとき，この力 $\boldsymbol{F}$ をとくに**保存力**（conservative force）という．したがって，保存力が作用する質点が任意の閉軌道に沿って運動して元に戻るとき，$W=0$ となる．このような力の場を**保存系**（conservative system）とよぶ．図 6.11 のように，力が保存力であれば，質点が点 1（位置ベクトル $\boldsymbol{r}_1$）から点 2（$\boldsymbol{r}_2$）まで移動する間に力のなす仕事は運動の経路に無関係となり，質点の位置のみで決まる量となる．

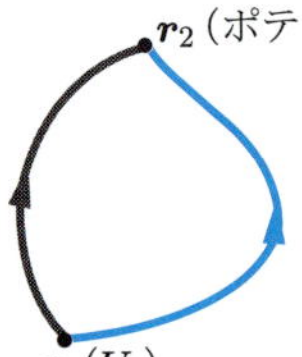

図 6.11

いま，力 $\boldsymbol{F}=\{X,Y,Z\}$ が位置のみの関数で表される場合を考える．$d\boldsymbol{r}$ の移動にともなって $\boldsymbol{F}$ がなす微小仕事 $dW=\boldsymbol{F}\cdot d\boldsymbol{r}$ が，次式のように x，y，z の関数 $U(x,y,z)$ の全微分の形で表されるとしよう．

$$\begin{aligned} dW &= \boldsymbol{F}\cdot d\boldsymbol{r} = X(x,y,z)dx + Y(x,y,z)dy + Z(x,y,z)dz \\ &= -dU(x,y,z) \end{aligned} \tag{6.26}$$

上式を積分すると，仕事 W は次のようになる．

$$\begin{aligned} W &= \int_{\boldsymbol{r}_1}^{\boldsymbol{r}_2} \boldsymbol{F}\cdot d\boldsymbol{r} = \int_{\boldsymbol{r}_1}^{\boldsymbol{r}_2} \{X(x,y,z)dx + Y(x,y,z)dy + Z(x,y,z)dz\} \\ &= -\int_{U_1}^{U_2} dU(x,y,z) = -(U_2 - U_1) \end{aligned} \tag{6.27}$$

すなわち，式(6.26)のように仮定すると，力 $\boldsymbol{F}$ のなす仕事を表す位置 $\boldsymbol{r}_1$ から $\boldsymbol{r}_2$ の間の経路に沿った線積分 $\displaystyle\int_{\boldsymbol{r}_1}^{\boldsymbol{r}_2} \boldsymbol{F}\cdot d\boldsymbol{r}$ は，運動の経路によらず，関数 U の始点 $\boldsymbol{r}_1$ と終点 $\boldsymbol{r}_2$ における値 U_1 と U_2 にのみ依存する．この U を**ポテンシャルエネルギー**（potential energy），または**位置エネルギー**という．このとき，$dU=\dfrac{\partial U}{\partial x}dx+\dfrac{\partial U}{\partial y}dy+\dfrac{\partial U}{\partial z}dz$ だから，この式と式(6.26)を比較して，保存力 X，Y，Z は次のように求められる．

$$X=-\frac{\partial U}{\partial x},\quad Y=-\frac{\partial U}{\partial y},\quad Z=-\frac{\partial U}{\partial z} \tag{6.28}$$

このように，保存力はポテンシャルエネルギー U（の勾配）から導かれる．力 $\boldsymbol{F}$ が保存力のとき，U は座標 x，y，z のみの関数である．これを拡張し，一般に U が時間 t を含む場合にも力 X，Y，Z が式(6.28)から導かれるとき，関数 $U(x,y,z,t)$ を

力 $\boldsymbol{F}$ のポテンシャル（potential）とよぶ．

力が保存力であるときの式(6.27)の結果を，質点，質点系および剛体に適用してみよう．まず，質点の場合の式(6.10)に式(6.27)の W を代入すると，時刻 t_1，t_2 は任意にとれるので，次式を得る．

$$T_1 + U_1 = T_2 + U_2 = E = 一定 \tag{6.29}$$

ここに，E は質点の運動エネルギーとポテンシャルエネルギーの和，すなわち，力学的エネルギーである．上式は，保存力場で運動する質点の運動エネルギーとポテンシャルエネルギーの和は常に一定であることを表しており，これは力学的エネルギー保存の法則（law of conservation of mechanical energy）とよばれる．しかし，摩擦力などの非保存力が作用すると，力学的エネルギー保存の法則は成り立たなくなる．

質点系の内力 $\boldsymbol{F}_{ij}$（ただし，$\boldsymbol{F}_{ii} = \boldsymbol{0}$）がポテンシャル U から導かれるとき，

$$\sum_{i=1}^{N}\sum_{j=1}^{N}\int_{\boldsymbol{r}_{i1}}^{\boldsymbol{r}_{i2}} \boldsymbol{F}_{ij}\cdot d\boldsymbol{r}_i = -U_2 + U_1 \tag{6.30}$$

と表せるので，式(6.13)は次式となる．

$$\sum_{i=1}^{N}\int_{\boldsymbol{r}_{i1}}^{\boldsymbol{r}_{i2}} \boldsymbol{F}_i\cdot d\boldsymbol{r}_i = \sum_{i=1}^{N}\int_{t_1}^{t_2} \boldsymbol{F}_i\cdot \frac{d\boldsymbol{r}_i}{dt}dt = (T_2 + U_2) - (T_1 + U_1) = E_2 - E_1 \tag{6.31}$$

ここに，$E_1 = T_1 + U_1$，$E_2 = T_2 + U_2$ とおいている．

上式から，運動している質点系の，ある時間内における力学的エネルギーの増加は，その間に外力がなした仕事の総和に等しいことがわかる．もし，外力が作用しない場合（$\boldsymbol{F}_i = \boldsymbol{0}$）には，力学的エネルギーは保存される（$E_1 = E_2$）．

剛体のように質点間の距離が不変であるとき，内力の仕事の総和は 0 なので，運動している剛体の，ある時間内における運動エネルギーの増加は，その間に外力のなした仕事の和に等しいということになる．

いくつか例を示そう．図 6.12 のばねの一端に，質量 m の質点が取り付けられている．ばねのばね定数を k とし，自然長から x だけ伸びたときを考えよう．そのとき，ばねから質点に作用する復元力 $X = -kx$ は，常に伸びのない元の位置に戻ろうとする向きにはたらく保存力である．したがって，ポテンシャルエネルギー U は，$Y = Z = 0$ とおいた式(6.26)から，次式となる．

$$U = -\int_0^x X dx = \int_0^x kx dx = \frac{1}{2}kx^2 \tag{6.32}$$

また，質点の運動エネルギー T は，$T = \dfrac{1}{2}m\dot{x}^2$ である．外力が作用せず，摩擦力などの非保存力がないとすると，力学的エネルギー保存の法則は次式で与えられる．

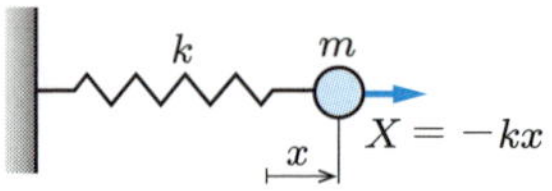

図 6.12

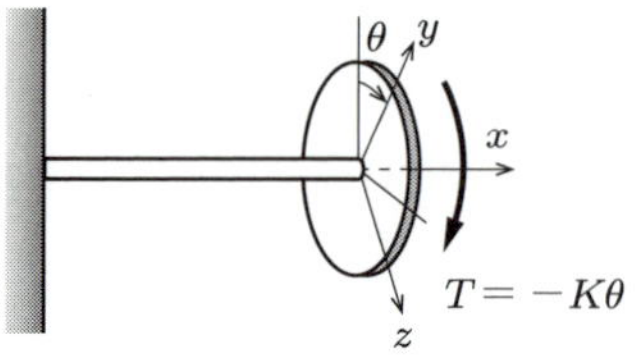

図 6.13

$$\frac{1}{2}m\dot{x}^2 + \frac{1}{2}kx^2 = T + U = E = 一定 \tag{6.33}$$

上式の両辺を時間について微分すると，$m\dot{x}\ddot{x} + kx\dot{x} = 0$ となる．ゆえに，振動中は常に $\dot{x} = 0$ ではないので，次の運動方程式を得る．

$$m\ddot{x} + kx = 0 \tag{6.34}$$

逆に，式(6.33)は，上式のエネルギー積分とよばれる．

図 6.13 のように，細長い棒の一端が固定され，他端に大きな円板が取り付けられている．円板が元の状態から x 軸まわりに θ だけ回転したとき，棒から円板に作用する復元トルクは $T = -K\theta$ であり，棒のねじりのない元の状態に戻ろうとする向きにはたらく．ここに，K は棒のねじりばね定数である．したがって，棒に蓄積されるポテンシャルエネルギーは次式となる．

$$U = -\int_0^\theta T d\theta = \int_0^\theta K\theta d\theta = \frac{1}{2}K\theta^2 \tag{6.35}$$

また，円板の x 軸まわりの慣性モーメントを J，運動エネルギーを改めて T とおくと，式(6.21)から，$T = \frac{1}{2}J\dot{\theta}^2$ である．

例題 6.10 ポテンシャルエネルギーが 2 倍になると，ばねの伸び（または縮み）は何倍になるか．また，ばねの伸びが 2 倍になると，ポテンシャルエネルギーは何倍になるか．

解 例題 6.4 と同様に考えて，$\sqrt{2}$ 倍および 4 倍．

例題 6.11 重力場で，質量 m の質点の位置エネルギー U を求めよ．

解 重力の向きと逆向きに z 軸をとる．質点に作用する z 軸方向の重力は，$Z = -mg$ である．したがって，基準点 $z = 0$ からの質点の z 軸方向の位置を z とすれば，次のようになる．

$$U = -\int_0^z Z dz = mgz$$

例題 6.12 揚水発電所では，電力需要の多い昼間はダムの水で発電し，夜間は原子力発電所などの余剰電力を利用して，ダムから落ちた水をポンプで再び汲み上げる．いま，毎時

$1500\,\mathrm{m}^3$ の水を $h = 50\,\mathrm{m}$ 上のダムに汲み上げるのに必要なポンプの動力 P を求めよ．

解 水の密度を $\rho = 10^3\,\mathrm{kg/m^3}$，流量を $V = 1500\,\mathrm{m^3/h} = 1500/3600\,\mathrm{m^3/s}$ とすると，$P = \rho V g h = 10^3 \cdot (1500/3600) \cdot 9.8 \cdot 50\,\mathrm{W} = 204\,\mathrm{kW}$ となる．

例題 6.13 図 6.14 のように，サーカスで大輪上をバイクが走っている．大輪は，垂直におかれた半径 $R = 5\,\mathrm{m}$ の円形とする．このバイクが駆動力を与えずに完全に 1 回転できるための，大輪最下位での速度 V の条件を求めよ．ただし，人が乗ったバイクの重心位置は，タイヤ接地点から $r = 0.5\,\mathrm{m}$ 上にある．

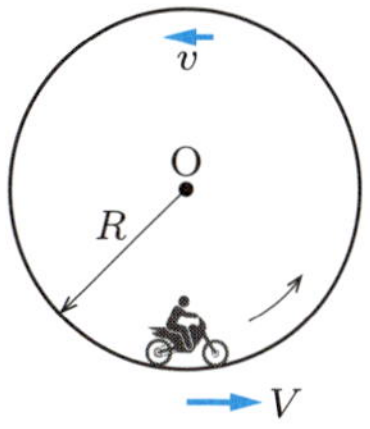

図 6.14

解 大輪最上位でもバイクが大輪から離れないためには，バイクにはたらく下向きの重力が上向きの遠心力よりも小さくなければならない．バイクを質点とし，その質量を m，大輪最上位，最下位でのバイクの速度をそれぞれ v，V とすると，$mv^2/(R-r) \geq mg$．ゆえに，$v^2 \geq g(R-r)$ となる．力学的エネルギー保存の法則から，$mV^2/2 = mv^2/2 + 2mg(R-r)$．したがって，$V^2 = v^2 + 4g(R-r) \geq 5g(R-r)$．ゆえに，次式となる．

$$V \geq \sqrt{5g(R-r)} = 14.8\,\mathrm{m/s}$$

例題 6.14 図 6.15 のように，水平におかれた円板が中心点 O を回転軸として角速度 ω で回転している．円板の上には，自然長 l，ばね定数 k のばねの一端が円板の中心に固定され，他端に質量 m の質点が取り付けられている．質点は，半径方向のみの移動が可能になるように拘束されている．質点の運動エネルギー T とばねのポテンシャルエネルギー U を求めよ．

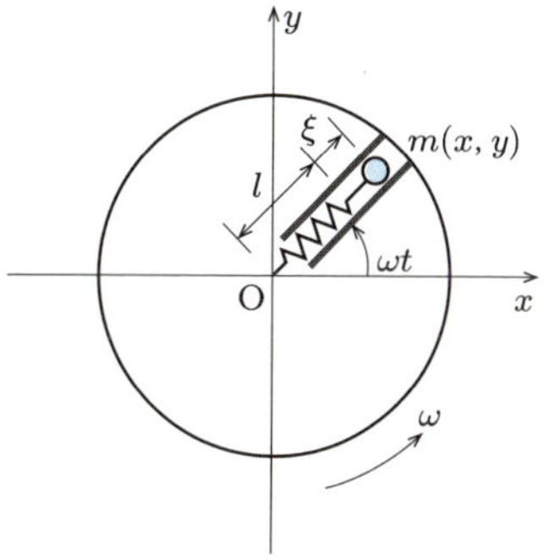

図 6.15

解 静止座標系 O-xy から見た質点の座標を (x, y)，質点の自然長からの変位を ξ とすると，

$$x = (\xi + l)\cos\omega t, \quad y = (\xi + l)\sin\omega t$$

の関係がある．したがって，次のようになる．

$$T = \frac{1}{2}m(\dot{x}^2 + \dot{y}^2) = \frac{1}{2}m\{\dot{\xi}^2 + \omega^2(\xi + l)^2\}, \quad U = \frac{1}{2}k\xi^2$$

演習問題［6］

6.1 図 6.16 に示すように，質量 m，半径 a の球が初速度 0 から斜面を滑ることなく転がるとき，高さにして $h = 5\,\mathrm{m}$ だけ下がったところでの球の斜面に沿った速度を求めよ．

6.2 人が自転車のペダルを踏んで一定速度で走行している．図 6.17 は，そのときのスプロケットとタイヤの様子を表している．スプロケット A の半径を a，スプロケット B の半径を

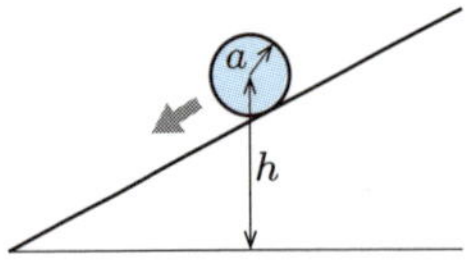

図 6.16

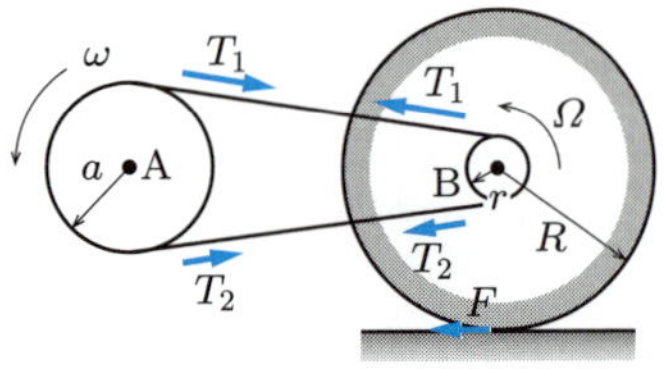

図 6.17

r，タイヤの半径を R とする．A は一定角速度 ω で回転しており，質量が無視できるチェーンの張り側，ゆるみ側の張力はそれぞれ T_1，T_2 $(T_1 > T_2)$ とする．自転車を前進させる力 F および人の動力 P を，T_1，T_2 を用いて表せ．

6.3 図 6.18 のように，垂直におかれた半径 $R = 5\,\mathrm{m}$ の円周上を半径 $r = 0.25\,\mathrm{m}$ の球が滑ることなく転がる．球が円周上を完全に 1 回転できるための，球の最下位での速度 V の条件を求めよ．

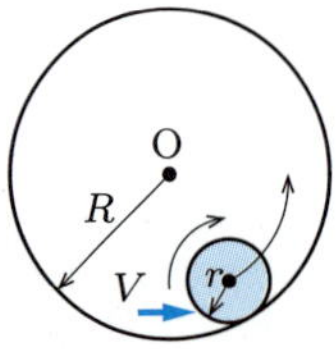

図 6.18

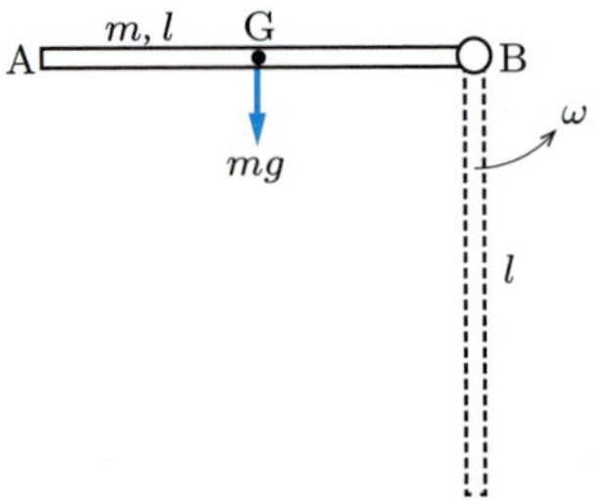

図 6.19

6.4 例題 5.14 の系の運動エネルギーを求めよ．

6.5 x だけ伸びると，$X = -\alpha x - \beta x^3$ の復元力を発生するばねがある．このばねのポテンシャルエネルギー U を求めよ．ただし，α，β は定数である．

6.6 質量 m の球が速さ v で壁に正面衝突し，跳ね返った．球と壁との反発係数を e とする．衝突によって消費されたエネルギーを求めよ．

6.7 例題 5.16 で消費されたエネルギーを求めよ．

6.8 人間の棒高跳びの記録はどこまで伸びるのかを，力学的エネルギー保存の法則を用いて議論せよ．基本条件として，選手の質量 $M = 80\,\mathrm{kg}$，棒の質量 $m = 5\,\mathrm{kg}$，棒の長さ $l = 5\,\mathrm{m}$，跳躍直前での速度を $v = 10\,\mathrm{m/s}$，この瞬間の地表からの選手および棒の重心の高さを $h = 1\,\mathrm{m}$ とする．

6.9 図 6.19 のように，支点 B まわりに回転できる質量 m，長さ l の一様な棒が水平に支持されている．いま，点 A の支持を取り外した．棒が支点 B の鉛直真下に来たときの角速度 ω を求めよ．重力加速度を g とする．

第 7 章
解析力学の基礎

物体の運動方程式を導くために，これまでは加速度と外力，内力および拘束力のベクトル成分を求めて，ニュートンの第 2 法則を適用した．しかし，ニュートンの第 2 法則のように，大きさと向きとをもつベクトルを用いて複雑な動力学系の運動方程式を導くこと（ベクトル力学）は，間違いを起こしやすい．しかも，得られた運動方程式が拘束力を含む場合，その解析は一般に困難である．なぜなら，拘束力は運動が決定されて初めて求められるからである．

本章では，上記の問題点を解決するために，質点系を構成する N 個の質点の運動方程式が，未知の拘束力を含まない微分方程式の形で得られるラグランジュの運動方程式の導出方法について述べる．その基礎となるものは，仮想仕事の原理およびダランベールの原理である．

7.1 自由度

図 7.1 に示すように，拘束力を受ける N 個の質点から構成される質点系を取り扱うための基準座標系として静止直交座標系 O-xyz を用い，第 i 番目の質点の質量を m_i，位置ベクトルを $\boldsymbol{r}_i = \{x_i, y_i, z_i\}$，この質点に作用する内力と外力の合力を $\boldsymbol{F}_i = \{X_i, Y_i, Z_i\}$ とする．さらに，系には次の関数で表されるお互いに独立な合わせて $p\ (< 3N)$ 個の拘束条件が存在するものとする．

$$h_j(\boldsymbol{r}_1, \boldsymbol{r}_2, \ldots, \boldsymbol{r}_N) = 0, \quad j = 1, \ldots, p \tag{7.1a}$$

あるいは，

$$h_j(\boldsymbol{r}_1, \boldsymbol{r}_2, \ldots, \boldsymbol{r}_N, t) = 0, \quad j = 1, \ldots, p \tag{7.1b}$$

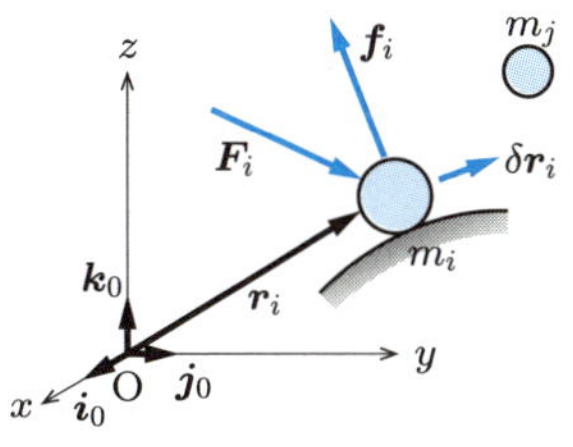

図 7.1

これらの拘束条件によって第 i 番目の質点に生じる拘束力を $\boldsymbol{f}_i$ とする．

拘束条件が，式(7.1)のように位置ベクトルと時間のみで表される形に変換される系を**ホロノーム系**（holonomic system）という．ここではホロノーム系のみを取り扱う．ホロノーム系には，拘束条件が式(7.1a)のように時間 t を陽に含まない系と，式(7.1b)のように時間 t を陽に含む系とがある．

任意の時刻における力学系の位置，姿勢を一義的に表すために必要な最小の変数の数を**自由度**（degree-of-freedom）とよぶ．空間におかれた拘束のない1つの質点の自由度は，静止直交座標系の x，y，z 方向の並進運動が可能であるから3，1つの剛体の自由度は，x，y，z 方向の並進運動と x，y，z 軸まわりの回転運動を合わせて6である．N 個の質点系に式(7.1)で表される独立な拘束条件が合わせて p 個あれば，質点系の自由度は p 個減少するので，$n = 3N - p$ 個の自由度をもつ系となる．このような動力学系を n 自由度系とよび，$n \geq 2$ の自由度をもつ系を多自由度系と総称する．

例題 7.1　図7.2に示す長さ l の単振子の，xy 平面内振動の自由度はいくらか．

解　質点の座標は静止座標系 O-xyz で (x, y, z) の3個，拘束条件は $z = 0$，$x^2 + y^2 = l^2$ の2個だから，自由度 $= 3 - 2 = 1$．ここで，拘束力は糸からの張力 T である．

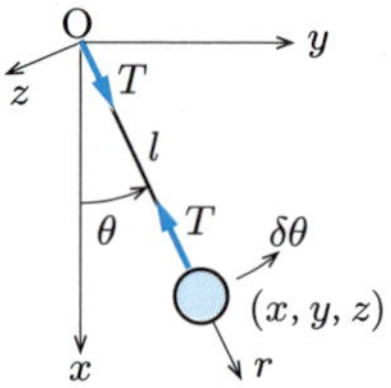

図 7.2

7.2 仮想仕事の原理

図7.1に示すような，与えられた拘束条件を満たす各質点の任意の微小な変位を**仮想変位**（virtual displacement）とよび，$\delta\boldsymbol{r}_i = \{\delta x_i, \delta y_i, \delta z_i\}$ で表す．各質点が動いている場合には，この仮想変位は，各瞬間瞬間において時間を止めて，拘束条件を常に満足するように仮想的に考えるものとする．したがって，$\boldsymbol{v}_i$ を速度ベクトルとすると，仮想変位 $\delta\boldsymbol{r}_i$ は微小時間 dt 内に実際に生じる変位 $d\boldsymbol{r}_i = \boldsymbol{v}_i dt$ とは異なっている．また，この微小な仮想変位によって質点に作用する力は変化しないものとする．

いま，質点系が拘束力を除く内力と外力（以後，両者をあわせて単に外力とよぶ）$\boldsymbol{F}_i$ と拘束力 $\boldsymbol{f}_i$ を受けて静的平衡状態にあるとする†．そのとき，次式が成り立つ．

$$\boldsymbol{F}_i + \boldsymbol{f}_i = \boldsymbol{0} \quad ここに，i = 1, \ldots, N \tag{7.2}$$

この静的なつり合い状態での各質点の位置ベクトルを $\boldsymbol{r}_1, \ldots, \boldsymbol{r}_N$ とし，この位置か

† 式(4.22)の右辺では，$\boldsymbol{F}_i$ が外力，$\sum_{j=1}^{N} \boldsymbol{F}_{ij}$ が内力を表していた．ここでは，これらの中で拘束力以外の力の和を単に $\boldsymbol{F}_i$ で表し，さらに質点系内の質点が拘束を受けていることを強調するために，拘束力 $\boldsymbol{f}_i$ を $\boldsymbol{F}_i$ とは区別している．

ら仮想変位 $\delta \boldsymbol{r}_1, \ldots, \delta \boldsymbol{r}_N$ を考える．質点系に作用する力がこの仮想変位によってなす仕事の総和 δW を，**仮想仕事**（virtual work）とよぶ．すなわち，式(7.2)から，

$$\delta W = \sum_{i=1}^{N} (\boldsymbol{F}_i + \boldsymbol{f}_i) \cdot \delta \boldsymbol{r}_i = 0 \tag{7.3}$$

となり，静的平衡にある質点系の仮想仕事は 0 となる．さらに，拘束条件を満たす仮想変位に対して，拘束力 $\boldsymbol{f}_i$ は仮想仕事をしないとする．すなわち，

$$\sum_{i=1}^{N} \boldsymbol{f}_i \cdot \delta \boldsymbol{r}_i = 0 \tag{7.4}$$

とおく．ここでは，このような拘束を「滑らかな拘束」と総称する．たとえば，質点が摩擦のない滑らかな線や面上を運動するとき，拘束力は必ずその線や面に垂直である．一方，拘束条件を満たす仮想変位は線や面に平行（拘束力と垂直）なので，結果的に拘束力のなす仮想仕事は 0 となる．滑りのない転がりのみが許される面からの反力，2 つの質点の間の距離が不変となるように結合（剛結合）された系の内力，伸びない糸にかかる張力，剛体内の内力など，式(7.4)を満たす拘束力は多く見受けられる．

式(7.4)を式(7.3)に代入すると，次式を得る．

$$\delta W = \sum_{i=1}^{N} \boldsymbol{F}_i \cdot \delta \boldsymbol{r}_i = \sum_{i=1}^{N} (X_i \delta x_i + Y_i \delta y_i + Z_i \delta z_i) = 0 \tag{7.5}$$

式(7.5)は，質点系が静的な平衡状態から拘束条件のもとで任意の仮想変位を行うときに外力のなす仮想仕事は 0 であること，すなわち，質点系が静的につり合っているための条件は仮想仕事が 0 であることを意味している．これを**仮想仕事の原理**（principle of virtual work）という．

このように，滑らかな拘束を受ける質点系では，仮想仕事の中には拘束力 $\boldsymbol{f}_i$ はまったく現れないので，仮想仕事の原理を用いて静的平衡状態を直接求めることができる．ただし，この方法では拘束力を求めることはできない．一方，式(7.2)から静的平衡を考えるベクトル力学の場合には，滑らかな拘束を受ける場合であっても，この未知の拘束力を常に考慮する必要がある．

例題 7.2　以下の拘束力のなす仮想仕事 δW は 0 であることを示せ．

（1）固定された水平床におかれた物体が床から受ける垂直抗力 N

（2）図 7.2 の単振子の糸が伸びないときの拘束力としての張力 T

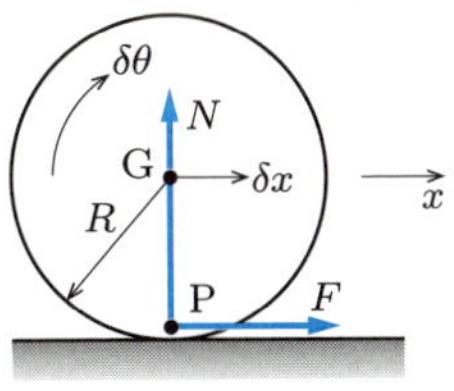

図 7.3

（3）図 7.3 の面上を滑ることなく転がる球が面から受ける拘束力としての反力

解（1）物体は拘束条件から垂直方向には仮想変位できないが，水平面内では仮想変位が可能である．この変位は垂直抗力 N と垂直であるので，垂直抗力のなす仮想仕事は $\delta W = 0$ である．

（2）質点は拘束条件から r 方向には仮想変位できないが，θ 方向に仮想変位 $\delta\theta$ が可能である．この仮想変位 $\delta\theta$ は張力 T と垂直であるので，張力のなす仮想仕事は $\delta W = 0$ である．

（3）反力は垂直抗力 N と摩擦力 F に分解される．球の半径を R，仮想変位を球の中心 G の変位 δx と G まわりの角変位 $\delta\theta$ とする．これらの仮想変位はお互いに独立ではない．滑らないという拘束条件 $x = R\theta$ から，$\delta x = R(\theta + \delta\theta) - R\theta = R\delta\theta$ である†．拘束力の作用する点 P の仮想変位は $\delta x_P = \delta x - R\delta\theta = 0$ であるから，F のなす仮想仕事は 0 である．一方，（1）から N は δx と垂直であるから，仮想仕事をしない．したがって，これらの力のなす仮想仕事の総和は 0 である．

例題 7.3　図 7.4 のくさび（くさび角 α）に水平方向の力 P を加えるとき，これとつり合う下向きの力 Q を求めよ．

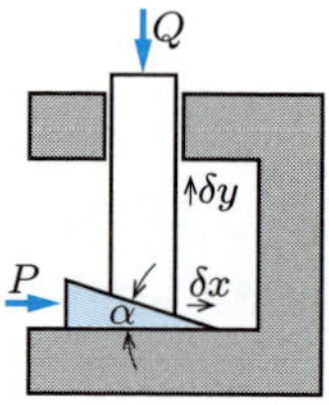

図 7.4

解　リンク間に摩擦が作用しないとすると滑らかな拘束となり，拘束力を考慮する必要はない．くさびを δx だけ押し込むとき，剛体リンクの上端が上方向へ δy 変位したとすれば，P による仮想仕事は $P\delta x$，Q による仮想仕事は $-Q\delta y$（Q と δy の向きが逆）だから，仮想仕事の原理から $P\delta x - Q\delta y = 0$ が成り立つ．ところが，拘束条件は $y = x\tan\alpha$，したがって，$\delta y = (x+\delta x)\tan\alpha - x\tan\alpha = \delta x \tan\alpha$ だから，$(P - Q\tan\alpha)\delta x = 0$ が得られる．任意の δx に対して上式が成り立つ条件から，静的平衡条件 $Q = P/\tan\alpha$ を得る．

7.3 一般化座標

拘束条件がある場合，その拘束条件を満たす仮想変位 $\delta \boldsymbol{r}_i$ を各質点の直交座標を用いて表すことがよいとは限らないし，質点系の各質点の位置を表すのに，常にこのような直交座標を用いる必要もない．一般に，ホロノーム系においては，あらかじめ拘束条件を考慮することにより，系の自由度の数に等しい個数の変数で系の状態を一義的に記述することができる．いま，系の自由度を n とするとき，一義的に系の位置と姿勢を表すことのできる，この n 個の変数を**一般化座標**（generalized coordinate）といい，$q_1, \ldots, q_n$ で表す．そこで，あらかじめ拘束条件を満足するように一般化座標とその仮想変位を選んでおけば，それらの変数に対する仮想変位はお互いに独立とな

† 座標 (x, y, z) および時間 t の任意の関数である $U(x, y, z, t)$ の，ある時刻 t の瞬間における変化分（変分）は，以下の式から求められる．

$$\delta U(x,y,z,t) = U(x+\delta x, y+\delta y, z+\delta z, t) - U(x,y,z,t) = \frac{\partial U}{\partial x}\delta x + \frac{\partial U}{\partial y}\delta y + \frac{\partial U}{\partial z}\delta z$$

この関係を用いて，拘束条件を満たす仮想変位間の関係が求められる．

りたいへん便利である．一般化座標は必ずしも長さの次元をもつ必要はなく，角度であってもよい．しかも，一般化座標の選び方は一意ではなく，いく通りもあり得るので，与えられた問題に最適なものを選ぶことが重要である．たとえば，糸がたるんだり伸びたりしない図 7.2 の単振子の面内振動は 1 自由度系であるので，図の θ を一般化座標に選ぶことにより，拘束条件を意識する必要はなくなる．

例題 7.4 図 7.5 に示す鉛直面内におかれた半径 a の滑らかな半円状の円輪に，質量のない中心角 90° の剛体円弧管がはめ込まれ，その両端に質量 m_1，m_2 の 2 つの質点が拘束されているときの静的平衡位置を求めよ．

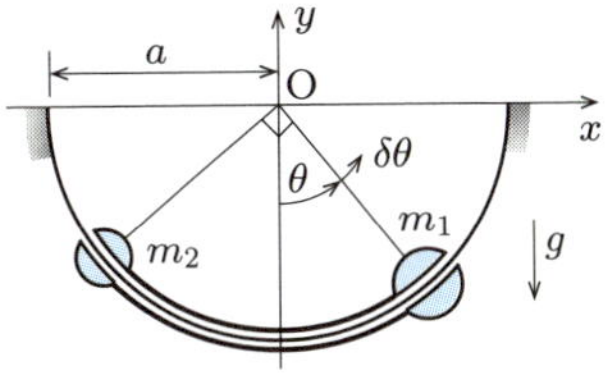

図 7.5

解 質点の自由度 3×2 個 $=6$ に対して，鉛直面内の拘束と半径 a の円周上の拘束で 4 個，および 2 質点間の距離の拘束 1 個を含めて拘束条件が計 5 個あるから，この系の自由度は $6-5=1$ である．したがって，1 つの一般化座標として図の θ をとる．この θ に対して仮想変位 $\delta\theta$ を考えると，滑らかな円輪からの拘束力，および剛体円弧管と質点の間の拘束力のなす仮想仕事は考慮する必要はなく，垂直方向の重力のなす仮想仕事のみを考えればよい．

いま，質点の垂直方向座標を y_i $(i=1,2)$ とすると，$y_1=-a\cos\theta$，$y_2=-a\sin\theta$ の関係から，一般化座標 θ に対する微小な仮想変位 $\delta\theta$ と座標 y_1，y_2 の拘束条件を満たす仮想変位との間の関係として，次式を得る†．

$$\delta y_1=-a\cos(\theta+\delta\theta)+a\cos\theta=-a(\cos\theta-\delta\theta\sin\theta)+a\cos\theta=a\delta\theta\sin\theta$$

$$\delta y_2=-a\delta\theta\cos\theta$$

よって，仮想仕事の原理は，次式で表される．

$$-m_1g\delta y_1-m_2g\delta y_2=(-m_1\sin\theta+m_2\cos\theta)ga\delta\theta=0$$

任意の $\delta\theta$ に対してこの式が成り立つ条件 $\tan\theta=m_2/m_1$ から，平衡位置 θ が求められる．

例題 7.5 図 7.6 のように固定した滑らかな半径 a の半球殻の内側に，質量 m，長さ $2l$ の一様でまっすぐな棒が寄りかかっているときの，棒の平衡位置および半球殻からの垂直抗力 R_1，R_2 を，（1）仮想仕事の原理と（2）ベクトル力学を用いて求めよ．

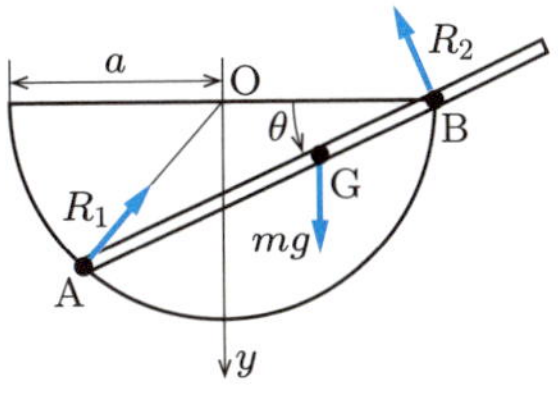

図 7.6

解 （1）仮想仕事の原理：滑らかな拘束であるので，拘束力 R_1，R_2 は接触面に垂直である．したがって，拘束力は拘束条件を満たす仮想変位に対しては仕事をしないので，考慮する必要はない．図のように座標系をとり，平衡位置を一般化座標 θ を用いて求める．外力として y 方向の重力を考慮すればよい．$\overline{\mathrm{AB}}=2a\cos\theta$，$\overline{\mathrm{BG}}=2a\cos\theta-l$ だから，点 G の y 座標を y とおくと，$y=(2a\cos\theta-l)\sin\theta$ となる．よって，拘束条件を満たす y 方向の仮想変位 δy は，

$$\delta y=(2a\cos\theta-l)\cos\theta\cdot\delta\theta-2a\sin^2\theta\cdot\delta\theta=(4a\cos^2\theta-l\cos\theta-2a)\delta\theta \qquad \text{(a)}$$

† $\delta\theta$ は微小なので，$\sin\delta\theta\approx\delta\theta$，$\cos\delta\theta\approx 1$ である（付録 IV 参照）．

となる．したがって，仮想仕事の原理から，

$$\delta W = mg\delta y = mg(4a\cos^2\theta - l\cos\theta - 2a)\delta\theta = 0 \tag{b}$$

となる．ゆえに，式(b)が任意の $\delta\theta$ に対して成り立つ条件から，次式を得る．

$$4a\cos^2\theta - l\cos\theta - 2a = 0 \tag{c}$$

式(c)から平衡位置 θ が求められる．ただし，拘束力 R_1，R_2 を仮想仕事の原理から求めることはできない．

（2）ベクトル力学：拘束力 R_1，R_2 をも同時に考慮して，静的つり合いを考える．

垂直方向の力のつり合い：$mg = R_1\sin 2\theta + R_2\cos\theta$ (d)

水平方向の力のつり合い：$R_1\cos 2\theta = R_2\sin\theta$ (e)

点Bまわりのモーメントのつり合い：$2a\cos\theta\cdot R_1\sin\theta = mg\cos\theta(2a\cos\theta - l)$ (f)

式(d)，(e)から，

$$R_1 = mg\tan\theta, \quad R_2 = \frac{mg\cos 2\theta}{\cos\theta} \tag{g}$$

となる．上式を式(f)に代入すると，式(c)を得る．解 θ が求められれば，式(g)から拘束力 R_1，R_2 が求められる．

7.4 ダランベールの原理

N 個の質点系にニュートンの第2法則を適用すると，運動方程式は，

$$m_i\ddot{\boldsymbol{r}}_i = \boldsymbol{F}_i + \boldsymbol{f}_i \quad ここに，i = 1, \ldots, N \tag{7.6}$$

と表せる．これを次のように書き換えてみる．

$$\boldsymbol{F}_i + \boldsymbol{f}_i + (-m_i\ddot{\boldsymbol{r}}_i) = \boldsymbol{0} \tag{7.7}$$

上式の $-m_i\ddot{\boldsymbol{r}}_i$ を，質点が加速度運動することに基づく見かけの力とみなし，これを慣性力とよぶことはすでに述べた．ダランベールの原理によれば，式(7.7)から，運動中の質点に作用する実際の力（外力および拘束力）と見かけの力である慣性力が常につり合っていると考えることができる．このダランベールの原理の意義は，質点が加速度運動することに基づく慣性力を考慮することによって，動力学の問題を静力学の平衡問題に帰着させることができるという点，およびそれにともない動力学の問題に仮想仕事の原理が適用可能となる点にある．これを動的平衡問題とよぶ．

いま，図5.13に示したような1つの剛体の平面運動を再度考えよう．第5章の結果から，この剛体の運動は重心の並進運動と重心まわりの回転運動の運動方程式で記述される．すなわち，

$$M\ddot{\boldsymbol{r}}_G = \boldsymbol{F}, \quad I_G\ddot{\theta} = N_G \tag{7.8}$$

となる．ここに，M，I_G はそれぞれ剛体の質量，重心Gまわりの慣性モーメント，$\boldsymbol{r}_G$ は重心の位置ベクトル，$\boldsymbol{F}$ は外力と拘束力の合ベクトル，θ は静止座標軸からの剛体の回転角，N_G は重心まわりの外力と拘束力などによる合モーメントである．式(7.8)を次のように書き換えてみる．

$$\boldsymbol{F} + (-M\ddot{\boldsymbol{r}}_G) = \boldsymbol{0}, \quad N_G + (-I_G\ddot{\theta}) = 0 \tag{7.9}$$

このようにダランベールの原理を適用することによって，剛体の平面運動もまた，並進運動と回転運動に分離した上でそれぞれ動的平衡問題に帰着させることができる．式(7.9)の $-M\ddot{\boldsymbol{r}}_G$ は剛体の慣性力であり，$-I_G\ddot{\theta}$ は慣性トルク（inertia torque）とよばれる．

例題 7.6 図 7.7 のように，ばね定数 k のばねに質量 m の質点が取り付けられている．質点は滑らかな拘束を受けて水平方向にのみ動き得る．ダランベールの原理を用いて運動方程式を求めよ．

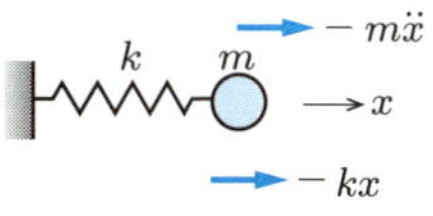

図 7.7

解 ばねが x の正の向きに x だけ伸びているとき，元の変形していない状態に戻ろうとする力は，大きさが kx で x の負の向きに作用する（8.1 節参照）．質点に作用する力は，ばねからのこの復元力 $-kx$ のみである．ダランベールの原理から，質点上から見ると，見かけの力である慣性力 $-m\ddot{x}$ と復元力 $-kx$ がつり合うので，$-m\ddot{x} - kx = 0$ となる．

なお，この問題にニュートンの第 2 法則を適用すると，$m\ddot{x} = -kx$ となる．

例題 7.7 図 7.8 のように，ヨーヨーに質量のない糸が巻かれ，重力場で天井から吊り下げられている．このヨーヨーが回転しながら落下するときの落下加速度を求めよ．ただし，ヨーヨーの質量を M，中心 G まわりの慣性モーメントを I，半径を a とする．

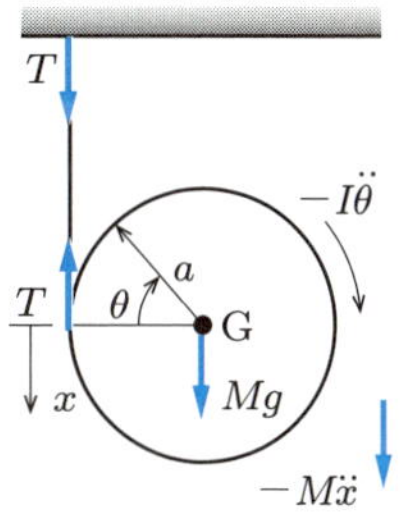

図 7.8

解 糸は伸びないとすると，それに作用する張力 T は滑らかな拘束力であるので，その仮想仕事は 0 である．ヨーヨーの重心の垂直下向き変位を x，回転角を θ とする．このとき，この系に作用する力は，外力としての重力 Mg のほかに，慣性力 $-M\ddot{x}$ およびヨーヨーの回転による慣性トルク $-I\ddot{\theta}$ がある．仮想仕事の原理を適用すると，次式を得る．

$$\{Mg + (-M\ddot{x})\}\delta x + (-I\ddot{\theta})\delta\theta = 0$$

ここに，$x = a\theta$ なる拘束条件があるので，$\delta x = a\delta\theta$ および $\ddot{x} = a\ddot{\theta}$ を上式に代入すると，

$$\left(Mga - Ma\ddot{x} - \frac{I}{a}\ddot{x}\right)\delta\theta = 0$$

となり，任意の $\delta\theta$ に対して成り立つ条件から，次式を得る．

$$\ddot{x} = \frac{Mg}{M + I/a^2}$$

7.5 ラグランジュの運動方程式

仮想仕事の原理は，元来，静力学系の平衡を論じたものである．しかし，ダランベールの原理と結合することによって，仮想仕事の原理を動力学の問題にも拡張して適用することが可能となり，これにより動的平衡を論じることができるようになった．ま

た，動力学系の状態を系の自由度に等しい個数の一般化座標で表すことができれば，一般化座標はお互いに独立となるので，滑らかな拘束の場合には，拘束条件を考慮する必要がなくなる．そこで，N 個の質点からなる n 自由度質点系（$n \leq 3N$）を考え，運動方程式が未知の拘束力を含まない微分方程式の形で得られるラグランジュの運動方程式を求めよう．

ダランベールの原理を用いて動的平衡問題に変換された式(7.7)に，仮想仕事の原理を適用すると，次のようになる．

$$\sum_{i=1}^{N}(\boldsymbol{F}_i + \boldsymbol{f}_i - m_i\ddot{\boldsymbol{r}}_i) \cdot \delta\boldsymbol{r}_i = 0 \tag{7.10}$$

拘束が滑らかであるとすると，$\sum_{i=1}^{N} \boldsymbol{f}_i \cdot \delta\boldsymbol{r}_i = 0$ である．したがって，式(7.10)は，次のようになる．

$$\sum_{i=1}^{N} \boldsymbol{F}_i \cdot \delta\boldsymbol{r}_i - \sum_{i=1}^{N} m_i\ddot{\boldsymbol{r}}_i \cdot \delta\boldsymbol{r}_i = 0 \tag{7.11}$$

各質点の変位 $\boldsymbol{r}_i$ は，n 個の独立な一般化座標 $q_1, \ldots, q_n$ および時間 t で表せるので，

$$\boldsymbol{r}_i = \boldsymbol{r}_i(q_1, \ldots, q_n, t) \quad \text{ここに，} i = 1, \ldots, N \tag{7.12}$$

と書ける．式(7.12)を時間 t で微分すると，次式を得る．

$$\dot{\boldsymbol{r}}_i = \frac{d\boldsymbol{r}_i}{dt} = \sum_{l=1}^{n} \frac{\partial \boldsymbol{r}_i}{\partial q_l}\dot{q}_l + \frac{\partial \boldsymbol{r}_i}{\partial t} \tag{7.13}$$

一方，仮想変位 $\delta\boldsymbol{r}_i$ を一般化座標 $q_1, \ldots, q_n$ に対する仮想変位 $\delta q_1, \ldots, \delta q_n$ を用いて表すと，式(7.12)から次式が得られる．

$$\delta\boldsymbol{r}_i = \boldsymbol{r}_i(q_1 + \delta q_1, \ldots, q_n + \delta q_n, t) - \boldsymbol{r}_i(q_1, \ldots, q_n, t) = \sum_{j=1}^{n} \frac{\partial \boldsymbol{r}_i}{\partial q_j}\delta q_j \tag{7.14}$$

ここで，上式は一般化座標 q_j $(j = 1, \ldots, n)$ に対する微小な仮想変位 δq_j の 2 次以上の微小量を無視したものである．

まず，式(7.11)の左辺第 1 項を一般化座標を用いて変形してみよう．これに式(7.14)を代入すると，次式を得る．

$$\sum_{i=1}^{N} \boldsymbol{F}_i \cdot \delta\boldsymbol{r}_i = \sum_{i=1}^{N}\sum_{j=1}^{n} \boldsymbol{F}_i \cdot \frac{\partial \boldsymbol{r}_i}{\partial q_j}\delta q_j = \sum_{j=1}^{n}\left(\sum_{i=1}^{N} \boldsymbol{F}_i \cdot \frac{\partial \boldsymbol{r}_i}{\partial q_j}\right)\delta q_j = \sum_{j=1}^{n} Q_j \delta q_j \tag{7.15}$$

ここに，

$$Q_j = \sum_{i=1}^{N} \boldsymbol{F}_i \cdot \frac{\partial \boldsymbol{r}_i}{\partial q_j} \tag{7.16}$$

である．Q_j を，一般化座標 q_j に対応した一般化力（generalized force）とよぶ．一般化力 Q_j は外力 $\boldsymbol{F}_i$ の一般化座標 q_j 方向の成分の総和である．また，一般化力 Q_j とそれに対応した仮想変位 δq_j との積が仕事の単位をもつことは，容易に確かめられるだろう．

次に，式(7.11)の左辺第2項を一般化座標を用いて変形してみよう．これに式(7.14)を代入すると，

$$\begin{aligned}\sum_{i=1}^{N} m_i \ddot{\boldsymbol{r}}_i \cdot \delta \boldsymbol{r}_i &= \sum_{i=1}^{N}\sum_{j=1}^{n} m_i \ddot{\boldsymbol{r}}_i \cdot \frac{\partial \boldsymbol{r}_i}{\partial q_j}\delta q_j = \sum_{j=1}^{n}\left(\sum_{i=1}^{N} m_i \ddot{\boldsymbol{r}}_i \cdot \frac{\partial \boldsymbol{r}_i}{\partial q_j}\right)\delta q_j \\ &= \sum_{j=1}^{n}\left[\sum_{i=1}^{N} m_i \left\{\frac{d}{dt}\left(\dot{\boldsymbol{r}}_i \cdot \frac{\partial \boldsymbol{r}_i}{\partial q_j}\right) - \dot{\boldsymbol{r}}_i \cdot \frac{d}{dt}\left(\frac{\partial \boldsymbol{r}_i}{\partial q_j}\right)\right\}\right]\delta q_j\end{aligned} \tag{7.17}$$

となる．ところが，

$$\frac{d}{dt}\left(\frac{\partial \boldsymbol{r}_i}{\partial q_j}\right) = \sum_{l=1}^{n} \frac{\partial^2 \boldsymbol{r}_i}{\partial q_l \partial q_j}\dot{q}_l + \frac{\partial^2 \boldsymbol{r}_i}{\partial t \partial q_j} \tag{7.18}$$

が成り立つので，式(7.13)の両辺を q_j $(j = 1, \ldots, n)$ で偏微分した式と式(7.18)から，

$$\frac{\partial \dot{\boldsymbol{r}}_i}{\partial q_j} = \sum_{l=1}^{n} \frac{\partial^2 \boldsymbol{r}_i}{\partial q_l \partial q_j}\dot{q}_l + \frac{\partial^2 \boldsymbol{r}_i}{\partial t \partial q_j} = \frac{d}{dt}\left(\frac{\partial \boldsymbol{r}_i}{\partial q_j}\right) \tag{7.19}$$

を得る．また，式(7.13)の両辺を $\dot{q}_j$ $(j = 1, \ldots, n)$ で偏微分すると，

$$\frac{\partial \dot{\boldsymbol{r}}_i}{\partial \dot{q}_j} = \frac{\partial \boldsymbol{r}_i}{\partial q_j} \tag{7.20}$$

を得る．したがって，式(7.17)はさらに以下のように変形される．

$$\begin{aligned}\sum_{i=1}^{N} m_i \ddot{\boldsymbol{r}}_i \cdot \delta \boldsymbol{r}_i &= \sum_{j=1}^{n}\left[\sum_{i=1}^{N} m_i \left\{\frac{d}{dt}\left(\dot{\boldsymbol{r}}_i \cdot \frac{\partial \dot{\boldsymbol{r}}_i}{\partial \dot{q}_j}\right) - \dot{\boldsymbol{r}}_i \cdot \frac{\partial \dot{\boldsymbol{r}}_i}{\partial q_j}\right\}\right]\delta q_j \\ &= \sum_{j=1}^{n}\left(\sum_{i=1}^{N} \frac{m_i}{2}\left[\frac{d}{dt}\left\{\frac{\partial}{\partial \dot{q}_j}(\dot{\boldsymbol{r}}_i \cdot \dot{\boldsymbol{r}}_i)\right\} - \frac{\partial}{\partial q_j}(\dot{\boldsymbol{r}}_i \cdot \dot{\boldsymbol{r}}_i)\right]\right)\delta q_j \\ &= \sum_{j=1}^{n}\left[\left\{\frac{d}{dt}\left(\frac{\partial}{\partial \dot{q}_j}\right) - \frac{\partial}{\partial q_j}\right\}\sum_{i=1}^{N} \frac{m_i}{2}(\dot{\boldsymbol{r}}_i \cdot \dot{\boldsymbol{r}}_i)\right]\delta q_j\end{aligned}$$

$$= \sum_{j=1}^{n} \left\{ \frac{d}{dt}\left(\frac{\partial T}{\partial \dot{q}_j}\right) - \frac{\partial T}{\partial q_j} \right\} \delta q_j \tag{7.21}$$

ここに，

$$T = \sum_{i=1}^{N} \frac{1}{2} m_i \dot{\boldsymbol{r}}_i \cdot \dot{\boldsymbol{r}}_i = \sum_{i=1}^{N} \frac{1}{2} m_i v_i^2 \tag{7.22}$$

は質点系の運動エネルギーの総和であり，$v_i^2 = \dot{\boldsymbol{r}}_i \cdot \dot{\boldsymbol{r}}_i$ である．

式(7.15)と式(7.21)を式(7.11)に代入すると，

$$\sum_{j=1}^{n} \left\{ \frac{d}{dt}\left(\frac{\partial T}{\partial \dot{q}_j}\right) - \frac{\partial T}{\partial q_j} - Q_j \right\} \delta q_j = 0 \tag{7.23}$$

となる．自由度の数に等しい n 個の仮想変位 δq_j は，お互いに独立である．したがって，式(7.23)が成り立つためには，次式が成り立たなければならない．

$$\frac{d}{dt}\left(\frac{\partial T}{\partial \dot{q}_j}\right) - \frac{\partial T}{\partial q_j} = Q_j \quad ここに，\ j = 1, \ldots, n \tag{7.24}$$

これが**ラグランジュの運動方程式**（Lagrange's equation of motion）とよばれるものである．運動エネルギーと一般化力とを一般化座標を用いて表すことができれば，式(7.24)は一般化座標の数，すなわち，自由度の数だけの運動方程式を与える．しかも，式(7.11)から導かれたものだから，式中に滑らかな拘束力はまったく現れていない．

一般化力 Q_j は保存力と非保存力とからなる．いま，一般化力 Q_j を保存力 Q_j^c と非保存力 Q_j^{nc} に分けて考えよう．すなわち，

$$Q_j = Q_j^c + Q_j^{nc} \tag{7.25}$$

となる．保存力 Q_j^c はポテンシャルから導かれ，速度の関数ではないので，そのポテンシャルを $U(q_1, \ldots, q_n, t)$ とする．速度に依存する力や時間のみに依存する力は，保存力ではない．そのとき，仮想仕事も，保存力による仮想仕事と非保存力による仮想仕事に分けることができる．

$$\delta W = \delta W_c + \delta W_{nc} \tag{7.26a}$$

ここに，

$$\delta W_c = \sum_{j=1}^{n} Q_j^c \delta q_j = -\delta U, \quad \delta W_{nc} = \sum_{j=1}^{n} Q_j^{nc} \delta q_j \tag{7.26b}$$

である．式(7.26b)第１式は，式(6.26)の微小仕事を仮想仕事に変えて求められる．ところが，$\delta U = \sum_{j=1}^{n} \frac{\partial U}{\partial q_j} \delta q_j$ であるから，上式の第１式から，

$$Q_j^c = -\frac{\partial U}{\partial q_j} \tag{7.27}$$

が与えられる．式(7.25)，(7.27)を式(7.24)に代入し，ポテンシャル U が一般化速度 $\dot{q}_j$ の関数でない $\left(\dfrac{\partial U}{\partial \dot{q}_j} = 0\right)$ ことに注意すれば，

$$\frac{d}{dt}\left(\frac{\partial L}{\partial \dot{q}_j}\right) - \frac{\partial L}{\partial q_j} = Q_j^{nc} \quad \text{ここに，} j = 1, \ldots, n \tag{7.28}$$

が得られる．ここに，L は**ラグランジュ関数**（Lagrangian function）とよばれ，次式で定義される．

$$L = T - U \tag{7.29}$$

動力学系が保存系である場合には，式(7.28)で $Q_j^{nc} = 0$ とおけばよい．

以上，質点系を例にとって，ニュートンの第2法則から出発してラグランジュの運動方程式を導いた．さらに，剛体は質点系の特別な場合とみなせるので，ラグランジュの運動方程式は剛体を含む系にも適用できる．それらの適用に際して，とくに質点系の運動エネルギーは並進運動に対する運動エネルギーのみであるが，剛体のそれは重心の並進運動に対する運動エネルギーと重心まわりの回転運動に対する運動エネルギーの和となることに注意が必要である．また，運動エネルギーの中に含まれる一般化速度は，静止座標系（慣性系）から見た速度であることにも注意しよう．

運動方程式を導出したい場合，拘束力を含めた力や加速度のベクトル成分などを直接求めるニュートンの方法（ベクトル力学）と比較して，解析力学的手法であるラグランジュの運動方程式には，以下のような2つの利点がある．

（i） 系に滑らかな拘束がある場合には，その拘束力を考慮する必要がない．

（ii） 運動エネルギー，ポテンシャルエネルギーおよび仮想仕事などのスカラー量を取り扱うので，自由度が多い複雑な動力学系の運動方程式を導く際に間違いが起こりにくい．

最後に，ラグランジュの運動方程式を導く手順を以下に要約する．

（1） 静止直交座標系（慣性系）O-xyz を設定する．

（2） 自由度の数（n）を求め，一般化座標 $q_1, \ldots, q_n$ を定める．

（3） N 個の質点の，直交座標（$3N$ 個）と一般化座標（n 個）の間の関係および速度の関係を求める（式(7.12)，(7.13)）．

（4） 運動エネルギー $T(\boldsymbol{r}_1, \ldots, \boldsymbol{r}_N, \dot{\boldsymbol{r}}_1, \ldots, \dot{\boldsymbol{r}}_N, t)$ を求めた後，上記（3）の関係を用いて一般化座標で表した $T(q_1, \ldots, q_n, \dot{q}_1, \ldots, \dot{q}_n, t)$ に変換する．

（5） 外力を保存力と非保存力に分ける．保存力に対しては，ポテンシャル $U(\boldsymbol{r}_1, \ldots, \boldsymbol{r}_N, t)$ を求めた後，（4）と同様に，$U(q_1, \ldots, q_n, t)$ に変換する．一方，非保存力に対しては，δW_{nc} から一般化力 Q_j^{nc} を求める（式(7.26b)第2式）．

（6） $L = T - U$ として，Q_j^{nc} とともに式(7.28)に代入して計算し，運動方程式を得る．

例題 7.8 （1）図7.9 (a)に示すように，ばね定数 k のばねで支持された質量 m の質点がある．質点には外力 $F(t)$ が作用する．この系のラグランジュの運動方程式を求めよ．重力などの影響はないものとする．

（2）図(b)に示す単振子の支点が，水平方向に $y_0(t)$ で変位する．この系のラグランジュの運動方程式を求めよ．重力加速度を g とする．

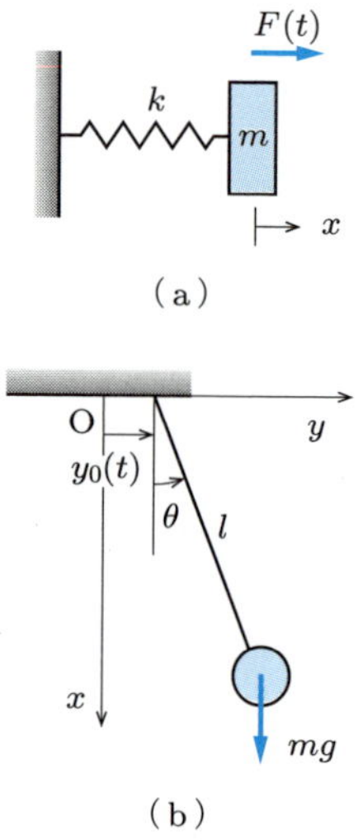

図 7.9

解 （1）質点は x 方向のみに運動するので，自由度は1である．ばねの静的平衡状態から静止座標系で表した質点の変位 x を一般化座標とする．ばねの復元力は保存力だから，運動エネルギー T，ポテンシャルエネルギー U は，次式で表せる．

$$T = \frac{1}{2}m\dot{x}^2, \quad U = \frac{1}{2}kx^2 \qquad \therefore \quad L = \frac{1}{2}m\dot{x}^2 - \frac{1}{2}kx^2$$

外力 $F(t)$ は非保存力だから，外力のなす仮想仕事は $\delta W_{nc} = F(t)\delta x = Q^{nc}\delta x$ となる．

したがって，$Q^{nc} = F(t)$．$\dfrac{d}{dt}\left(\dfrac{\partial L}{\partial \dot{x}}\right) = m\ddot{x}$，$\dfrac{\partial L}{\partial x} = -kx$ から，ラグランジュの運動方程式は，$m\ddot{x} + kx = F(t)$ となる．

（2）静止座標系 O-xy を定める．質点は x，y 方向の2自由度と糸の長さが変化しない拘束条件があるので，自由度は，$2 - 1 = 1$ となる．一般化座標として θ をとる．質点の位置を (x, y) とすると，

$$x = l\cos\theta, \quad y = l\sin\theta + y_0(t)$$

$$\dot{x} = -l\dot{\theta}\sin\theta, \quad \dot{y} = l\dot{\theta}\cos\theta + \dot{y}_0(t)$$

運動エネルギー T およびポテンシャルエネルギー U は，

$$T = \frac{1}{2}m(\dot{x}^2 + \dot{y}^2) = \frac{1}{2}m\{l^2\dot{\theta}^2 + 2l\dot{\theta}\cos\theta\cdot\dot{y}_0(t) + \dot{y}_0^2(t)\}$$

$$U = -mgx = -mgl\cos\theta$$

非保存力はないので，$Q^{nc} = 0$．よって，

$$\frac{d}{dt}\left(\frac{\partial L}{\partial \dot{\theta}}\right) = ml^2\ddot{\theta} + ml\{-\dot{\theta}\sin\theta\cdot\dot{y}_0(t) + \cos\theta\cdot\ddot{y}_0(t)\}$$

$$\frac{\partial L}{\partial \theta} = -ml\dot{\theta}\sin\theta\cdot\dot{y}_0(t) - mgl\sin\theta$$

から，ラグランジュの運動方程式は，次式となる．

$$ml^2\ddot{\theta} + ml\cos\theta\cdot\ddot{y}_0(t) + mgl\sin\theta = 0$$

ここで得られたラグランジュの運動方程式は非線形で，このままでは解析が困難であるので，線形化して解析するのが通常である．$\theta \approx 0$ として線形化する（付録 IV 参照）と，$\ddot{\theta} + (g/l)\theta = -\ddot{y}_0(t)/l$ となる．

例題 7.9 図 7.10 のように，全質量 M のモータがばね定数 K のばねと減衰係数 C のダッシュポットで垂直方向に支持されている．モータには，回転軸中心 Q から距離 r の位置に質量 m の質点（不つり合い量 mr）がある．質点 m は，回転角速度 ω でモータの回転軸と一緒に回転する．モータの垂直方向のみの運動を考えるとき，ラグランジュの運動方程式を求めよ．

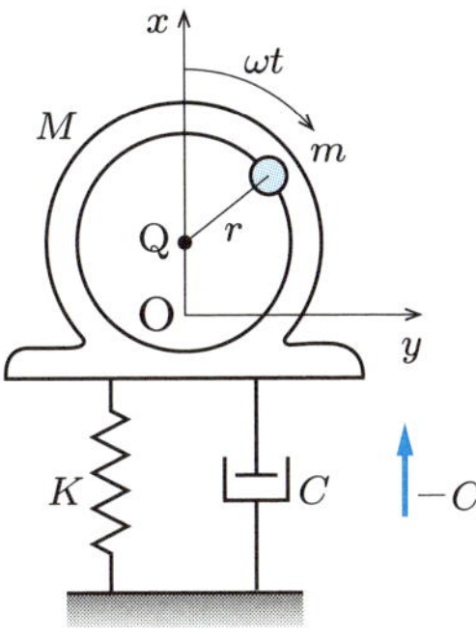

図 7.10

解 図のように，静的につり合っているときのモータの回転軸中心の位置を原点とする静止座標系 O-xy をとる．運動中のモータの回転軸中心 Q の座標を $(x, 0)$，質点の座標を (x_m, y_m) とする．ただし，$x_m = x + r\cos\omega t$，$y_m = r\sin\omega t$ だから，質点の位置が x のみで表されるので，この系は 1 自由度系である．したがって，一般化座標を x にとる．

運動エネルギー T は，質点を除いたモータ部の垂直方向並進運動と質点の並進運動のエネルギーの和である．

$$T = \frac{1}{2}(M - m)\dot{x}^2 + \frac{1}{2}m(\dot{x}_m^2 + \dot{y}_m^2) = \frac{1}{2}M\dot{x}^2 - mr\omega\dot{x}\sin\omega t + \frac{1}{2}m(r\omega)^2$$

ばねからの復元力は保存力だから，次のようなポテンシャルエネルギーをもつ．

$$U = \frac{1}{2}Kx^2$$

ダッシュポットに作用する x 方向の減衰力 $-C\dot{x}$ は速度 $\dot{x}$ の関数なので，非保存力である．この減衰力による仮想仕事 δW_{nc} を計算すると，

$$\delta W_{nc} = -C\dot{x} \cdot \delta x$$

となる．これを一般化力を用いて定義すると，$\delta W_{nc} = Q_x^{nc} \cdot \delta x$ であるので，両者の比較から，$Q_x^{nc} = -C\dot{x}$ となる．

これらを式(7.28)に代入して計算すると，次式を得る．

$$M\ddot{x} + C\dot{x} + Kx = mr\omega^2\cos\omega t$$

ラグランジュの運動方程式に代入する過程が偏微分を含むため，運動エネルギー T に含まれる定数項は運動方程式に関与しないことがわかるだろう．

なお，静止座標系 O-xy においてニュートンの運動方程式を立てると次式のようになり，上式と同じ運動方程式が求められる．

$$(M - m)\ddot{x} + m\frac{d^2}{dt^2}(x + r\cos\omega t) = -C\dot{x} - Kx$$

例題 7.10 図 7.11 のように，質量のない長さ l_1 のくさりの一端に質量 m，長さ $2l_2$，重心まわりの慣性モーメント J の一様な剛体ペンダントが取り付けられている．ペンダントの下端に水平方向の外力 $f(t)$ が作用する．ペンダントの鉛直面内の線形化された運動方

程式を求めよ．

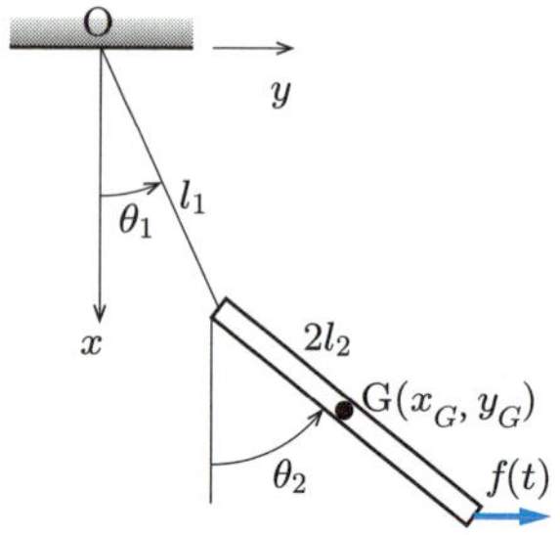

図 7.11

解　図のように静止座標系 O-xy を設定する．面内の剛体の自由度は x，y 方向の並進運動と z 軸まわりの回転運動の 3 であるが，いま，くさりによってペンダントの一端が拘束されているので，この系の自由度は 2 である．ペンダントの重心 G の座標を (x_G, y_G) とおく．一般化座標として，$q_1 = \theta_1$ および $q_2 = \theta_2$ をとる．

$$x_G = l_1 \cos\theta_1 + l_2 \cos\theta_2$$

$$\dot{x}_G = -l_1\dot{\theta}_1 \sin\theta_1 - l_2\dot{\theta}_2 \sin\theta_2$$

$$y_G = l_1 \sin\theta_1 + l_2 \sin\theta_2$$

$$\dot{y}_G = l_1\dot{\theta}_1 \cos\theta_1 + l_2\dot{\theta}_2 \cos\theta_2$$

ペンダントの運動エネルギーは，重心の並進運動と重心まわりの回転運動の運動エネルギーの和であるので，

$$T = \frac{1}{2}m(\dot{x}_G^2 + \dot{y}_G^2) + \frac{1}{2}J\dot{\theta}_2^2$$

$$= \frac{1}{2}m\{l_1^2\dot{\theta}_1^2 + l_2^2\dot{\theta}_2^2 + 2l_1 l_2\dot{\theta}_1\dot{\theta}_2\cos(\theta_2 - \theta_1)\} + \frac{1}{2}J\dot{\theta}_2^2$$

となる．保存力の外力として重力がある．原点 O を基準にすると，位置エネルギーは，

$$U = -mgx_G = -mg(l_1\cos\theta_1 + l_2\cos\theta_2)$$

となる．非保存力である水平方向の外力 $f(t)$ の仮想仕事を求めるために，この外力の作用点の y 座標を y_e とすると，

$$y_e = l_1\sin\theta_1 + 2l_2\sin\theta_2, \quad \delta y_e = l_1\delta\theta_1\cos\theta_1 + 2l_2\delta\theta_2\cos\theta_2$$

となる．このとき，仮想仕事は，以下のようになる．

$$\delta W_{nc} = f(t)\delta y_e = \{l_1 f(t)\cos\theta_1\}\delta\theta_1 + \{2l_2 f(t)\cos\theta_2\}\delta\theta_2 = Q_{\theta_1}^{nc}\delta\theta_1 + Q_{\theta_2}^{nc}\delta\theta_2$$

係数の比較から，$f(t)$ の θ_1，θ_2 に関する一般化力が次のように求められる．

$$Q_{\theta_1}^{nc} = l_1 f(t)\cos\theta_1, \quad Q_{\theta_2}^{nc} = 2l_2 f(t)\cos\theta_2$$

これらを式(7.28)に代入すると，運動方程式が次式のように求められる．

$$ml_1^2\ddot{\theta}_1 + ml_1 l_2\{\ddot{\theta}_2\cos(\theta_2 - \theta_1) - \dot{\theta}_2^2\sin(\theta_2 - \theta_1)\} + mgl_1\sin\theta_1 = l_1 f(t)\cos\theta_1$$

$$(ml_2^2 + J)\ddot{\theta}_2 + ml_1 l_2\{\ddot{\theta}_1\cos(\theta_2 - \theta_1) + \dot{\theta}_1^2\sin(\theta_2 - \theta_1)\} + mgl_2\sin\theta_2$$

$$= 2l_2 f(t)\cos\theta_2$$

上式で θ_i $(i = 1, 2)$ を微小として線形化する（付録 IV 参照）と，次式を得る．

$$ml_1^2\ddot{\theta}_1 + ml_1 l_2\ddot{\theta}_2 + mgl_1\theta_1 = l_1 f(t)$$

$$ml_1 l_2\ddot{\theta}_1 + (ml_2^2 + J)\ddot{\theta}_2 + mgl_2\theta_2 = 2l_2 f(t)$$

演習問題［7］

7.1　図 7.12 のように，内壁が滑らかで水平に固定された円形管の中に，質量 m の 3 つの質点が，自然長が円周の 1/3 でばね定数が k の 3 つのばねでつながれている．この系のラグランジュの運動方程式を求めよ．

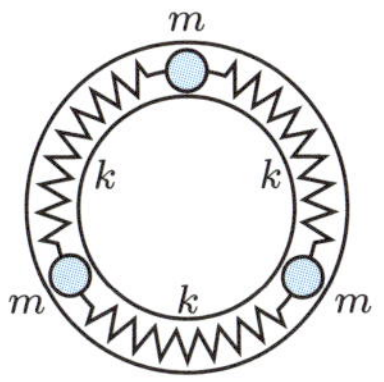

図 7.12

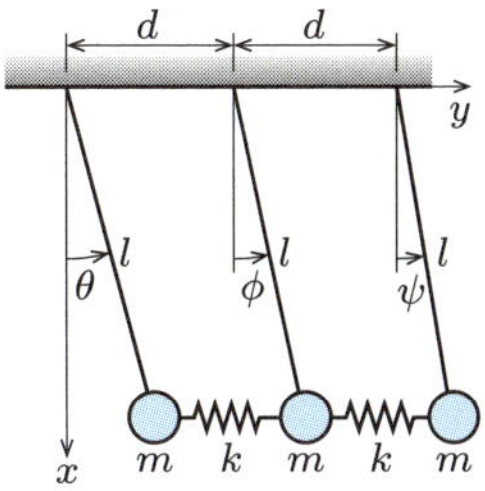

図 7.13

7.2　図 7.13 のように，質量 m の 3 個の質点が質量のない長さ l の糸で水平天井から吊り下げられ，その質点間は自然長 d，ばね定数 k のばねでつながれている．この系のラグランジュの運動方程式から，線形化された運動方程式を求めよ．

7.3　図 6.10 のように，一定角速度 ω で回転する円板（半径 a）の外周上の一点に，長さ l の単振子が取り付けられている．円板に対する単振子の相対運動（2 自由度系）の運動方程式を，ラグランジュの運動方程式を用いて求めよ．ただし，重力は無視する．

7.4　図 7.14 のように，重力場で質量 m_1 の台車がばね定数 k のばねに取り付けられ，滑らかな水平床上を動けるようになっている．その台車に，長さ $2l$，質量 m_2 の一様な棒が，摩擦のない，回転できるジョイント A を通して接続されている．一様な棒の他端には水平方向の力 $f(t)$ が作用している．この系のラグランジュの運動方程式から線形化された運動方程式を求めよ．重力加速度を g とする．

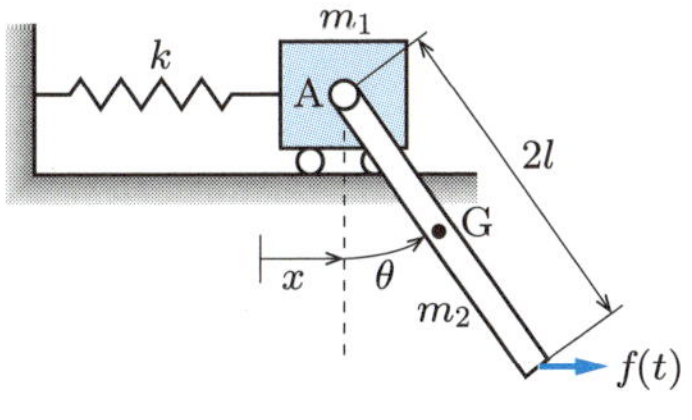

図 7.14

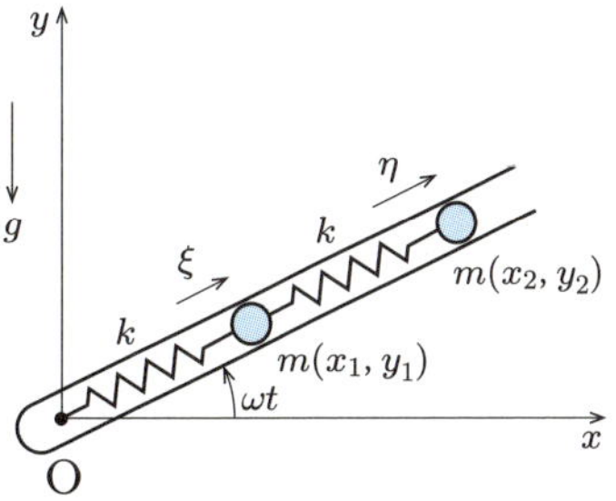

図 7.15

7.5　図 7.15 のように，まっすぐで内壁の滑らかな管が，その一端 O が固定されて，そのまわりに鉛直平面内で一定の角速度 ω で回転している．その管内に，質量 m の 2 つの質点がばね定数 k の 2 つのばねで直列に結ばれ，その一端が点 O に固定されたものが入っている．ばねの自然長はともに l とする．この系のラグランジュの運動方程式を求めよ．

7.6　図 7.16 で，A，B は同じ高さにある固定点，$\overline{\mathrm{AB}} = L$，CD は長さ L，質量 M の剛体棒，AC，BD，CP，DQ の部分はすべて質量のない長さ l の糸である．P，Q はともに質量 m の質点である．剛体棒には水平方向に $f(t)$ の強制力が加わり，CD，P，Q が AB を含む

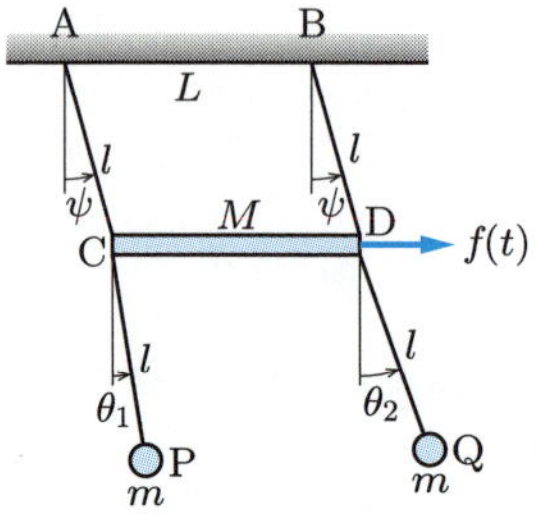

図 7.16

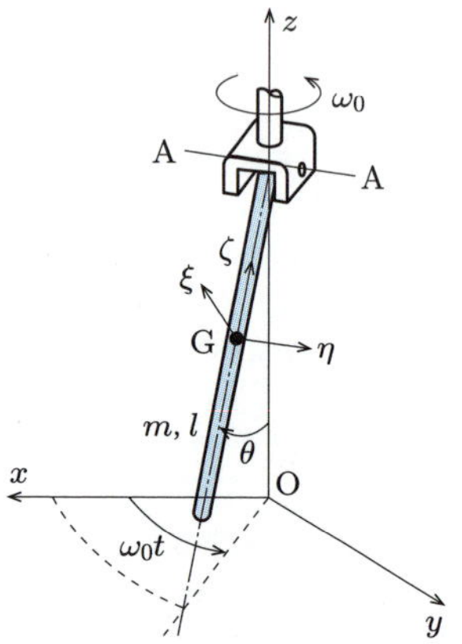

図 7.17

鉛直面内で重力の作用を受けながら運動している．この系のラグランジュの運動方程式から線形化された運動方程式を求めよ．

7.7 図 7.17 のように，質量 m，長さ l の細い一様な棒の一端が，一定角速度 ω_0 で回転しているシャフトの端に取り付けられている．棒はジョイント軸 A-A まわりに自由に回転できる．O-xyz は空間に固定された静止座標系であり，G-$\xi\eta\zeta$ は棒の重心 G を原点とする棒に固定された移動座標系である．ζ 軸は棒の長手方向に，η 軸は回転軸 A-A の方向に，それぞれ一致している．棒の垂直軸 z からの角変位を θ とする．棒の線形化された運動方程式を求めよ．

第 8 章 1自由度系の振動

振動（vibration, oscillation）とは，ある物理量が平均的な値を中心として，そのまわりを繰り返し変動する現象をいう．本章では，もっとも基本的な1自由度系（single degree of freedom system）の振動を取り扱い，振動現象の基本を学ぼう．2自由度系の基本的な事項に関しては，付録Vを参照されたい．

8.1 振動系のモデリング

自動車や建物のように，実際の振動体は，質量，剛性および減衰が振動体の全体領域または部分領域にわたって分布している．これを実際の系に則して分布系（distributed parameter system）として振動解析を行おうとすると，運動方程式が偏微分方程式となるので，その解析には高度な数学的知識が必要となる上に，形状の複雑さや境界条件（boundary condition）の煩雑さにより取り扱いがきわめて困難となる．そこで，有限要素法などで対象領域を要素に分割し，分布系を集中系（lumped parameter system），したがって多自由度系（multi-degree-of-freedom system）へと変換，さらに線形化して解析するのが通常である．もちろん，系自身がはじめから多自由度系であるとみなせる場合も多い．ところが，線形多自由度系は，モード解析（modal analysis）† を用いることによって，1自由度系の重ね合わせとして表現できる．とくに，そのような系のある特定の振動数領域のみを対象とする場合には，多自由度系といえども簡単な1自由度系として取り扱うことができるのである．このように，1自由度系は多自由度系や分布系の動特性を知る上で基礎をなすものであり，その動特性を十分に理解しておくことは非常に重要である．

ここで，一例として図8.1 (a)の自転車の乗り心地の解析モデルを考えてみよう．自転車系はタイヤ，車輪，フレーム，サドルおよび人から構成されており，走行にともない路面のでこぼこはタイヤを介して車輪に伝えられ，さらにフレームへと伝わる．フレームの振動はサドルを介して人に伝わり，人は乗り心地の良し悪しを感じる．これらの構成要素をすべて分布系として取り扱うことは，実際的ではない．そこで，タイヤをばね，車輪とフレームを質量をもつ剛体，サドルをばね，および人を質点としてモデル化（modeling）すると，図(b)のような多自由度の集中系が構成される．

† モード解析に関しては，専門書を参照されたい．

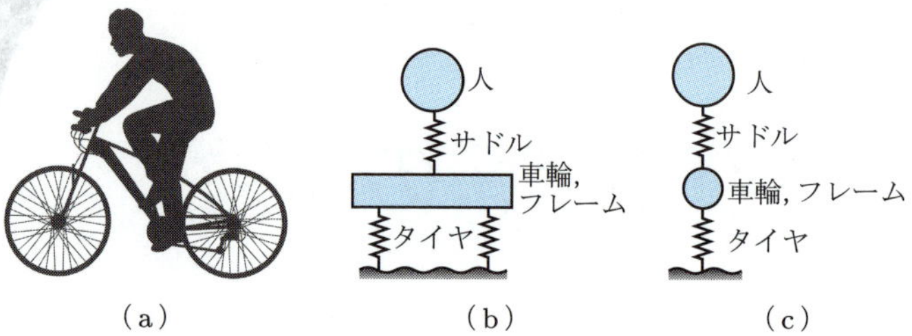

図 8.1

いまの場合，人の乗り心地を問題にしているので，人の上下方向の振動を解析するためのさらに簡単なモデル化を考えよう．自転車の前後の対称性を仮定し，前後輪タイヤが路面から受ける変位の大きさと位相が同じと仮定すると，図(c)のような2質点系のモデルができあがる．さらに，人の質量が自転車の車輪とフレームの質量に比べて大きいと仮定すると，自転車の上下方向振動の解析モデルを図(d)のような1自由度系に単純化することができる．このように振動現象を解析するためのモデル化は，振動の本質的要因を必ず含み，しかも，できるだけ単純なものが望ましい．そのもっとも単純な解析モデルが1自由度系である．

ここでは，まず振動現象を理論的に解析するための基礎として，適切な座標系を設定し，物理量の正負の符号に意味をもたせて物体の振動を取り扱う方法に慣れることにし

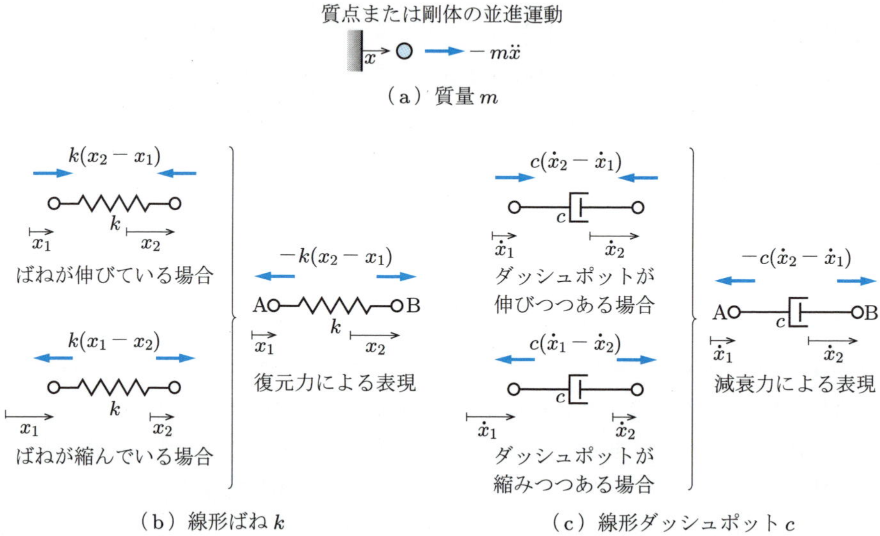

図 8.2

よう．実際の振動系を集中系としてモデル化し，機械振動を解析するためには，図 8.2 に示す 3 つの基本要素，すなわち，**慣性**（inertia）を表す**質量**（mass），**剛性**（stiffness）を表す**ばね**（spring），および**減衰**（damping）を表す**ダッシュポット**（dashpot）を考慮する必要がある．質量，ばねおよびダッシュポットが振動体の，ある場所に集中していると仮定して，これらを連結して線形振動系のモデル化を行う．図 8.1 もそれに沿ったモデル化である．質量，ばねおよびダッシュポットのおのおのの役割は以下のとおりである．

（1） 質量（図 8.2 (a)）：質量のある点（質点）または領域（剛体，連続体）が並進運動するとき，その質点上や領域上から見れば，見かけの力である慣性力が作用する．たとえば，質量 m の質点が静止座標系の x 軸に平行に加速度 $\ddot{x}$ の加速度運動をしているとき，慣性力 $-m\ddot{x}$ が常に x の正の向きに作用するとみなす．これは，x 軸の正の向きに加速度運動（増速）している場合（$\ddot{x} > 0$）には大きさが $m\ddot{x}$ の慣性力が x 軸の負の向きに，x 軸の負の向きに加速度運動（減速）している場合（$\ddot{x} < 0$）には大きさが $-m\ddot{x}$ の慣性力が x 軸の正の向きに作用することを，一括して表現したものである．慣性力は，物が加速度運動することに基づく見かけの力であり，物体が質量をもたない場合や静止したり等速運動を続ける場合の慣性力は 0 である．

定義により，慣性力と加速度は常に逆向きである．物体に力が作用したとき，生じる運動の加速度は力に比例し，質量に逆比例する．このことからもわかるように，質量は並進運動の変化のしにくさを表す物理量であり，単位は[kg]である．

（2） 線形ばね（図 8.2 (b)）：線形ばねは，系の復元効果を表す要素を，その両端間の相対変位に比例する力が作用すると仮定したモデル化である．その比例定数 k が**ばね定数**（spring constant）であり，その単位は[N/m]である．

いま，ばねの両端を両手でつまんで，それぞれ x_1，x_2 だけ x の正方向に動かすとしよう．ばねが変形のない（静的平衡）状態から $x_2 - x_1$ (> 0) だけ伸ばされれば，両手の指はばねが縮まろうとする向きに同じ大きさの力 $k(x_2 - x_1)$ を感じ，逆に，$x_1 - x_2$ (> 0) だけ圧縮されれば，両手の指はばねが伸びようとする向きに同じ大きさの力 $k(x_1 - x_2)$ を感じる．この指が感じる力，すなわち，ばねから指に作用する力を**復元力**（restoring force）または**回復力**とよぶ．つまり，変形を受けると，ばねは初期の静的平衡状態に戻ろうとする性質がある．指の代わりにばねの両端に物体や支持部を取り付けると，物体や支持部はばねからこの復元力を受けるのである．図(b)の左図には，ばねが伸びたとき，および縮んだときのばねの復元力を正にとって，それらが作用する向きを青い矢印で示している．ばねは質量をもたないから，ばねの両端に作用する力（したがって，その反力である復元力）は大きさが等しく，お互いに逆向きである．このように，ばねの伸縮にともなって作用する向きが変化する復元力を一括して表すためには，復元力 $-k(x_2-x_1)$ がばねの右端 B では x の正の向きに，左端 A では x の負の向きに常に作用すると考えればよい（図(b)の右図）．本章では，これを復元力の定義とする．なお，ばねは質量も減衰ももたないので，ばね自身の変形は瞬時に生じ，また，瞬時に回復できる．

（3） 線形ダッシュポット（図 8.2 (c)）：線形ダッシュポットは，系の減衰を表す要素を，その両端間の相対速度に比例する減衰力が作用すると仮定したモデル化である．その比例定数 c が**粘性減衰係数**（viscous damping coefficient）であり，その単位は[Ns/m]である．ダッシュポット両端の速度をそれぞれ $\dot{x}_1$，$\dot{x}_2$ とすれば，ばねの復元力と同様に，ダッシュポットの両端では**粘性減衰力**（viscous damping force）$-c(\dot{x}_2-\dot{x}_1)$ が図(c)の向きに常に作用すると考えればよい．

並進運動のみならず，回転運動をも生じる振動現象をモデル化する場合には，上記のほかに以下の要素を考慮する必要がある．

（4） 慣性モーメント：慣性モーメントをもつ領域（剛体）が角加速度をもって回転運動するときには，慣性トルクが作用するとみなす．たとえば，静止座標系上で剛体が 1 つの慣性主軸のまわりに角加速度 $\ddot{\theta}$ の回転運動をしているとすると，慣性トルク $-J\ddot{\theta}$ がその軸まわりに作用するとみなすわけである．ここに，J はその慣性主軸まわりの慣性モーメントである．慣性トルクは，質量と大きさをもつ剛体がある軸まわりに回転することに基づく見かけのトルクである．回転できる物体にトルクが作用したとき，生じる運動の角加速度はトルクに比例し，慣性モーメントに逆比例する．以上により，慣性モーメントは，剛体の回転運動の変化のしにくさを表す物理量であり，単位は[kgm^2]である．

（5） 回転ばね：回転ばねは，系の復元トルクを与える要素を，その両端間の相対角変位に比例するトルクが作用すると仮定したモデル化である．その比例定数が回転ばね定数であり，その単位は[Nm/rad]である．

（6） 回転ダッシュポット：回転ダッシュポットは，系の減衰トルクを与える要素を，その両端間の相対角速度に比例するトルクが作用すると仮定したモデル化である．その比例定数が回転に対する粘性減衰係数であり，その単位は[Nms/rad]である．

8.2 調和振動

物体が規則正しい振動を繰り返しているときの波形は，正弦，余弦関数で表されることが非常に多い．ここでは，このような振動の基本的な性質を述べる．

図 8.3 (a)に示すように，直交座標系 O-xy において，長さ A のベクトル $\overrightarrow{\mathrm{OP}}$ が原点 O を中心に一定角速度 ω [rad/s]で反時計まわりに回転しているとしよう．ただし，時刻 $t = 0$ のとき，ベクトル $\overrightarrow{\mathrm{OP}}$ は x 軸から時計まわりに ϕ [rad]の角度の位置にあったとする．このとき，時刻 t でのベクトル $\overrightarrow{\mathrm{OP}}$ の x 方向成分 OQ は，次式で表される．

$$x = A\cos(\omega t - \phi) \tag{8.1}$$

横軸に時間 t をとってこの関数 x を図示したのが，図(b)である．波形は滑らかな正弦波状である．式(8.1)で表される点 Q の x 軸上の往復運動を，調和振動（harmonic vibration）または単振動（simple harmonic motion）という．

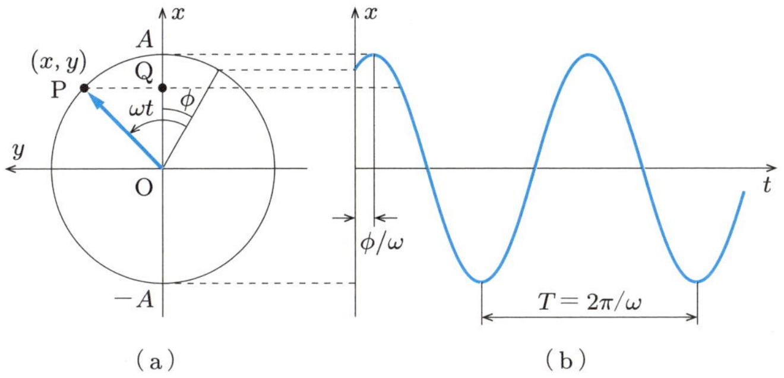

図 8.3

点 P が半径 A の円周を 1 周して元に戻るまでの時間 T [s]を周期 (period)，ω [rad/s]を円振動数（circular frequency）または，角振動数（angular frequency），1 秒間あたりの点 P の回転回数 f [Hz]を振動数（frequency）という．これらの間には次の関係がある．

$$T = \frac{2\pi}{\omega}, \quad f = \frac{1}{T} = \frac{\omega}{2\pi} \tag{8.2}$$

また，A [m]を振幅（amplitude），ϕ [rad]を初期位相角（initial phase angle）とよぶ．

A，ω および ϕ を一定として，式(8.1)を時間 t に関して微分すると，

$$\left.\begin{aligned}
\text{速度}：\dot{x} &= \frac{dx}{dt} = -\omega A\sin(\omega t - \phi) = \omega A\cos\left(\omega t - \phi + \frac{\pi}{2}\right) \\
\text{加速度}：\ddot{x} &= \frac{d^2x}{dt^2} = -\omega^2 A\cos(\omega t - \phi) = \omega^2 A\cos(\omega t - \phi + \pi) \\
&= -\omega^2 x
\end{aligned}\right\} \tag{8.3}$$

を得る．速度，加速度は，変位に対してそれぞれ $\pi/2$ および π だけ位相が進んでおり，それらの振幅は変位の振幅のそれぞれ ω 倍および ω^2 倍となるが，ともに変位と同じ

円振動数 ω をもつ調和振動である．

例題 8.1　式(8.1)は，同じ振動数をもつ正弦波と余弦波の線形和で表せることを示せ．

解　加法定理から，$x = A\cos(\omega t - \phi) = A\cos\phi\cos\omega t + A\sin\phi\sin\omega t$ となるから，これは振幅 $A\cos\phi$ の余弦波と振幅 $A\sin\phi$ の正弦波の和である．このように，1つの余弦関数 $\cos\omega t$，1つの正弦関数 $\sin\omega t$，または同一振動数をもつ正弦関数と余弦関数の線形和で表される振動を総称して，調和振動という．

例題 8.2　$x = A\cos\omega t$ と $x = 2A\cos\omega t$，$x = A\cos 2\omega t$ を図示して比較せよ．ここに，A，ω は正の定数とする．

解　波形は図 8.4 のようになる．調和振動において，振幅と振動数が変化したときの波形の変化を理解しよう．

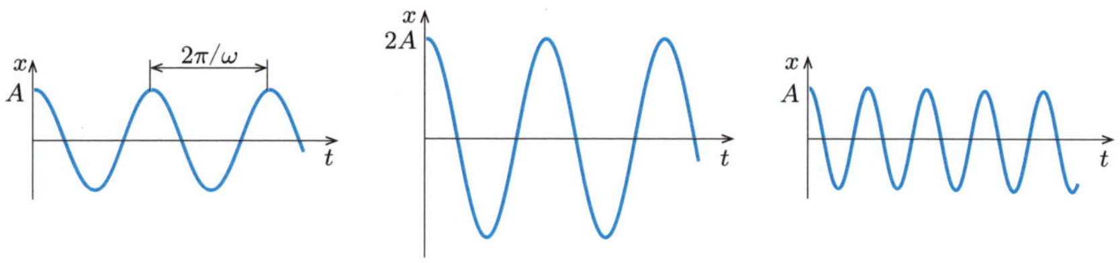

（a）$x = A\cos\omega t$　（b）$x = 2A\cos\omega t$　（c）$x = A\cos 2\omega t$

図 8.4

8.3　1自由度系の自由振動

図 8.5 は，質点，ばねおよびダッシュポットから構成されるもっとも単純な振動系である．質量 m [kg]の質点が，ばね定数 k [N/m]のばねと粘性減衰係数 c [Ns/m]のダッシュポットの並列結合でモデル化された要素によって支持されている．ばねが自然長のときの質点の位置を原点として，鉛直下向きを正にとった質点の変位を X [m]，重力加速度を g [m/s^2]とする．質点に作用する力は，X の正の向きに慣性力 $-m\ddot{X}$ [N]，

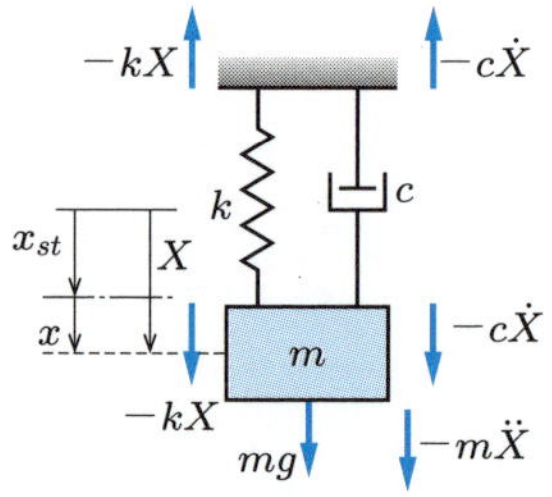

図 8.5

復元力 $-kX$ [N]，粘性減衰力 $-c\dot{X}$ [N]，および一定外力として重力 mg [N]がある．これらの力の向きに注意して質点上から見た動的つり合い条件を書き表すと，ダランベールの原理から，次式となる．

$$\left.\begin{array}{l} mg + (-m\ddot{X}) + (-c\dot{X}) + (-kX) = 0 \\ \quad\Rightarrow\quad m\ddot{X} + c\dot{X} + kX = mg \end{array}\right\} \tag{8.4}$$

式(8.4)は，ばねの自然長の位置を原点としたときの図 8.5 の系の運動方程式である．

微分方程式(8.4)の第 2 式の一般解は，その特解と右辺を 0 とおいた同次方程式の一般解との和である．式(8.4)の特解 x_{st} は簡単に求められ，$x_{st} = mg/k$ となる．そこで，$x = X - x_{st}$ と座標変換を行うと，式(8.4)は次式のように変形される．

$$m\ddot{x} + c\dot{x} + kx = 0 \tag{8.5}$$

x_{st} は重力によるばねの**静たわみ**（static deflection）であり，x はその**静的平衡点**（static equilibrium point）からの動的変位を表す．このように，静的平衡点からの質点の変位で運動方程式を表すと，重力を考慮する必要がなくなる．すなわち，質点は $x = 0$ の静的平衡点を中心に振動する．

いま，式(8.5)で質量がない場合を考え，$m = 0$ とおくと，解は $x = Ae^{-(k/c)t}$ のように指数関数で表され，振動的ではない．次に，ばねがない場合を考え，$k = 0$ とおくと，解は $x = Ae^{-(c/m)t} + B$ となり，これも振動的ではない．ここに，A，B は積分定数である．このように，質量と剛性を表すばねのうちのどちらかが存在しない場合は，式(8.5)には振動的な解がないことがわかる．一方，減衰は振動を抑制する効果がある．発生した自由振動は減衰によって消滅するし，強制振動の大きさも抑えられることを以下に示していこう．

8.3.1　不減衰自由振動

振動の 3 つの基本要素から構成されるモデル系（集中系）が振動するためには，質量とばねの 2 つの存在が本質的であることがわかった．そこでまず，もっとも基本的な例として，減衰もなく，時間的に変動する外力も作用しないときの不減衰**自由振動**（free vibration）の発生メカニズムとその性質について考察しよう．その運動方程式は，式(8.5)で $c = 0$ とおくと，次のようになる．

$$m\ddot{x} + kx = 0 \tag{8.6}$$

式(8.6)を $(-m\ddot{x}) + (-kx) = 0$ と書き直すと，

$$\text{慣性力}\ (I) + \text{復元力}\ (R) = 0 \tag{8.7}$$

のように解釈することができる．ここに，$I = -m\ddot{x}$，$R = -kx$ である．式(8.7)から，振動中に質点に作用する慣性力と復元力とが常につり合っている，すなわち，任意の時刻において慣性力と復元力とは常に大きさが等しく，逆向きであるとみなすことができる．

いま，図 8.6 に示すように，ばねに初期変位を与えて静かに離した後の質点の不減衰自由振動を，慣性力と復元力のそれぞれの大きさと向きの変化に注意して調べよう．静的平衡点 $x = 0$ から手で質点を下方に変位 X_0 だけ動かして保持すると，手による外力 $F = kX_0$ とばねの復元力 $R = -kX_0$ がつり合って質点は静止する．その後，手を静かに離した瞬間（図の①）から，質点は復元力 $R = -kx$ の作用によって上向きに加速度運動を開始する．それと同時に，静止状態からこの上向きの加速度の発生に抵抗するように，質点には慣性力 $I = -m\ddot{x}$ が下向きに作用して，これが復元力とつり合う．このように外力がなくなった直後には，その外力と大きさも向きも同じ慣性力がそれに代わる．

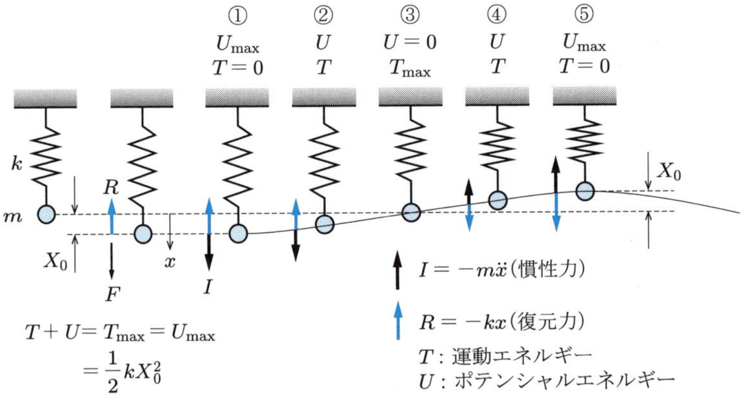

図 8.6

質点が $x = 0$ の静的平衡点に近づく過程では，復元力は小さくなり，したがって，それにつり合う慣性力も小さくなり，加速度も減少していくが，速度は増加する（②）．平衡点に到達したときは，復元力 = 慣性力 = 0，加速度 = 0，したがって，最大速度をもち，質点は慣性の法則に従って，平衡点を通過する（③）．

今度はばねは縮み始め，復元力が下向きに，それにつり合う慣性力が上向きに，したがって，加速度が下向きに生じる．この下向きの加速度が質点の速度を最大速度から徐々に減速させるが，上向きの変位は増加していく．それにつれて，下向きの復元力は増大し，それにつり合う上向きの慣性力も増大し，加速度も慣性力とは逆の下向きに増大していく（④）．

やがて，減速により上向きの速度が 0 となったところ（⑤）で，下向きの復元力とそれにつり合う上向きの慣性力が最大となる．したがって，この位置から，質点は最大の加速度で平衡点に向かって下向きに動き始める．この位置での復元力は手で加え

た初期外力 F と等しく，そのときの変位振幅は X_0 である．

ここまでの過程が質点の振動の半周期に相当し，その後，逆の過程をたどって，最初の手を離した点，すなわち，ばねの伸びが最大の点に戻ってくる．このような過程が質点の振動の 1 周期である．減衰がないので，質点はこの振幅 X_0 の運動を繰り返す．これが不減衰自由振動の発生メカニズムである．

次に，上述の不減衰自由振動を解析的に考察してみよう．式(8.6)の両辺を質量 m でわると，次式となる．

$$\ddot{x} + \omega_n^2 x = 0 \quad ここに，\omega_n = \sqrt{\frac{k}{m}} \tag{8.8}$$

上式の一般解は次式となる（付録 III 参照）．

$$x = A\cos\omega_n t + B\sin\omega_n t = x_0\cos(\omega_n t - \phi) \tag{8.9}$$

ここに，A，B は初期条件から定められる積分定数，$x_0 = \sqrt{A^2 + B^2}$ は振幅，$\phi = \tan^{-1}(B/A)$ は位相角である．

変位 x は円振動数 ω_n をもつ調和振動であることがわかる．このように変動外力が作用せず，振動系が自由に振動するときの円振動数 ω_n を，減衰がないときの**固有円（角）振動数**（natural circular frequency）[rad/s]という．式(8.2)から，減衰がないときの**固有振動数**（natural frequency）f_n は，$f_n = \omega_n/2\pi$ [Hz]，固有周期 T_n は，$T_n = 1/f_n = 2\pi/\omega_n$ [s]である．固有振動数はばね定数の平方根に比例し，質量の平方根に逆比例するが，振幅には依存しない．

機械系では，減衰はそれほど大きなものではないので，減衰のないときの固有振動数を単に固有振動数とよぶ．固有振動数は，振動系の性質を規定するもっとも重要な物理量の 1 つである．

図 8.6 の質点の挙動を解析的に表そう．時刻 $t = 0$ の位置①で，$x = X_0$，$\dot{x} = 0$ だから，式(8.9)から A，B を求めると，$A = X_0$，$B = 0$ ($x_0 = X_0$，$\phi = 0$) を得る．したがって，$x = X_0\cos\omega_n t$ のような調和振動となる．手を静かに離してから質点が元の位置に戻ってくるまでの最小時間 T_n は，位置①から⑤までの所要時間の 2 倍であり，$f_n = 1/T_n$，$\omega_n = 2\pi/T_n$ なる関係がある．

以後，円振動数を単に振動数と省略してよぶことがある．

例題 8.3　水平に支持され，質量が無視できる軸の中央に質量 10 kg の質点を付加すると，その点が（軸の長手方向に垂直な）横方向に 0.1 mm たわんだ．10 kg の質点をその位置に剛に取り付けたときの，系の固有円振動数，固有振動数，固有周期を SI 単位を用いて求めよ．

解　横方向にせん断力 $10g$ [N]が作用して，その方向へ $0.1\,\mathrm{mm} = 0.1 \times 10^{-3}\,\mathrm{m}$ たわんだこと

から，軸の質点取り付け点での横方向のばね定数は $k = 10g/(0.1 \times 10^{-3}) = 9.8 \times 10^5$ N/m. 質量は $m = 10$ kg だから，

$$\text{固有円振動数：} \omega_n = \sqrt{\frac{k}{m}} = \sqrt{\frac{9.8 \times 10^5}{10}} = 313\,\text{rad/s}$$

$$\text{固有振動数：} f_n = \frac{\omega_n}{2\pi} = 49.8\,\text{Hz}$$

$$\text{固有周期：} T_n = \frac{1}{f_n} = 0.020\,\text{s}$$

である．

例題 8.4 例題 8.3 で，固有振動数を 2 倍に高めたい．軸に取り付ける質点の質量をいくらにすればよいか．

解 固有振動数は質量の平方根に逆比例する．ばね定数は変わらないので，固有振動数を 2 倍にするためには，質量を 1/4 にする必要がある．すなわち，質量 $= 10/4 = 2.5$ kg とする．

例題 8.5 図 8.7 のように，質量 m の質点をばね定数 k の 2 つのばねで接続して支持したい．ばねを並列 (a) および直列 (b) に接続したときの，系の固有振動数 f_n [Hz] を求めよ．

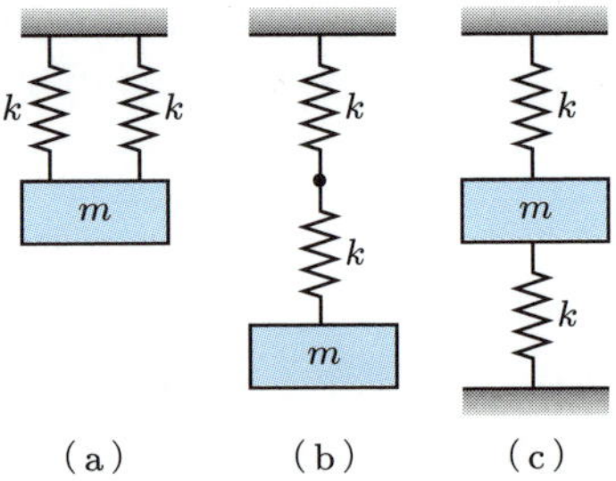

図 8.7

解 ばねが並列に結合されるとき，2 つのばねをばね定数 k_{eq} をもつ 1 つの等価なばねにおき換える．2 つのばねの伸び x は共通で，作用する力 F は各ばねに作用する力の合計となるので，$F = kx + kx = 2kx$．ゆえに，$k_{eq} = 2k$．よって，固有振動数 $f_n = \dfrac{1}{2\pi}\sqrt{\dfrac{k_{eq}}{m}} = \dfrac{1}{2\pi}\sqrt{\dfrac{2k}{m}}$ を得る．

次に，ばねが直列に結合されるとき，各ばねに作用する力 F は等しく，全体のばねの伸び x は各ばねの伸びの和に等しい．よって，$x = \dfrac{F}{k} + \dfrac{F}{k} = \left(\dfrac{1}{k} + \dfrac{1}{k}\right) F = \dfrac{F}{k_{eq}}$ から，$\dfrac{1}{k_{eq}} = \dfrac{1}{k} + \dfrac{1}{k}$

$\therefore \quad k_{eq} = \dfrac{k}{2}$ となり，固有振動数 $f_n = \dfrac{1}{2\pi}\sqrt{\dfrac{k_{eq}}{m}} = \dfrac{1}{2\pi}\sqrt{\dfrac{k}{2m}}$ を得る．

なお，図 (c) の場合は，ばねの復元力を考えれば，並列接続 (a) と等価であることが容易にわかるであろう．

例題 8.6 複雑な形状をした剛体について，重心 G の位置と質量 m がわかっていると仮定する．この剛体の重心まわりの慣性モーメント J を，振動を利用して測定するにはどうしたらよいか．

解 重心 G を通る回転軸と平行な軸を，G から l の距離の位置 O に設置して，重力場で回転軸 O まわりに剛体の振子を微小振動（自由振動）させる．点 O と重心 G を通る線と鉛直線との間の角度を θ とする．点 O まわりの慣性モーメントは $I_O = J + ml^2$，重力の点 O まわりのモーメントは

$N_O = -mgl\sin\theta$ となる．したがって，式(5.25)から運動方程式は，$(ml^2 + J)\ddot{\theta} = -mgl\sin\theta$．$\theta$ を微小として線形化すると，$(ml^2 + J)\ddot{\theta} + mgl\theta = 0$ となり，式(8.6)と同形式となる．ゆえに，固有振動数は $f_n = \dfrac{1}{2\pi}\sqrt{\dfrac{mgl}{ml^2 + J}}$ [Hz]．よって，点Oまわりの微小振動の固有振動数 f_n を測定することにより，m，l は既知だから，上式から J [kgm^2]が求められる．

例題 8.7 $\ddot{x} + \omega_n^2 x = 0$ と $\ddot{x} - \omega_n^2 x = 0$ の解を比較し，どちらが振動的な挙動を示すか検討せよ．

解 A，B を積分定数とすると，前者の解は $x = A\cos\omega_n t + B\sin\omega_n t$（付録III参照）となり振動的である．後者の解は $x = Ae^{\omega_n t} + Be^{-\omega_n t}$ となり，指数関数的に単調増加する項と単調減少する項が重なり合った，非振動的な挙動を示す．

8.3.2 減衰自由振動

式(8.5)の減衰がある場合の自由振動を考える．式(8.5)は定数係数をもつ微分方程式であるので，基本解として $ae^{\lambda t}$ なる形式の解をもつ（付録III参照）．ここに，λ は未知の定数である．これを式(8.5)に代入して，$a \neq 0$ に対して式(8.5)が成り立つ条件（自明でない解をもつ条件）から，次式を得る．

$$m\lambda^2 + c\lambda + k = 0 \tag{8.10}$$

式(8.10)は未知定数 λ を決定する方程式であり，**特性方程式**（characteristic equation）という．特性方程式を満たす根（特性根）は2つあり，それらを λ_1，λ_2 とおく．特性方程式の判別式の符号により，特性方程式の根はともに負の2実根または共役複素根になり得る．すなわち，

$$c \geq 2\sqrt{mk} \text{ のとき，} \quad \left.\begin{matrix}\lambda_1 \\ \lambda_2\end{matrix}\right\} = -\frac{c}{2m} \pm \sqrt{\frac{c^2}{4m^2} - \frac{k}{m}} \tag{8.11}$$

または，$j = \sqrt{-1}$ とおいて，

$$c \leq 2\sqrt{mk} \text{ のとき，} \quad \left.\begin{matrix}\lambda_1 \\ \lambda_2\end{matrix}\right\} = -\frac{c}{2m} \pm j\sqrt{\frac{k}{m} - \frac{c^2}{4m^2}} \tag{8.12}$$

となる．したがって，重ね合わせの原理から，式(8.5)の一般解は次式となる．

$$x = C_1 e^{\lambda_1 t} + C_2 e^{\lambda_2 t} \tag{8.13}$$

ここに，C_1，C_2 は積分定数（一般に複素数）であり，初期条件から求められる．

以下に，式(8.13)の解を積分定数 A，B を用いて実数表示してみよう．

（1） $c > c_c = 2\sqrt{mk}$ のとき

式(8.11)のように，2つの特性根がともに負の実数をもつ場合である．

$$x = A\exp\left[\left(-\frac{c}{2m}+\sqrt{\frac{c^2}{4m^2}-\frac{k}{m}}\right)t\right] + B\exp\left[\left(-\frac{c}{2m}-\sqrt{\frac{c^2}{4m^2}-\frac{k}{m}}\right)t\right] \tag{8.14}$$

解 x は2つの単調減少関数の和であるので，時間とともに減衰していく現象を示し，振動的ではない．これは減衰が非常に大きい場合に相当し，過減衰（over damping）とよばれる．お茶わんに入った水飴の中にビー玉を入れたときの，ビー玉の挙動を思い浮かべればよい．

（2）$c = c_c = 2\sqrt{mk}$ のとき

特性根が重根となる場合である．このときの減衰係数 $c_c = 2\sqrt{mk}$ を臨界粘性減衰係数（critical viscous damping coefficient）とよぶ．この減衰の大きさを境に，解は振動的になったり，非振動的になったりする．このときの一般解は次式となる．

$$x = e^{-(c/2m)t}(A + Bt) \tag{8.15}$$

このことは，式(8.15)を式(8.5)に代入することによって容易に確かめられる（各自確かめてみよ）．式(8.15)の x は Bt 項により一見大きさが増大するように思われるが，$e^{-(c/2m)}t$ 項が Bt 項よりもはるかに速く減少するので，全体としては非振動的な減衰運動となる．

（3）$c < c_c = 2\sqrt{mk}$ のとき

式(8.12)の特性根とオイラーの公式（$e^{j\theta} = \cos\theta + j\sin\theta$）を用いると，

$$x = x(t) = e^{-(c/2m)t}(A\cos\omega_d t + B\sin\omega_d t) = e^{-\zeta\omega_n t}(A\cos\omega_d t + B\sin\omega_d t) \tag{8.16}$$

と書ける．ここに，ω_d は減衰があるときの固有円振動数であり，次式で表される．

$$\omega_d = \sqrt{\frac{k}{m} - \frac{c^2}{4m^2}} = \omega_n\sqrt{1-\zeta^2}, \quad \zeta = \frac{c}{c_c}\ (0 \leq \zeta < 1) \tag{8.17}$$

すなわち，解 x は時間とともに振幅が減衰していく減衰振動となる．

粘性減衰係数と臨界粘性減衰係数の比 ζ を，減衰比（damping ratio）とよぶ．減衰比は無次元量であり，$0 < \zeta < 1$ であれば，振動しながら減衰していく．$\zeta > 1$ の場合が上記（1）の過減衰に相当する．

一般に機械系の減衰は減衰比に換算して1以下であるので，自由振動は，図8.8のような時間とともに振動しながら減衰する減衰振動波形となる．減衰自由振動の円振動数は ω_d であり，減衰比に依存しており，減衰のないときの円振動数 ω_n よりも小さい．ところが，機械系に作用する減衰は，$0 < \zeta \leq 0.2$ が普通である．それゆえ，通常，$\omega_d = \omega_n\sqrt{1-\zeta^2} \approx \omega_n$ と考えて差し支えない．

また，式(8.5)から，減衰自由振動の方程式は m，c，k の3つのパラメータで表さ

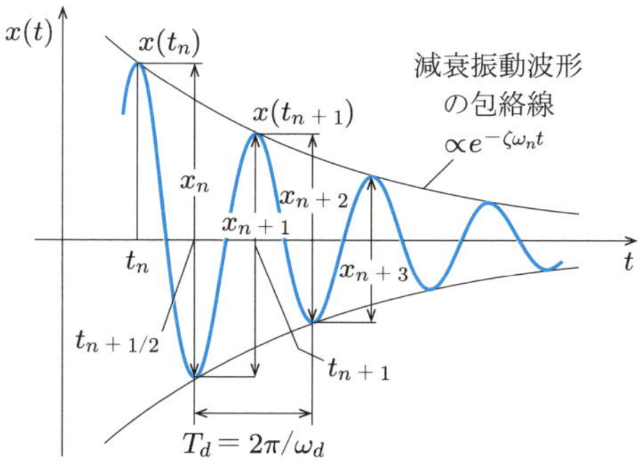

図 8.8

れていたが，式(8.16)，(8.17)からわかるように，その特性は，実は減衰のないときの固有円振動数 ω_n と減衰比 ζ の 2 つのパラメータで把握できる．すなわち，式(8.5)は次式のように表せる．

$$\ddot{x} + 2\zeta\omega_n\dot{x} + \omega_n^2 x = 0 \tag{8.18}$$

例題 8.8 式(8.16)を用いて，減衰が小さいときの 1 自由度系の自由振動応答を求めよ．初期条件を，$t = 0$ のとき $x = x_0$，$\dot{x} = v_0$ とする．ここに，x_0，v_0 は定数である．

解 式(8.16)で，$t = 0$ とおいて前者の初期条件を用いると，$A = x_0$ となる．また，式(8.16)を時間 t に関して微分し，$t = 0$ とおいて後者の初期条件を用いると，$B = (v_0 + \zeta\omega_n x_0)/\omega_d$ を得る．したがって，

$$x = e^{-\zeta\omega_n t}\left(x_0 \cos\omega_d t + \frac{v_0 + \zeta\omega_n x_0}{\omega_d}\sin\omega_d t\right)$$

を得る．これに適当な x_0，v_0 の値を与えて図示したのが，図 8.8 である．

振動パラメータである質量 m やばね定数 k は，実際にはかりで重力を測定したり，力を静的にかけてそのときの変位を測定して求めることができる．また，大抵の場合には，両者は計算機で比較的容易に計算することもできる．一方，粘性減衰係数 c は，静的測定や設計図から直接推定することはできない．そこで，減衰の大きさを知りたい現物そのものを実際に振動させて，動的な測定から推定する方法がとられる．ここでは，比較的小さな減衰をもつ 1 自由度系の粘性減衰係数を，減衰自由振動の波形から求めてみよう．

いま，式(8.16)を時間に関して微分する．

$$\dot{x}(t) = -\zeta\omega_n e^{-\zeta\omega_n t}(A\cos\omega_d t + B\sin\omega_d t)$$
$$\qquad + \omega_d e^{-\zeta\omega_n t}(-A\sin\omega_d t + B\cos\omega_d t)$$

図 8.8 のように，$x(t)$ が極大値をもつ時刻を t_n とすると，$\dot{x}(t_n) = 0$ である．また，

$$\left.\begin{aligned}\dot{x}(t_{n+1/2}) &= \dot{x}\left(t_n + \frac{\pi}{\omega_d}\right) = 0 \\ \dot{x}(t_{n+1}) &= \dot{x}\left(t_n + \frac{2\pi}{\omega_d}\right) = 0\end{aligned}\right\}$$

が確かめられる．つまり，$t_{n+1/2} = t_n + \pi/\omega_d$ で極小値，$t_{n+1} = t_n + 2\pi/\omega_d$ で極大値をもち，減衰振動波形の極大値から次の極大値までの時間間隔は，周期 $T_d = t_{n+1} - t_n = 2\pi/\omega_d$ である．

図のように，減衰振動の波形の両振幅 $x_1, x_2, \dots, x_n, \dots$ をとる．そのとき，隣り合った減衰振動波形の両振幅 x_{n+1}，x_n は，式(8.16)から次のように等比級数で表される．

$$\frac{x_{n+1}}{x_n} = \frac{x(t_{n+1}) - x(t_{n+1/2})}{x(t_n) - x(t_{n+1/2})} = \exp\left(-\frac{\pi\zeta}{\sqrt{1-\zeta^2}}\right) \tag{8.19}$$

そこで，座標系 O-xy 上に，$(x, y) = (x_n, x_{n+1}), n = 1, 2, \dots$ のような実験波形からの測定点をプロットし，原点を通り，測定点にもっともよくフィットするような，平均勾配角 θ をもつ直線 $y = x\tan\theta$ を最小 2 乗法により定める．得られた θ を用いて，次の関係式

$$\exp\left(-\frac{\pi\zeta}{\sqrt{1-\zeta^2}}\right) = \tan\theta \tag{8.20a}$$

から，または，式(8.20a)の両辺の自然対数をとった

$$\frac{\pi\zeta}{\sqrt{1-\zeta^2}} = -\ln(\tan\theta) \tag{8.20b}$$

から，減衰比 ζ が求められる．減衰があると，角度 θ は必ず $\pi/4$ より小さくなり，減衰比が大きくなるにつれて，直線の勾配が小さくなる．なお，減衰が大きいときには，測定点が少なくなるので，この方法では減衰比の測定精度が落ちる．

減衰振動の平均周期 T_d は，m 個の極大値間の時間間隔 T_m を測定すれば，$T_d = T_m/(m-1)$ から求められる．減衰振動の振動数は $f_d = 1/T_d$，円振動数は $\omega_d = 2\pi/T_d$ から計算される．

また，減衰振動の隣り合った極大値の振幅比の自然対数をとると，

$$\delta = \ln\frac{x(t_n)}{x(t_{n+1})} = \frac{2\pi\zeta}{\sqrt{1-\zeta^2}} = -2\ln(\tan\theta) \tag{8.21}$$

となる．この δ を**対数減衰率**（logarithmic decrement）とよび，減衰を表すのによく使用される．減衰が小さい場合は，$\zeta \ll 1$ として，$2\pi\zeta/\sqrt{1-\zeta^2} \approx 2\pi\zeta(1+\zeta^2/2)$ の近似を用いると，対数減衰率と減衰比との関係は次式のようになる．

$$\delta \approx 2\pi\zeta \tag{8.22}$$

例題 8.9　図 8.9 (a)に示すような，一部を油槽に浸けた振子型 1 自由度系の振動子が自由振動する．適当な初期条件で振動子を振動させた波形例を図(b)に，また波形の両振幅のプロットを図(c)にそれぞれ示す．この波形分析から，系の減衰比 ζ，減衰のあるときとないときの固有振動数 f_d，f_n を求めよ．

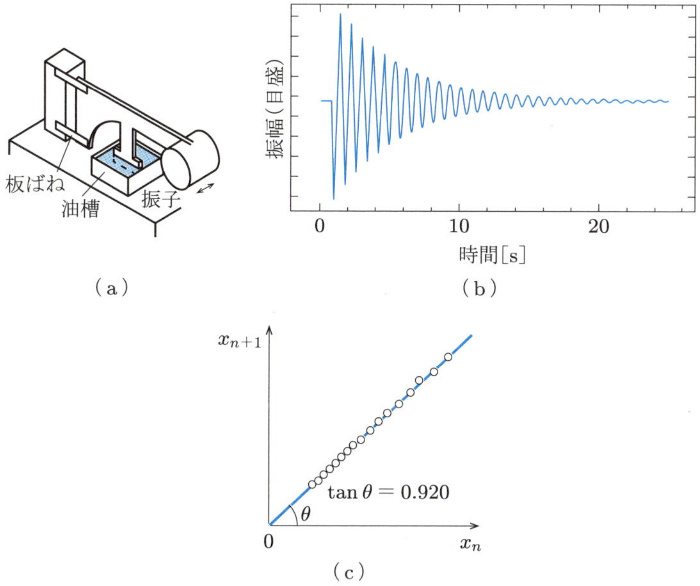

図 8.9

解　図(c)を描くときは，振動初期の乱れた振動部分と振動が小さくなった部分を省略してプロットする．このグラフから，$\tan\theta = 0.920$ (< 1.0)，したがって，式(8.20)から $\zeta = 2.65 \times 10^{-2}$，また，図(b)の減衰振動波形から $T_d = 0.811\,\mathrm{s}$ を得る．ゆえに，固有振動数は次式となる．

$$f_d = \frac{1}{T_d} = 1.23\,\mathrm{Hz}$$

$$f_n = \frac{f_d}{\sqrt{1-\zeta^2}} = 1.23\,\mathrm{Hz} \quad (\therefore \quad f_n \approx f_d)$$

このように，減衰自由振動波形から系の固有振動数，減衰比が求められる．減衰自由振動波形は振動系に外乱を与えて得られる．簡単にいえば，振動系をたたけば重要な特性がわかるのである．たたくことによって系の振動特性を調べることを**ハンマリング**（hammering）といい，現場での機械の振動診断によく用いられる．

ハンマリングの応用には，医者が患者の身体に刺激を与えるのに振動を利用し，その応答を聴診器で聞く診断法，コンクリートをハンマーでたたいて，その音からコンクリートの劣化の存在を知る診断，街路樹を木ハンマーでたたいて，その音から樹木の内部や枯れ状況を調査する診断法，おもりを構造物に衝突させて振動を発生させ，固有振動数の低下から鉄橋の鋼材や締結の劣化を調査する振動診断法などがある．

いままでは，質量 m，ばね定数 k および減衰係数 c は正の定数と考えた．ここでは，m，k は正定数とするが，c，したがって，減衰比 ζ が負の場合を考えてみよう．式(8.18)で ζ が負の場合，特性方程式の根 λ は次式となる．

$$\zeta \leq -1 \text{ のとき，} \quad \left.\begin{matrix}\lambda_1 \\ \lambda_2\end{matrix}\right\} = (-\zeta \pm \sqrt{\zeta^2 - 1})\omega_n \tag{8.23}$$

$$-1 < \zeta < 0 \text{ のとき，} \quad \left.\begin{matrix}\lambda_1 \\ \lambda_2\end{matrix}\right\} = (-\zeta \pm j\sqrt{1 - \zeta^2})\omega_n = -\zeta\omega_n \pm j\omega_d \tag{8.24}$$

$\zeta < 0$ の**負の減衰**（negative damping）の場合には，特性根が式(8.23)のように 2 つの正の実数となるときと，式(8.24)のように実部が正の共役複素数となるときがある．前者は図 8.10 (a)に示すように解が指数関数的に増大する現象（ダイバージェンスという）を示し，後者は図(b)に示すように，自由振動の解が振動しながら振幅が指数関数的に増大していく現象（フラッターという）を示す．そのときの円振動数は，式(8.24)の特性根の虚部 ω_d で与えられる．機械力学や振動学の分野では，振動体が強制外力を受けなくても自由振動の解が後者のように振動しながら時間とともに増大する現象は，**自励振動**（self-excited vibration）の発生と関連して議論されることが多い．特性方程式の根が 1 つでも正の実部をもつとき，系の振幅が増大していくので，**不安定振動**（unstable vibration）を生じるといい，そのときの系を不安定系という．一方，特性方程式の根がすべて負の実部をもつときの系を安定系とよぶ．

機械が安全に利用できるためには，安定系でなければならない．しかしながら，何らかの原因で系が不安定化することも多い．機械力学においては，そのような不安定化に基づく機械の性能低下や故障を未然に防止するためにも，**安定性**（stability）を

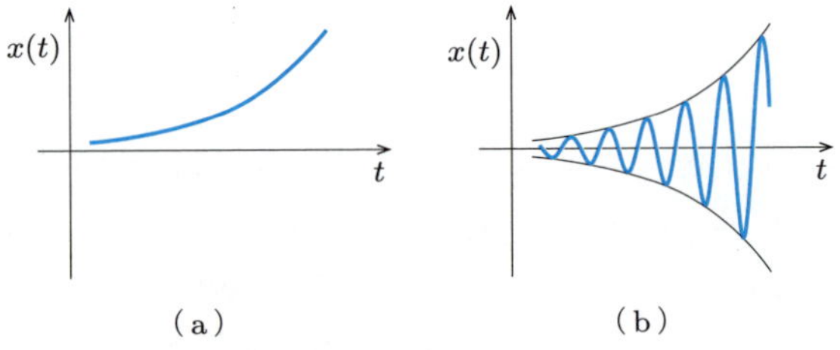

図 8.10

議論しなければならない事例が数多く存在する．

例題 8.10 例題 6.14 の系について安定性を議論せよ．ただし，重力は無視する．

解 運動エネルギーとポテンシャルエネルギーが例題 6.14 で求められているので，これらをラグランジュの運動方程式に代入すると，$\ddot{\xi}+(k/m-\omega^2)\xi = l\omega^2$ を得る．ここで，同次方程式の一般解に注目すると，例題 8.7 から，$k/m > \omega^2$ のとき，系は振動的となり，固有振動数 $\sqrt{k/m-\omega^2}/2\pi$ [Hz] をもつ．一方，$k/m < \omega^2$ のとき，系の動的ばね定数が負となり，解として時間とともに指数関数的に増大する関数 $e^{\sqrt{\omega^2-(k/m)}\,t}$ が存在することになる．このように，遠心力場での振子の運動は，$\omega = \sqrt{k/m}$ を境に遠心力がばねの復元力よりも大きくなると，系が不安定化する．

8.4 1 自由度系の強制振動

図 8.11 に示すように，ばね定数 k のばねと粘性減衰係数 c のダッシュポットで支持された質量 m の質点に，周期的な強制外力 $f(t)$ が作用するときの**強制振動**（forced vibration）を考えよう．一般に，強制振動の挙動を議論できるのは，系が安定のときである．したがって，ここでは，m，c，k はともに正の定数と仮定する．静的平衡位置からの質点の変位 x を考慮すると，自由振動のときのように，質点に作用する慣性力 $-m\ddot{x}$，復元力 $-kx$ および減衰力 $-c\dot{x}$ のほかに外力 $f(t)$ を加えた力の動的なつり合いから，次の運動方程式が得られる．

$$m\ddot{x} + c\dot{x} + kx = f(t) \tag{8.25}$$

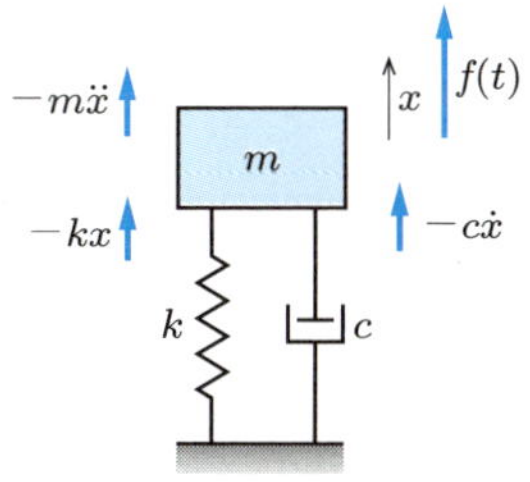

図 8.11

機械は同じ運動を繰り返すものが多いので，その性質から周期的な外力を受ける場合が多い．周期 $T = 2\pi/\omega$ をもつ周期関数 $f(t)$ は，一般に次のようなフーリエ級数に展開可能である．

$$f(t) = \frac{a_0}{2} + \sum_{n=1}^{\infty}(a_n \cos n\omega t + b_n \sin n\omega t) \tag{8.26}$$

線形系に対する重ね合わせの原理から，式 (8.25) の応答 x は，式 (8.26) の各次数 n $(n = 1, \ldots, \infty)$ の周期的外力が質点に個々に作用したときの応答の和として表せる．

そこで，ここではその基本として，次式のように調和関数で表される外力 $f(t) = F_0 \cos\omega t$ が線形1自由度系に作用するときの応答を求めよう．

$$m\ddot{x} + c\dot{x} + kx = F_0 \cos\omega t \tag{8.27}$$

式(8.27)の一般解は，その特解と右辺を0とおいた同次方程式の一般解との和である．そのうち，同次方程式の一般解は8.3.2項で取り扱った自由振動の解であり，安定系では時間とともに消滅していく減衰振動となる．一方，特解は周期外力が作用するときの解，すなわち，強制振動解または周期的な定常応答解とよばれるものである．以後，安定系の強制振動解のみを求める．

式(8.27)のように，外力が一般に円振動数 ω（振動数 $f = \omega/2\pi$）をもつ周期関数のとき，その強制振動解の特徴は以下のようにまとめられる．

（1） 応答 x の振動数は強制力の振動数に一致し，周期的な調和振動となる．
（2） 減衰が存在しない場合，応答 x と強制力の間の位相角は同位相または逆位相となる．一方，減衰が存在する場合，応答 x は強制力よりも位相が遅れる．
（3） 応答 x の振幅の大きさは，強制力の振幅の大きさに比例する（線形系の重ね合わせの原理）．

例題 8.11 式(8.27)の右辺の外力が $F_0 \sin\omega t$ で表されているときの強制振動解を，式(8.27)の解 $x(t)$ を用いて表せ．

解 外力は $2\pi/\omega$ を周期とする周期関数であるので，解も同じ周期をもつ周期関数である．式(8.27)で時間 t を $t - \pi/2\omega$（位相角で90° ずらす）とおくと，右辺が $F_0 \sin\omega t$ に変化するだけなので，外力が正弦関数のときの解は $x\,(t - \pi/2\omega)$ である．したがって，$x(t)$ に比べて時間の原点が変わるだけなので，外力が余弦関数でも正弦関数でも，振動の振幅や位相などの動特性は本質的に同じである．

例題 8.12 図8.11において，減衰が x の正負両方向に速度の2乗に比例する場合の運動方程式を，次式で表現したときの問題点を指摘し，運動方程式を修正せよ．

$$m\ddot{x} + c\dot{x}^2 + kx = f(t)$$

解 $-c\dot{x}^2$ という力は，速度 $\dot{x}$ の正負にかかわらず x 軸の負方向に作用するので，速度 $\dot{x} < 0$ のときには運動方向と同じ向きに作用するから減衰力にならない．速度の2乗に比例した減衰力を $-c|\dot{x}|\dot{x}$ で与えると，$\dot{x} > 0$ のときは $-c|\dot{x}|\dot{x} = -c\dot{x}^2 < 0$，$\dot{x} < 0$ のときは $-c|\dot{x}|\dot{x} = c\dot{x}^2 > 0$ となって，絶えず速度 $\dot{x}$ と逆向きに作用する．修正後の運動方程式は次のようになる．

$$m\ddot{x} + c|\dot{x}|\dot{x} + kx = f(t)$$

8.4.1 一定振幅の外力による強制振動

式(8.27)のように，外力が一定の振幅 F_0 をもつ場合の強制振動解を求めよう．解を上記（1），（2）に従って，次のように仮定する．

$$x = A\cos\omega t + B\sin\omega t = x_0\cos(\omega t - \phi) \tag{8.28}$$

ここに，未知数は A，B または振幅と位相角の x_0，ϕ の 2 つである．応答を求めるには，未知数として前者を選ぶほうが計算上都合がよい．減衰があるため，応答 x は外力 $F_0\cos\omega t$ よりも位相が遅れる．そのため，式(8.28)では，$\cos\omega t$ 成分のみならず，$\sin\omega t$ 成分も考慮してその位相遅れを表そうとしている．式(8.28)を式(8.27)に代入し，$\cos\omega t$ と $\sin\omega t$ の係数をそれぞれ 0 とおくと，

$$\left.\begin{aligned} &(k - m\omega^2)A + c\omega B = F_0 \\ &-c\omega A + (k - m\omega^2)B = 0 \end{aligned}\right\} \tag{8.29}$$

となる．これが A，B の決定方程式である．上式を解くと，振幅 x_0 と位相角 ϕ は，

$$\left.\begin{aligned} &x_0 = \sqrt{A^2 + B^2} = \frac{F_0}{\sqrt{(k - m\omega^2)^2 + (c\omega)^2}} \\ &\phi = \tan^{-1}\frac{B}{A} = \tan^{-1}\frac{c\omega}{k - m\omega^2} \end{aligned}\right\} \tag{8.30}$$

のようになる．式(8.5)から式(8.18)への変形過程を参考にして，式(8.30)の結果をまとめ直すと，次式となる．

$$M_f = \frac{x_0}{x_{st}} = \frac{1}{\sqrt{(1 - \nu^2)^2 + (2\zeta\nu)^2}}, \quad \phi = \tan^{-1}\frac{2\zeta\nu}{1 - \nu^2} \tag{8.31}$$

ここに，$x_{st} = F_0/k$，$\nu = \omega/\omega_n$，$\omega_n = \sqrt{k/m}$，$\zeta = c/c_c$，$c_c = 2\sqrt{mk}$ である．

x_{st} は一定外力 F_0 が静的に作用したときの質点の変位であり，静たわみとよび，$M_f = x_0/x_{st}$ を**振幅倍率**（amplitude magnification factor）とよぶ．振幅倍率が 1 以上であれば，外力が周期的（動的）に作用する効果が静たわみよりも大きくなることを意味している．振幅倍率や位相角は，減衰比 ζ，および強制力の円振動数と系の固有円振動数との比 $\nu = \omega/\omega_n$ の関数となる．図 8.12 に，振幅倍率 M_f と位相角 ϕ の計算結果を示す．図から，以下のことがいえる．

（1）　$\nu = \omega/\omega_n = 1$ の近傍で振幅倍率はピークをもち，極端に大きくなっていることが読み取れる．このような現象を**共振**（resonance）とよぶ．また，このピークを共振点とよぶ．減衰比が小さいほど，振幅倍率のピーク値は大きくなり，減衰がないと，振幅倍率は無限大となる．共振は強制力の振動数が系の固有振動数に近づくと生じる．共振を起こすと，その構造物は一気に破壊したり，振動による繰り返し応力によって部材に疲労破壊を生じる．このように共振は恐ろしい破壊力をもつので，機械系では絶対に避けなければならない．そのためには，系の固有振動数を強制力の振動数からできるだけ離す必要がある．つまり，強制力の振動数の範囲を知り，固有振動数がそ

の範囲に入らないように設計しなければならないのである．

図 8.12 のように，振動数（周波数）を横軸にとって共振点付近の系の応答を表すグラフを，**共振曲線**（resonance curve）または**周波数応答曲線**（frequency response curve）という．振幅倍率以外に周波数応答を表す関数として，表 8.1 に示す 6 通りのものがある．これらの中で通常よく使用される周波数応答関数は，コンプライアンス，モビリティおよびアクセレランスである．上述の振幅倍率はコンプライアンスに相当する．

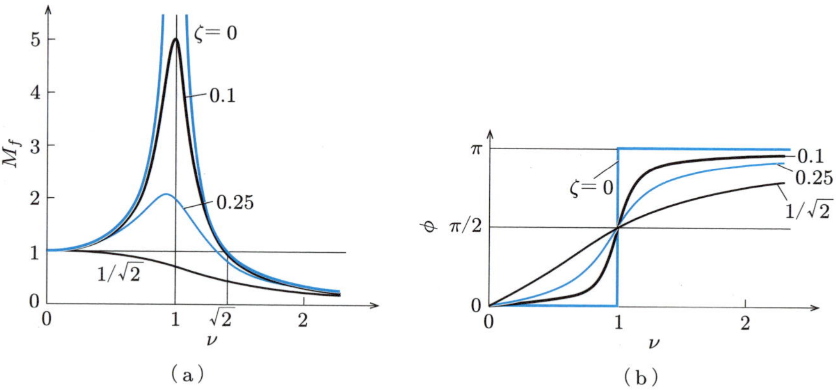

図 8.12

表 8.1 周波数応答関数

定義	名称	単位
変位/力	コンプライアンス	m/N
速度/力	モビリティ	m/Ns
加速度/力	アクセレランス	m/Ns^2
力/変位	動剛性	N/m
力/速度	機械インピーダンス	Ns/m
力/加速度	動質量	Ns^2/m

（2） 振幅倍率がピーク（共振点）をもつ振動数比 ν_p およびそのときの振幅倍率 $(M_f)_p$ は，式(8.31)で M_f の ν^2 に関する導関数が 0 になる条件から，次式を得る．

$$\nu_p = \sqrt{1-2\zeta^2}, \quad (M_f)_p = \frac{1}{2\zeta\sqrt{1-\zeta^2}}$$

図 8.12 (a)からもわかるように，減衰比が大きくなると，振幅倍率は小さくなる．したがって，振動を抑えるには減衰を大きくすることが得策である．減衰比が $\zeta = 1/\sqrt{2} = 0.707$ よりも大きくなると，ピークは消滅する．共振点のピークは減衰比のみに依存し

ている．減衰が比較的小さく，$\zeta^2 \approx 0$ とみなせる場合，上式から，共振点の振動数比はほぼ $\nu_p = 1$ に一致し，共振点のピークの大きさは減衰比に逆比例する．すなわち，

$$(M_f)_p = \frac{1}{2\zeta} \tag{8.32}$$

となる．この関係は，減衰力によって消費されるエネルギーと外力のなす仕事が等しいという条件からも求められる（8.4.5 項参照）．

（3） 減衰が小さいとき，振幅倍率が 1 以上になるのは，$0 \leq \nu \leq \sqrt{2}$ の範囲であり，これ以上高い振動数の領域では静たわみよりも変位は小さく，0 に漸近する．

ν が十分に大きい領域では，変位が小さく振動数が高い．したがって，慣性力，減衰力，復元力の中で慣性力 $-m\ddot{x} = m\omega^2 x$ がもっとも大きくなるので，近似的に慣性力と外力がつり合っていると考えてよい．すなわち，式(8.27)は $m\ddot{x} = F_0 \cos\omega t$ で近似できる．したがって，振幅は $x_0 = F_0/m\omega^2$（位相角は $\phi = \pi$）となる．一方，ν が十分に小さい領域では，3 者の中で復元力 $-kx$ がもっとも大きくなるので，式(8.27)は $kx = F_0 \cos\omega t$ で近似できる．したがって，$\omega \to 0$ では，振幅 x_0 は静たわみ x_{st} に近づく．ν がその中間の値をとる領域では，慣性力，減衰力および復元力がお互いに影響し合って大きな振動を生じる．

（4） $\nu = 1$ での位相角は減衰の大きさに無関係に $\pi/2$ となっており，$\nu = 1$ の近傍では位相は激しく変化する．

（5） 共振を避ける（ν を 1 から遠ざける）ための機械の支持方法として，支持ばね定数 k を大きく（ω_n を大きく）してがっちりと支持する**剛支持**（rigid support; $\nu \to 0$）と，支持ばね定数 k を小さく（ω_n を小さく）して軟らかく支持する**柔軟支持**（floating support; $\nu \to \infty$）の 2 通りがある．

周波数応答を表すのに，図 8.12 は横軸に振動数，縦軸に振幅や位相をとり，その各軸は線形目盛で図示されている．周波数応答関数のほかの表示法として，**ボード線図**（Bode diagram）がある．ボード線図は，その横軸の振動数と縦軸の振幅に対数目盛を用いている．そのため，広い振動数範囲の応答が網羅でき，振動で重要な低振動数領域の様子をくわしく見ることができること，ほとんど振動していない領域から共振点のような非常に大きな振動をしている領域の応答まで振動数と振幅の広範囲にわたって図示できること，およびばねや質量の特性がボード線図上では直線で表されて物理的な考察が容易であることなどの利点がある．

図 8.13 は，図 8.12 の振幅倍率をボード線図で表示したものである．縦軸は $20\log_{10} M_f$ をとっており，デシベル [dB] という単位をもつ．振幅倍率が 10 倍，100 倍になれば，それぞれ 20 dB，40 dB 増加する．振動計測器からの出力結果の多くは通常，ボード

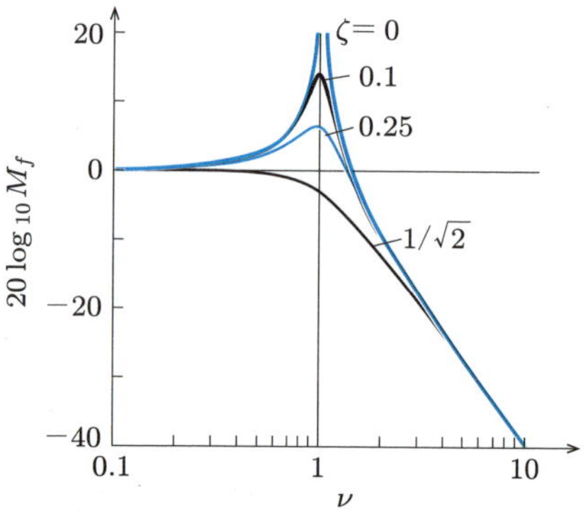

(a)

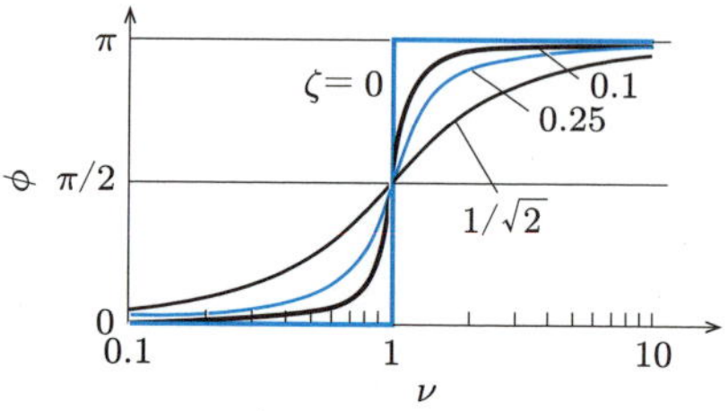

(b)

図 8.13

線図で描かれる．図 8.13 と上記（3）の考察から，このボード線図上では，ばねの特性は水平線（$\nu \to 0$ の領域）で，質量の特性は ν が 10 倍になれば 40 dB 下がる（40 dB/decade の）右下がりの直線（$\nu \to \infty$ の領域）で表されている．

例題 8.13 ある系で，モビリティ $G(\omega)$ が 3 dB 増加した．モビリティははじめの何倍になったか．

解 $20\log_{10} G(\omega) = 3$ だから，$G(\omega) = 10^{3/20} = 1.41$ となる．したがって，はじめの 1.41 倍となった．

次に，機械が振動するとき，機械が設置されている床にどれくらいの力が伝達されるか調べてみよう．振動している機械の近くに精密機械が取り付けられているときには，その力が床を通して精密機械に伝わり，精密機械を振動させることになる．図 8.11 において，力はばねとダッシュポットを介して床に伝達される．ばねとダッシュポットから床へは，x と反対の向きにそれぞれ $-kx$，$-c\dot{x}$ が作用する．したがって，復元力と減衰力の和が伝達力となる．すなわち，x の正方向の伝達力を P とすると，

$$P = -(-kx) - (-c\dot{x}) = kx + c\dot{x} \tag{8.33}$$

となる．式(8.33)に式(8.28)を代入すると，伝達力の振幅 P_0 は次式で表せる．

$$P_0 = x_0\sqrt{k^2 + (c\omega)^2}$$

上式を式(8.31)と同様に整理すると，

$$\gamma = \frac{P_0}{F_0} = \frac{\sqrt{1 + (2\zeta\nu)^2}}{\sqrt{(1-\nu^2)^2 + (2\zeta\nu)^2}} \tag{8.34}$$

を得る．γ を伝達率（transmissibility）とよび，伝達力と強制力の振幅の比を表す．

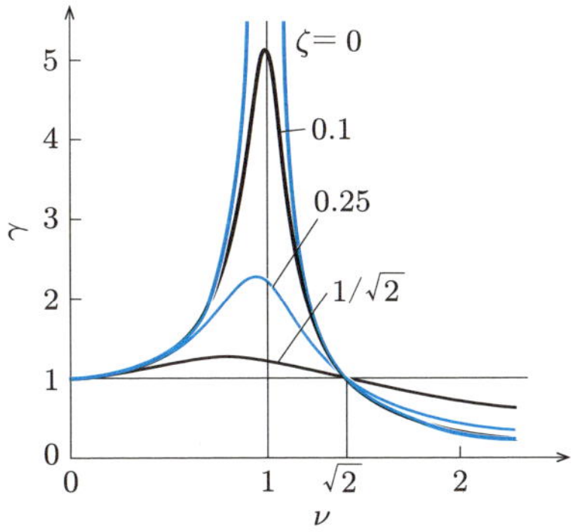

図 8.14

それを図 8.14 に示す．その特徴は次のようにまとめられる．

（1） 振動が大きいところでは，伝達力も大きい．
（2） $\nu < \sqrt{2}$ と $\nu > \sqrt{2}$ の領域では，伝達率に対する減衰の効果が逆である．
（3） 伝達力を極力抑えたいとき，剛支持（$\nu \to 0$）かつ高減衰，柔軟支持（$\nu \to \infty$）かつ低減衰の 2 通りが考えられる．

8.4.2　遠心力タイプの強制力による強制振動

図 7.10 のような，不つり合いをもつモータの回転によって生じる遠心力による強制振動を考える．回転体に関連した強制振動はこのタイプの振動となる．振動体の全質量を M，不つり合い量を mr（質量 m の不つり合いが回転軸から r の位置にある）とし，モータの角速度を ω とする．モータは，ばね定数 K のばねと粘性減衰係数 C のダッシュポットで支持されている．モータは上下方向にのみ振動すると仮定し，その変位を x とすると，例題 7.9 から運動方程式は，

$$M\ddot{x} + C\dot{x} + Kx = mr\omega^2 \cos \omega t \tag{8.35}$$

となる．この強制振動解は，式(8.30)で $F_0 = mr\omega^2$ とおき換えて求められる．振動振幅を x_0 とし，$\nu = \omega/\omega_n$，$\omega_n = \sqrt{K/M}$，$\zeta = C/2\sqrt{MK}$ とおけば，結果は次式となる．

$$\frac{x_0}{mr/M} = \frac{\nu^2}{\sqrt{(1-\nu^2)^2 + (2\zeta\nu)^2}} \tag{8.36}$$

図 8.15 に，振幅比 $x_0/(mr/M)$ と振動数比 ν の関係を示す．その特徴は次のようにまとめられる．

（1） 遠心力タイプでも，$\nu = 1$ の近傍で共振を起こす．強制力が回転数の 2 乗に比

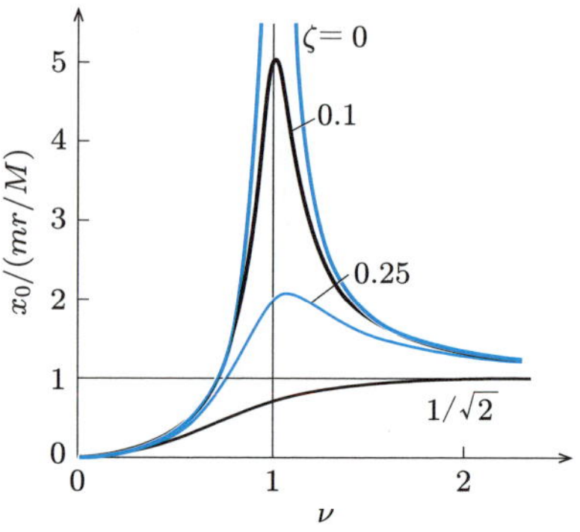

図 8.15

例するので，図 8.12 の振幅倍率 M_f に比較して，振動数の低いところは振幅が 0 に近く，反対に固有振動数を超えて振動数が高くなるにつれて振幅比は 1 に漸近するという特徴がある．

（2） モータの振動を小さくするためには，剛支持（$\nu \to 0$）かつ高減衰，および柔軟支持（$\nu \to \infty$）かつ高減衰の 2 通りが考えられる．

（3） 共振のピークを与える振動数比を ν_p，そのときの振幅を $(x_0)_p$ とすると，

$$\nu_p = \frac{1}{\sqrt{1-2\zeta^2}}, \quad \frac{(x_0)_p}{mr/M} = \frac{1}{2\zeta\sqrt{1-\zeta^2}}$$

となる．共振点 ν_p は常に $\nu \geq 1$ で生じ，減衰比のみに依存する．また，遠心力タイプの最大振幅も，振幅倍率と同様に，減衰比のみに依存し，ζ が小さいとき，次式で近似できる．

$$\frac{(x_0)_p}{mr/M} \approx \frac{1}{2\zeta} \tag{8.37}$$

例題 8.14 図 7.10 に示す遠心力タイプの振動系がある．

（1）床に伝わる力の伝達率 γ を求めよ．

（2）モータは質量が $M = 100\,\mathrm{kg}$ で，不つり合い量 mr をもち，3600 rpm で回転している．モータに作用する最大遠心力の 1/5 以下が基礎に伝わるようにしたい．モータを支持するばねのばね定数 K を求めよ．ただし，減衰比を $\zeta = 0.1$ とする．

解 （1）運動方程式は，$M\ddot{x} + C\dot{x} + Kx = mr\omega^2 \cos\omega t$ である．

振動振幅を x_0 とすると，式(8.36)から，$\dfrac{x_0}{mr/M} = \dfrac{\nu^2}{\sqrt{(1-\nu^2)^2 + (2\zeta\nu)^2}}$ を得る．

伝達力の振幅は $P_0 = x_0\sqrt{K^2 + (C\omega)^2}$ なので，伝達率 $\gamma = P_0/mr\omega^2$ は，次式となる．

$$\gamma = \frac{\sqrt{1+(2\zeta\nu)^2}}{\sqrt{(1-\nu^2)^2+(2\zeta\nu)^2}} \quad ここに，\omega_n = \sqrt{\frac{K}{M}},\quad \zeta = \frac{C}{2\sqrt{MK}},\quad \nu = \frac{\omega}{\omega_n}$$

この伝達率は図 8.14 の γ と同じである．

（2）モータの角速度は，$\omega = 3600 \times 2\pi/60 = 120\pi$ [rad/s]．題意から，$\gamma = 1/5$，$\zeta = 0.1$ として ν の範囲を求めると，$\nu \geq 2.57$．よって，$120\pi \geq 2.57 \times \sqrt{K/100}$ から，$K \leq 2.15$ MN/m.

8.4.3　基礎変位による強制振動

強制振動が発生するのは，質点に強制力が作用する場合だけとは限らない．地震などのように，基礎が振動することによって，その上の機械や構造物が強制的に振動させられることも多い．そこで，ここでは図 8.16 のように，機械が設置されている床が上下方向に $y = a\cos\omega t$ で振動している場合を考える．いまの場合，質点に作用する外力はない．質点の静止座標系から見た変位を x とすると，慣性力 $-m\ddot{x}$，減衰力 $-c(\dot{x}-\dot{y})$，復元力 $-k(x-y)$ の動的つり合いから，運動方程式は次式となる．

$$m\ddot{x} + c(\dot{x}-\dot{y}) + k(x-y) = 0 \tag{8.38}$$

整理すると，次式となる．

$$m\ddot{x} + c\dot{x} + kx = c\dot{y} + ky = ka\cos\omega t - c\omega a\sin\omega t \tag{8.39}$$

強制変位 y によって，上式の右辺のようにばねとダッシュポットを介して強制力が生じる．2 つの外力に重ね合わせの原理を適用して，強制振動の振幅 x_0 が求められる．結果を x_0/a で表すと，それは式(8.34)の γ と一致する．

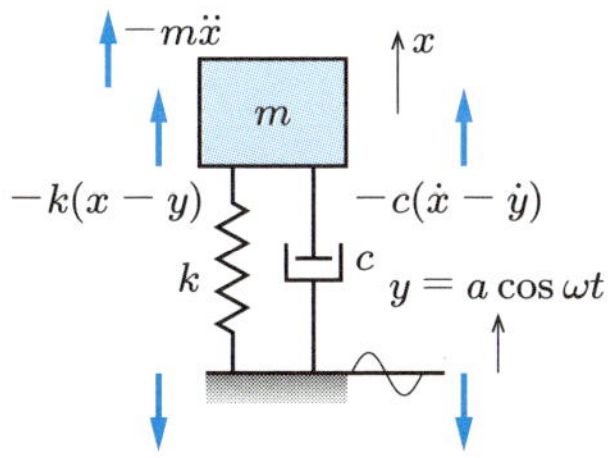

図 8.16

例題 8.15　図 8.17 のように，質量 m の物体が上下方向に $y = y_0\cos\omega t$ で振動する水平台の上におかれている．物体が台から離れる条件を求めよ．

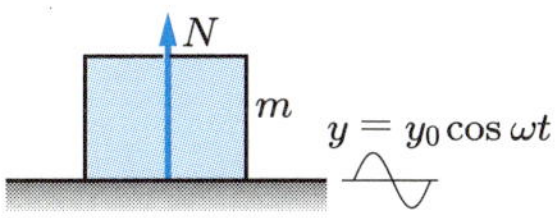

図 8.17

解　物体が台から受ける垂直抗力を N とする．鉛直方向の運動方程式は，$m\ddot{y} = N - mg$ で，物体が台から離れるための条件は，$N \leq 0$ である．よって，

$$N = mg + m\ddot{y} = m(g - y_0\omega^2\cos\omega t) \leq 0$$

となる．この条件が成り立つ時刻が存在するためには，$y_0\omega^2 \geq g$．したがって，振動加速度振幅

が重力加速度よりも大きくなると，物体は台の振動時の最高位置で離れ始める．

例題 8.16 図 8.18 のように，質量のない剛体棒の一端 A にある質量 m_1 の質点をばね定数 k のばねで支え，他端 C に質量 m_2 の質点を取り付けた系がある．棒の中ほどの回転支点 B に対して，上下の強制変位 $e\cos\omega t$ を与える．この系の応答を求めよ．ただし，強制変位が作用しないとき，剛体棒は水平であり，$m_1 a < m_2 b$ とする．

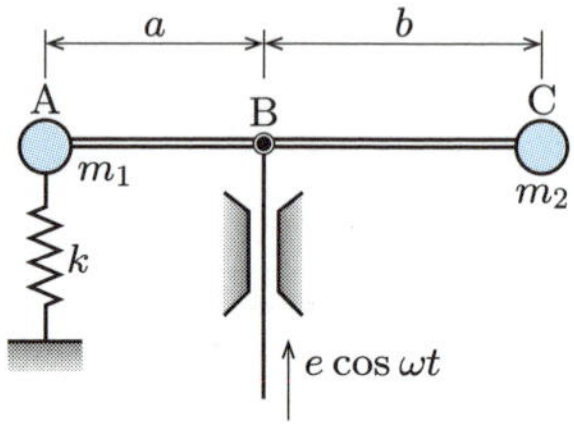

図 8.18

解 強制変位 $= 0$ のときの回転支点 B を原点とし，水平右向きを x 軸，鉛直上向きを y 軸とする静止座標系をとる．質点の微小な振動を考える．質点 A の座標を (x_1, y_1)，質点 C の座標を (x_2, y_2) とする．系の自由度は 1 だから，一般化座標として棒の反時計まわりの傾き角 θ をとる．θ を微小とする（付録 IV 参照）と，次のようになる．

$$x_1 = -a, \quad y_1 = -a\theta + e\cos\omega t, \quad x_2 = b, \quad y_2 = b\theta + e\cos\omega t$$

運動エネルギー T とポテンシャルエネルギー U は，以下のようになる．

$$\begin{aligned} T &= \frac{1}{2}m_1(\dot{x}_1^2 + \dot{y}_1^2) + \frac{1}{2}m_2(\dot{x}_2^2 + \dot{y}_2^2) \\ &= \frac{1}{2}(m_1 a^2 + m_2 b^2)\dot{\theta}^2 + (m_1 a - m_2 b)e\omega\dot{\theta}\sin\omega t + \frac{1}{2}(m_1 + m_2)(e\omega)^2\sin^2\omega t \end{aligned}$$

$$U = \frac{1}{2}ky_1^2 = \frac{1}{2}k(-a\theta + e\cos\omega t)^2$$

一般化力 $= 0$ として，ラグランジュの運動方程式(7.28)に代入すると，次式となる．

$$(m_1 a^2 + m_2 b^2)\ddot{\theta} + ka^2\theta = \{kae + (m_2 b - m_1 a)e\omega^2\}\cos\omega t$$

ここで，特解のみを考えると，強制振動解 $\theta = \theta_0\cos\omega t$（減衰がないので，応答は外力項と同位相か逆位相）の振幅は，次式となる．

$$\frac{\theta_0}{\theta_{st}} = \frac{1}{|1 - (\omega/\omega_n)^2|}$$

ここに，$\omega_n = \sqrt{\dfrac{ka^2}{m_1 a^2 + m_2 b^2}}$，$\quad \theta_{st} = \dfrac{kae + (m_2 b - m_1 a)e\omega^2}{ka^2}$ である．

例題 8.17 博物館や展示会などで貴重な展示物や作品が地震によって転倒し，損傷することがある．それを防止するために，展示テーブルをどのように設計すれば水平方向の地震に対して被害を受けなくてすむかを考える．図 8.19 に示すように，ベースは床に取り付けられ，そのベースは水平方向に $y = a\cos\omega t$ なる変位をしていると仮定しよう．展示テーブルは水平方向にのみ動くことができ（変位を x とする），展示テーブルとベー

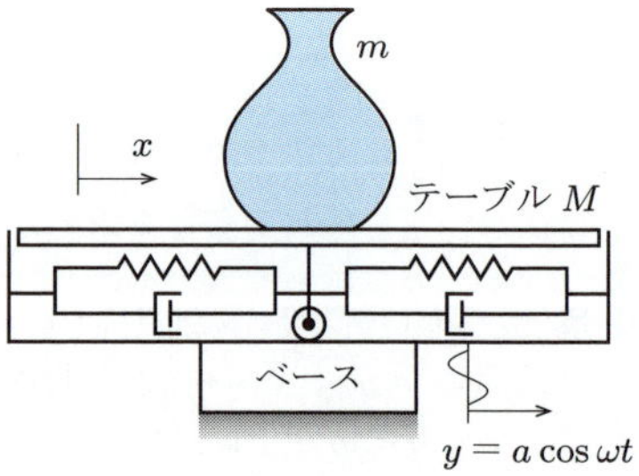

図 8.19

スの間には，ばね定数 k および粘性減衰係数 c の2つのばねとダッシュポットが取り付けられている．展示テーブルの質量を M，展示物の質量を m として，以下の問いに答えよ．

（1）ダランベールの原理を用いて系の運動方程式を求めよ．

（2）強制振動解を求めよ．

（3）展示テーブルの振動振幅を，ベースの振幅 a よりも小さくするための条件を述べよ．

（4）展示テーブルを免振装置とするためには，どのような支持にすればよいか．

解 テーブルと展示物は一体となって運動しており，回転運動は無視し，水平方向振動のみを仮定する．

（1）テーブルに実際に作用する x 方向の復元力 $-2k(x-y)$，粘性減衰力 $-2c(\dot{x}-\dot{y})$，見かけの力である慣性力 $-(m+M)\ddot{x}$ が動的につり合う．それらの力の動的平衡から，運動方程式は，$\{-(m+M)\ddot{x}\}+\{-2c(\dot{x}-\dot{y})\}+\{-2k(x-y)\}=0$ となる．まとめると次式となる．

$$(m+M)\ddot{x}+2c\dot{x}+2kx=2ka\cos\omega t-2c\omega a\sin\omega t$$

（2）強制振動解を $x=A\cos\omega t+B\sin\omega t$ と仮定する．この式を運動方程式に代入し，cos, sin の係数を両辺で等しいとおいて，未知の振幅 A，B を求めると，振幅 $x_0=\sqrt{A^2+B^2}$ は，式(8.34)に一致する．すなわち，

$$\frac{x_0}{a}=\frac{\sqrt{1+(2\zeta\nu)^2}}{\sqrt{(1-\nu^2)^2+(2\zeta\nu)^2}}$$

となる．ここに，$\nu=\dfrac{\omega}{\omega_n}$，$\omega_n=\sqrt{\dfrac{2k}{m+M}}$，$\zeta=\dfrac{c}{\sqrt{2k(m+M)}}$ である．

（3）図8.14から，題意を満足するためには，柔軟支持（k を小さく $\to \omega_n$ を小さく $\to \nu>\sqrt{2}$）にすればよい．

（4）免振装置，すなわち，テーブルが地震時にもほとんど振動しないようにする装置は，図8.14で ν を非常に大きくすることで実現できることがわかる．$\nu=4$ で $x_0/a=0.07$ 程度となる．まず，地震の振動数は1〜10 Hz であるので，強制振動数を $f=\omega/2\pi=1\,\mathrm{Hz}$ と見積もる．したがって，展示テーブルの固有振動数を $f_n=\omega_n/2\pi=0.25\,\mathrm{Hz}$ 程度に設定すれば十分であろう（$\nu=4$）．この条件から，テーブルの質量および支持ばね定数が決定される．

このように設定すると地震の対策にはなるが，テーブル支持ばね定数は小さくなるので，通常はぐらぐらする．そのため，見物人に展示物やテーブルを触れさせないように対策すること，展示物の設置，交換，取り除きの際には，テーブルをクランプできる機構を備えておくことが望ましい．

長周期振動が問題となる高層ビル内の展示室では，さらに建物による減衰を有効に活用することが必須である．

8.4.4 サイズモ計の原理

前項の基礎励振のもっとも重要な応用例として，図8.20に示すような振動している床の上におかれた箱の中の，質量 m の質点，ばね定数 k のばね，粘性減衰係数 c のダッシュポットから構成される**サイズモ系**（seismic system）の振動を考える．床が変位 $y=a\cos\omega t$ で振動している箱の上に振動系が取り付けられている場合の運動方程式は，式(8.38)となる．いま，質点と箱，すなわち床との間の相対変位（ばねの変

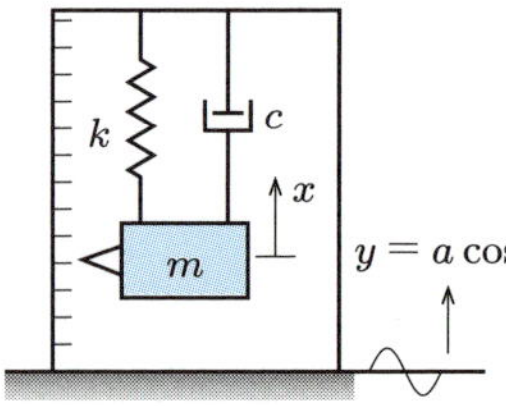

図 8.20

形量）を $z = x - y$ とすると，式(8.38)は次式のように変形される．

$$m\ddot{z} + c\dot{z} + kz = -m\ddot{y} = ma\omega^2 \cos \omega t \tag{8.40}$$

相対変位 $z = z_0 \cos(\omega t - \phi)$ の定常振幅 z_0 および位相角 ϕ は，次式で与えられる．

$$\frac{z_0}{a} = \frac{\nu^2}{\sqrt{(1-\nu^2)^2 + (2\zeta\nu)^2}}, \quad \phi = \tan^{-1} \frac{2\zeta\nu}{1-\nu^2} \tag{8.41}$$

ここに，$\nu = \dfrac{\omega}{\omega_n}$，$\omega_n = \sqrt{\dfrac{k}{m}}$，$\zeta = \dfrac{c}{c_c}$，$c_c = 2\sqrt{mk}$ である．

（1） $\nu \ll 1$ のとき：式(8.41)第 1 式の右辺中の分母の第 1 項の ν および第 2 項を 1 に比較して小さいとして無視すると，z_0 は近似的に次式となる．

$$z_0 = a\nu^2 = \text{加速度振幅に比例する量}, \quad \phi \approx +0 \tag{8.42}$$

したがって，振動している床の振動数よりもかなり高い固有振動数をもつ（たとえば，非常に硬いばねで支持された）サイズモ系（質点・ダッシュポット・ばね）によって，ばねの変位量（質点の相対変位）から床の加速度が測定される．これが，**サイズモ加速度計の原理**（principle of seismic accelerometer）である．

（2） $\nu \gg 1$ のとき：z_0 は近似的に次式となる．

$$z_0 = a, \quad \phi \approx \pi \tag{8.43}$$

したがって，振動している床の振動数よりもかなり低い固有振動数をもつ（たとえば，非常に軟らかいばねで支持された）サイズモ系によって，ばねの変形量（質点の相対変位）から床の変位が測定される．これが，**サイズモ変位計の原理**（principle of seismic displacement meter）である．

例題 8.18 自動車がでこぼこ道を走行しているときの自動車の上下方向振動を，図 8.21 のような単純化したモデルで考えよう．速度 V で走行している自動車のばね上質量を m，ばね定数を k，道路のうねりを波長 λ，振幅 a の余弦波とする．（1）ばねが非常に軟らかい場合，（2）ばねが硬い場合，の自動車の応答を求めよ．ただし，簡単のため，減衰は無視する．

解 自動車に作用する強制変位は，$y = a\cos(2\pi V/\lambda)t$ と表すことができる．したがって，運動方程式は式(8.38)で $c=0$ とした $m\ddot{x}+k(x-y)=0$ となる．相対変位を $z=x-y$，解を $z=z_0\cos\omega t$，$\omega=2\pi V/\lambda$ とおくと，相対変位の振動特性は，次式で表せる．

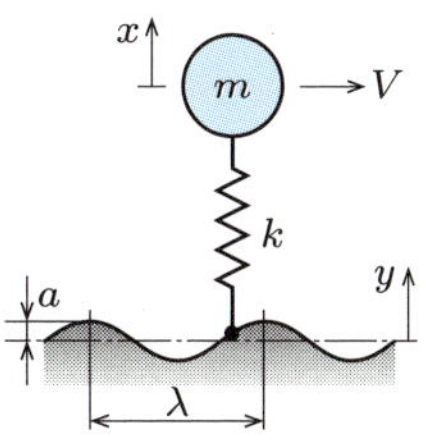

図 8.21

$$\frac{z_0}{a}=\frac{\nu^2}{1-\nu^2}\quad ここに，\nu=\frac{\omega}{\omega_n},\ \omega_n=\sqrt{\frac{k}{m}}$$

（1）ばね定数 k が小さい，すなわち，$\nu\gg 1$ のとき，$z_0\approx -a$．よって，相対変位の振幅は道路のでこぼこの振幅に等しく，位相はうねりと逆である．そのとき，自動車自身の絶対変位振幅は $x_0=z_0+a\approx 0$ となり，自動車に乗っている人は道路のでこぼこを感じない．

（2）ばね定数 k が大きい，すなわち，$\nu\ll 1$ のとき，$z_0=a\nu^2\approx 0$ となり，相対変位は 0 となるが，自動車自身は $x_0\approx a$ の振幅の振動をする．自動車は道路のでこぼこに沿って振動するので，人は振動で疲れきってしまう．

この問題で，乗り心地は自動車の絶対的な動きを評価しなければならないが，サイズモ計は相対的な動きを利用した測定法であるので，相対変位を絶対変位に変換しなければならない．

なお，サイズモ加速度計の 1 つである加速度ピックアップでは，その相対変位（加速度）を高剛性の圧電素子（力を受けるとひずみが生じ，そのひずみに比例した電荷を発生する素子）を用いて計測しており，そのピックアップの電荷出力を電圧変化に変えて加速度を測定している．

8.4.5　エネルギーによる考察

式(8.27)の強制振動をエネルギーの立場から考察しよう．

$$m\ddot{x}+c\dot{x}+kx=F_0\cos\omega t \tag{8.27 再掲}$$

上式の強制振動解は，$x=x_0\cos(\omega t-\phi)$ で表される．そのときの振幅 x_0，位相角 ϕ は式(8.31)で与えられる．式(8.27)の左辺の項を右辺に移項した式は，質点上から見ると，質点に作用する見かけの力である慣性力，減衰力，復元力および外力が動的につり合っていることを示している．

まず，1 サイクル中に外力 $F_0\cos\omega t$ のなす仕事 W_e は，

$$\begin{aligned}W_e&=\oint F_0\cos\omega t\,dx=\int_0^{2\pi/\omega}F_0\cos\omega t\{-\omega x_0\sin(\omega t-\phi)\}dt\\&=\pi x_0F_0\sin\phi\end{aligned}\tag{8.44}$$

となる．もし，質点が共振している場合，すなわち，位相角が $\phi=\pi/2$ のとき，W_e は最大値 $(W_e)_{\max}=\pi x_0F_0$ をもつ．

次に，1 サイクル中に減衰力 $-c\dot{x}$ がなす仕事 W_d は，

$$\begin{aligned}W_d&=\oint -c\dot{x}dx=\int_0^{2\pi/\omega}-c\dot{x}^2dt=\int_0^{2\pi/\omega}-c\omega^2x_0^2\sin^2(\omega t-\phi)dt\\&=-\pi c\omega x_0^2<0\end{aligned}\tag{8.45}$$

となる．減衰力のなす仕事 W_d は負となり，減衰によってエネルギーが消費されるこ

とを意味する．減衰によって 1 サイクル中に消費されるエネルギーは，応答の振幅の 2 乗と振動数にそれぞれ比例する．

一方，1 サイクル中に復元力 $-kx$ および慣性力 $-m\ddot{x}$ のなす仕事をそれぞれ W_r および W_i とすると，

$$W_r = \oint -kx dx = 0, \quad W_i = \oint -m\ddot{x} dx = 0 \tag{8.46}$$

となる．ゆえに，1 サイクル中に復元力，慣性力は仕事をしない．

ところで，式(8.44)中の $\sin\phi$ は式(8.31)から，

$$\sin\phi = \frac{2\zeta\nu}{\sqrt{(1-\nu^2)^2+(2\zeta\nu)^2}} = \frac{x_0}{x_{st}}\cdot 2\zeta\nu = \frac{x_0\omega c}{F_0} \tag{8.47}$$

となるので，式(8.44)は次のようになる．

$$W_e = \pi x_0 F_0 \frac{x_0\omega c}{F_0} = \pi c\omega x_0^2 = -W_d \tag{8.48}$$

したがって，1 サイクル中に外力のなす仕事，すなわち，外力によって系に入るエネルギーは，減衰力によって消費されるエネルギーに常に等しいことがわかる．減衰が小さいときの共振点は，$\nu = 1$ で生じると考えてよい．このとき，図 8.12 から $\phi = \pi/2$ であるから，式(8.44)から $W_e = \pi x_0 F_0 = \pi k x_0 x_{st}$ となる．一方，$W_d = -\pi c\omega x_0^2 = -2\pi\zeta\omega x_0^2\sqrt{mk} = -2\pi k\zeta\nu x_0^2 = -2\pi k\zeta x_0^2$ であるので，式(8.48)の関係 $W_e = -W_d$ から，

$$\left(\frac{x_0}{x_{st}}\right)_p = \frac{1}{2\zeta} \tag{8.49}$$

を得る．これは式(8.32)に一致している．

例題 8.19 図 8.22 のように，質量 m の質点がばね定数 k のばねで支えられ，水平床の上を滑りながら振動している．質点には外力 $F_0\cos\omega t$ がはたらいて，質点が振幅 x_0，円振動数 ω の調和振動を行っているとき，クーロン摩擦によってなされる仕事 W_d を求めよ．

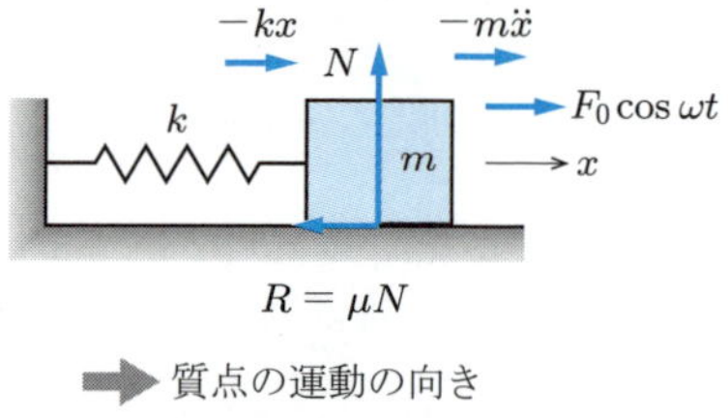

図 8.22

解 床からの垂直抗力を N，摩擦係数を μ とすると，摩擦力 $R = \mu N = \mu mg$ は床に沿った方向で，質点の運動とは逆向きに作用する．よって

$$W_d = -4\int_0^{x_0} R dx = -4Rx_0 < 0$$

となる．したがって，クーロン摩擦によって，1 サイクル中に $4Rx_0$ だけエネルギーが消費される．消費エネルギーは振幅と摩擦力に比例する．

例題 8.20　図 8.22 のクーロン摩擦が作用する系の運動方程式を求めよ．

解　作用する力は，x 方向に慣性力 $-m\ddot{x}$，復元力 $-kx$，外力 $F_0 \cos\omega t$ であり，摩擦力 $R = \mu mg$ は質点の運動と逆向きに作用する．したがって，

$$\dot{x} > 0 \text{ のとき，} -m\ddot{x} - kx - R + F_0 \cos\omega t = 0$$

$$\dot{x} < 0 \text{ のとき，} -m\ddot{x} - kx + R + F_0 \cos\omega t = 0$$

となる．これらを統一して表示すると，

$$m\ddot{x} + R\,\mathrm{sign}(\dot{x}) + kx = F_0 \cos\omega t \quad \text{ここに，} \mathrm{sign}(\dot{x}) = \begin{cases} 1 & \dot{x} > 0 \\ -1 & \dot{x} < 0 \end{cases} \tag{a}$$

例題 8.21　例題 8.19 のクーロン摩擦が作用する場合の質点の応答を厳密に求めようとすると，運動方向の変化とともに運動方程式を変更し，おのおのの解を接続しなければならない困難さがある．そこで，別の近似解法として，

$$m\ddot{x} + c_{eq}\dot{x} + kx = F_0 \cos\omega t \tag{b}$$

の強制振動解の振幅

$$x_0 = \frac{F_0}{\sqrt{(k - m\omega^2)^2 + (c_{eq}\omega)^2}} \tag{c}$$

が既知であることを利用して，例題 8.20 の式(a)を等価な式(b)に変換し，その応答を求めよ．

解　まず，クーロン摩擦の項を等価な粘性減衰項に変換するときの条件として，クーロン摩擦と粘性減衰力によって振動の 1 サイクル中に消費されるエネルギーが等しいとして，等価粘性減衰係数 c_{eq} を求めよう．式(8.45)と例題 8.19 から，その条件は $\pi c_{eq}\omega x_0^2 = 4Rx_0$，すなわち，$c_{eq} = 4R/\pi\omega x_0$ となるので，式(c)から，

$$x_0 = \frac{F_0}{\sqrt{(k - m\omega^2)^2 + (4R/\pi x_0)^2}}$$

を得る．したがって，上式を x_0 について解くと，次のようになる．

$$\frac{x_0}{F_0/k} = \frac{\sqrt{1 - (4R/\pi F_0)^2}}{|1 - (\omega/\omega_n)^2|}$$

ただし，この解は根号内が正，すなわち，$F_0 > 4R/\pi$ のときにのみ有効である．

8.4.6　Q ファクター

8.3.2 項では，減衰が小さいときの減衰自由振動の波形から減衰比を推定する方法を学んだ．ここでは，減衰が小さいときの共振曲線のピーク近傍に注目して振動系の減衰比が求められることを示そう．図 8.23 のように，横軸に強制力の振動数，縦軸に振幅を表す共振曲線が実験から求められているとしよう．いま，減衰が小さいと仮定しているので，振幅のピーク値 $(x_0)_{\max}$ は振動系の固有振動数 ω_n で生じると考えてよい．このとき，共振曲線のピーク近傍の鋭さを表す量として，**Q ファクター**（quality

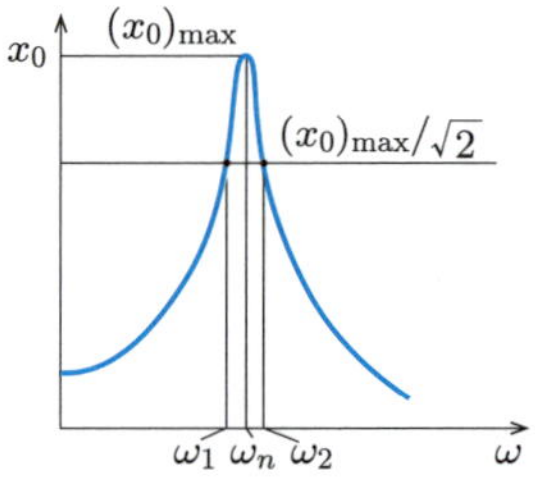

図 8.23

factor）がよく使用される．図の共振点 ω_n の両側に，$(x_0)_{\max}$ の $1/\sqrt{2} = 0.707$ 倍に対応する点をとり，それらを ω_1，ω_2 $(\omega_1 < \omega_2)$ とする．この点に相当した振幅の 2 乗が $(x_0)^2_{\max}$ の 1/2 になっていることから，これらの点を**ハーフパワー点**（half power point）とよぶ．Q ファクター（Q）は次のように定義される．

$$Q = \frac{\omega_n}{\Delta\omega} = \frac{\omega_n}{\omega_2 - \omega_1} = 1 \Big/ \left(\frac{\omega_2}{\omega_n} - \frac{\omega_1}{\omega_n}\right) \tag{8.50}$$

ピークが鋭くなると，$\Delta\omega = \omega_2 - \omega_1$ が小さくなり，Q は大きくなる．

式(8.31)第 1 式と式(8.32)から，次のようなハーフパワー点を求める条件式

$$\frac{1}{\sqrt{\{1-(\omega/\omega_n)^2\}^2 + (2\zeta\omega/\omega_n)^2}} = \frac{1}{2\zeta\sqrt{2}}$$

が得られ，これから ω_1，ω_2 が次のように計算される．

$$\frac{\omega_{1,2}}{\omega_n} = \sqrt{1 \pm 2\zeta\sqrt{1+\zeta^2} - 2\zeta^2} \approx \sqrt{1 \pm 2\zeta} \approx 1 \pm \zeta$$

したがって，$(\omega_2 - \omega_1)/\omega_n = 1 + \zeta - (1 - \zeta) = 2\zeta$ となるので，

$$Q = \frac{1}{2\zeta} \tag{8.51}$$

を得る．まず，実験から求められる共振曲線から，ハーフパワー点 ω_1，ω_2 と振幅のピーク値を生じる振動数 ω_n を求める．これらの値を用いて，式(8.50)から Q ファクターが計算できる．これを式(8.51)に代入して，減衰比 ζ を求める．この方法は，ζ が比較的小さく共振曲線が大きなピークをもつときに適用できる．このように，強制振動の定常応答から減衰比を推定する方法を**ハーフパワー法**（half power method）とよぶ．

演習問題［8］

8.1　長さ l の鉛直な弾性棒の先端に，質量 $m = 5\,\mathrm{kg}$ の物体を取り付けた．物体を水平方向に軽くたたいて自由振動を発生させ，固有振動数を測定したところ，$f_n = 10\,\mathrm{Hz}$ であった．

弾性棒の先端の振動方向のばね定数 k を推定せよ．

8.2　演習問題 7.3 のラグランジュの運動方程式を，角度が小さいとして線形化し，系の 2 つの固有振動数が回転速度に比例することを示せ．

8.3　図 8.22 のクーロン摩擦の作用する系の自由振動を解析し，減衰振動の振幅が直線的に減衰することを示せ．ただし，初期条件を，$t=0$ で $\dot{x}=0$，$x=A>0$ とする．

8.4　質量 m の質点，減衰係数 c のダッシュポット，ばね定数 k のばねからなる系において，力積 I のインパルスが質点に作用する．はじめ静止しているとして，この系の過渡応答を求めよ．

8.5　図 8.24 のような倒立振子の安定性を議論せよ．ただし，OA は質量のない剛体棒とする．

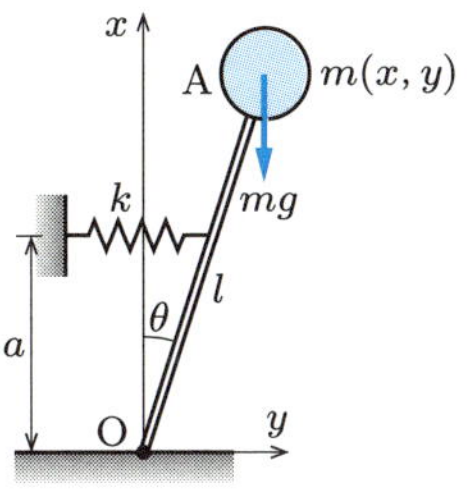

図 8.24

8.6　図 8.25 に示すように，角速度 ω で回転する回転軸の中心 O から $\overline{\mathrm{OP}}=L$ の位置に物理振子の振れ中心点 P をもち，そのまわりを回転できる遠心振子系を考える．点 P から振子の重心 G までの距離を $\overline{\mathrm{PG}}=l$ とする．物理振子の重心 G まわりの慣性モーメントを $I_G=M\kappa^2$ で表す．ここに，M は振子の質量，κ は回転半径である．振れ角を θ として，この遠心振子の固有振動数を求めよ．

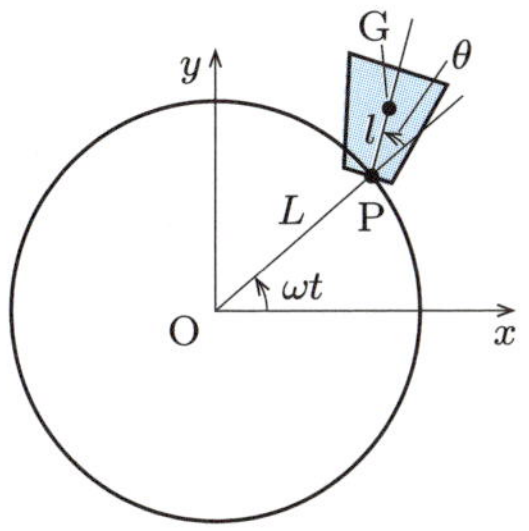

図 8.25

8.7　図 8.11 の系で，粘性減衰の代わりに，相対速度の 2 乗に比例した摩擦力 $-c\dot{x}|\dot{x}|$ が作用する（c：比例定数）としたときの，等価粘性減衰係数 c_{eq} を求めよ．ただし，質点は $x=x_0\cos(\omega t-\phi)$ で振動しているものとする．

第 9 章

回転機械の力学

回転機械は，狭い空間で大きな動力が得られることやエネルギー変換が容易であることから，産業界では数多く利用されている．しかし，回転機械の高速化や軽量化の要求にともなって，機械力学で取り扱うべきさまざまな重大問題が生じ得る．そこで，本章では，回転機械のつり合いの問題と振動現象の本質を簡単なモデルで考えてみよう．

9.1 つり合いの一般条件

運転中の機械に作用する外力や慣性力とそれらの力のなすモーメントは，軸受や滑り面を介して機械の支持部（フレーム：機械と外部との境界）に伝達される．機械の支持部に伝達されるそれらの力の向きや大きさが時間とともに変動すると，機械の振動，騒音，繰り返し疲労などの重大な支障をきたす場合が多い．たとえば，高速回転機械が不つり合いのために回転中に飛んでしまい大事故になった例や，機械の振動や騒音が社会問題となった例もある．もし，図 9.1 に示すように，質量をもつ機械の要素が運動するのにともなって作用する慣性力と，それとは元来独立な外力の変動分とが機械内部で完全に打ち消し合って，機械が支持部に及ぼす力のベクトル和およびその力のモーメントの和が時間に関して一定であれば，その機械は「つり合っている」という．また，そのような条件をつり合いの一般条件とよぶ．当然ながら，機械の円滑な稼働のためには，機械はつり合っている必要がある．

ところで，機械に作用する外力としては，機械の自重，機械に負荷として作用する力およびそのモーメント，機械を駆動する動力からくる力およびそのモーメントがある．ここでは，外力は時間に関して一定と仮定して，もっぱら慣性力のつり合いに限

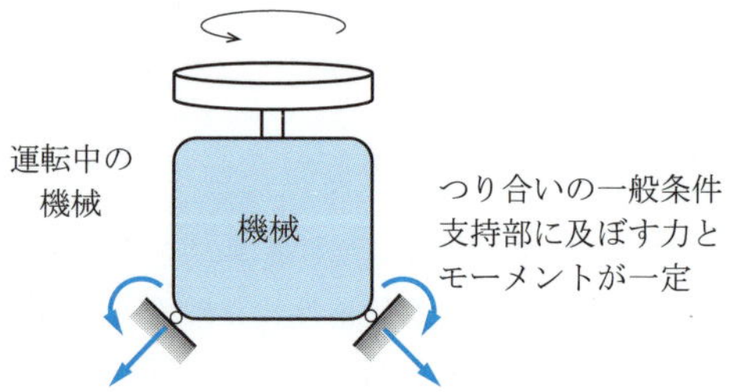

図 9.1

定した狭義の機械のつり合い条件を示そう．

機械が支持部に及ぼす力が時間とともに変化しないためには，慣性力の総和が時間に関して一定であればよい．この慣性力のつり合い条件を，つり合いの第1条件とよぶ．

また，機械が支持部に及ぼす力のモーメントが時間とともに変化しないためには，慣性力がつくるモーメントの総和が時間に関して一定であればよい．この慣性力のモーメントのつり合い条件を，つり合いの第2条件とよぶ．

9.2 剛性ロータのつり合わせ

一般の回転機械は，ある軸のまわりに回転するロータ，そのロータを支え回転軸を定める軸受，およびその軸受を保持しロータを包むハウジング（支持部，フレーム）から構成されている．弾性変形をともなうロータを**弾性ロータ**（flexible rotor），変形しないとみなし得るロータを**剛性ロータ**（rigid rotor）とよぶ．また，軸受を介したロータの支持剛性の強さによって，柔軟支持または剛支持のように区別する．

9.2.1 剛性ロータの慣性力と慣性力のなすモーメント

いま，空間に固定された固定軸のまわりに一定角速度 ω で回転している剛性ロータを考える．ここに，軸受にはすきまはないと仮定する．図9.2に示すように，ロータと一緒に回転する回転座標系を O-xyz とし，回転軸を z 軸に一致させる．また，x，y，z 軸方向の単位ベクトルを，それぞれ $\boldsymbol{i}$，$\boldsymbol{j}$，$\boldsymbol{k}$ とする．座標 z での微小厚さ dz のスライス状の剛体要素の質量を dm，剛体要素の xy 平面内での重心の位置を $\boldsymbol{\varepsilon} = x\boldsymbol{i} + y\boldsymbol{j}$ とし，剛体要素に生じる慣性力 $d\boldsymbol{I}$ の x 方向成分を dI_x，y 方向成分を dI_y とおくと，$d\boldsymbol{I}$ は次式で表せる．

$$d\boldsymbol{I} = dI_x\boldsymbol{i} + dI_y\boldsymbol{j} = -dm\ddot{\boldsymbol{\varepsilon}} \tag{9.1}$$

角速度ベクトルを $\boldsymbol{\omega}$ とすると，回転軸が z 軸であるから，$\boldsymbol{\omega}$ は次式で表せる．

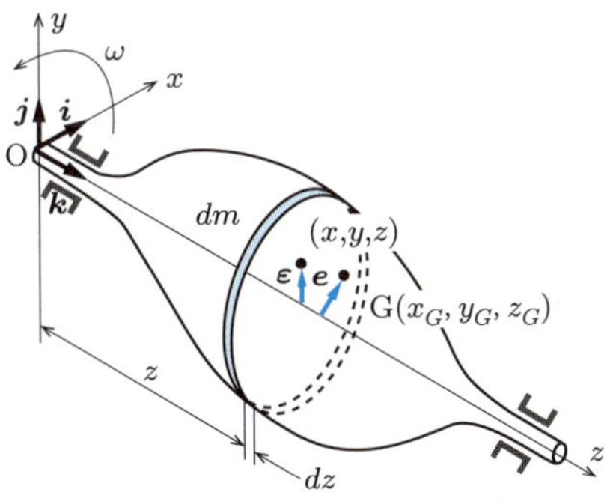

図9.2

$$\boldsymbol{\omega} = \omega \boldsymbol{k} \tag{9.2}$$

また，式(3.19)から $\dfrac{d\boldsymbol{i}}{dt} = \boldsymbol{\omega} \times \boldsymbol{i}$，$\dfrac{d\boldsymbol{j}}{dt} = \boldsymbol{\omega} \times \boldsymbol{j}$，$\dfrac{d\boldsymbol{k}}{dt} = \boldsymbol{\omega} \times \boldsymbol{k}$ であり，式(2.5)から $\boldsymbol{i} \times \boldsymbol{j} = \boldsymbol{k}$，$\boldsymbol{j} \times \boldsymbol{k} = \boldsymbol{i}$，$\boldsymbol{k} \times \boldsymbol{i} = \boldsymbol{j}$ であることを考慮すれば，$\boldsymbol{\varepsilon}$ の成分 x，y は時間に関して不変であるから，

$$\dot{\boldsymbol{\varepsilon}} = x\frac{d\boldsymbol{i}}{dt} + y\frac{d\boldsymbol{j}}{dt} = \boldsymbol{\omega} \times (x\boldsymbol{i} + y\boldsymbol{j}) = \omega\boldsymbol{k} \times (x\boldsymbol{i} + y\boldsymbol{j}) = \omega(x\boldsymbol{j} - y\boldsymbol{i}) \tag{9.3a}$$

$$\ddot{\boldsymbol{\varepsilon}} = \omega\left(x\frac{d\boldsymbol{j}}{dt} - y\frac{d\boldsymbol{i}}{dt}\right) = -\omega^2(x\boldsymbol{i} + y\boldsymbol{j}) = -\omega^2\boldsymbol{\varepsilon} \tag{9.3b}$$

を得る．したがって，式(9.1)は次式となる．

$$d\boldsymbol{I} = \omega^2 dm\boldsymbol{\varepsilon} \tag{9.4}$$

いまの場合，回転角速度を一定（$\dot{\boldsymbol{\omega}} = \boldsymbol{0}$）と仮定しているので，慣性力は遠心力のみとなる．

次に，$d\boldsymbol{I}$ の原点Oまわりのモーメント $d\boldsymbol{N}$ は，式(9.4)を考慮すると，

$$d\boldsymbol{N} = z\boldsymbol{k} \times d\boldsymbol{I} = \omega^2\boldsymbol{k} \times z\boldsymbol{\varepsilon}dm \tag{9.5}$$

となる．式(9.4)，(9.5)を剛性ロータの全領域にわたって積分すると，不つり合いである慣性力の合力として，次式を得る．

$$\boldsymbol{I} = \int_V d\boldsymbol{I} = \omega^2 \int_V \boldsymbol{\varepsilon}dm \tag{9.6}$$

また，慣性力の点Oに関する合モーメントとして，次式を得る．

$$\boldsymbol{N} = \int_V d\boldsymbol{N} = \omega^2\boldsymbol{k} \times \int_V z\boldsymbol{\varepsilon}dm \tag{9.7}$$

$\boldsymbol{I}$ と $\boldsymbol{N}$ は回転座標系上で求められた慣性力とそのモーメントなので，それらの大きさが0でなければ，静止座標系から見ると，ロータの回転とともにそれらの方向が変わる．そのため，ハウジングには，ロータを支持している軸受を介して，回転速度に対応して時間とともに周期的に変化する荷重がかかることになる．この不つり合いをなくすためには，つり合わせによってロータの質量分布を修正する必要がある．

9.2.2 静的つり合い条件

つり合いの第1条件を満たすためには，支持部に伝達される慣性力の合力が時間に対して一定，すなわち，回転座標系から見た慣性力が $\boldsymbol{I} = I_x\boldsymbol{i} + I_y\boldsymbol{j} = \boldsymbol{0}$ でなければならない．したがって，式(9.6)および式(5.1)から，次式を得る．

$$\begin{aligned}\boldsymbol{I} &= \omega^2 \int_V (x\boldsymbol{i} + y\boldsymbol{j})dm = \boldsymbol{i}\omega^2 \int_V xdm + \boldsymbol{j}\omega^2 \int_V ydm \\ &= M\omega^2(x_G\boldsymbol{i} + y_G\boldsymbol{j}) = M\omega^2\boldsymbol{e} = \boldsymbol{0}\end{aligned} \tag{9.8}$$

ここに，M は剛性ロータの質量，$\boldsymbol{e}$ は剛性ロータの**偏重心**（mass eccentricity）とよ

ばれ，

$$e = x_G \boldsymbol{i} + y_G \boldsymbol{j} \tag{9.9}$$

である．また，x_G，y_G はそれぞれ剛性ロータの重心 G の x，y 座標である．よって，任意の ω に対して式(9.8)が成り立つためには，

$$x_G = 0, \quad y_G = 0 \tag{9.10}$$

でなければならない．すなわち，剛性ロータの重心が回転軸上にあれば，慣性力の合力は $\mathbf{0}$ となり，軸受にはこの慣性力の合力は作用しない．回転機械のつり合いに関しては，これをとくに**静的つり合い**（static balance）条件という．もし，重心が回転軸上になければ，次の大きさの遠心力が発生する．

$$I = |\boldsymbol{I}| = Me_s\omega^2 \tag{9.11}$$

ここに，$e_s = |\boldsymbol{e}| = \sqrt{x_G^2 + y_G^2}$ を静的不つり合い長さ，Me_s を静的不つり合い量とよぶ．

静的つり合い条件だけでつり合いをとることができるのは，皿形/円板状ロータ，プロペラなど，軸方向に短い回転機械および低速回転機械である．

例題 9.1 図 9.3 のような，静的不つり合い長さ $e_s = \overline{\mathrm{GC}} = 10\,\mu\mathrm{m}$ の剛性ロータがある．発生する遠心力と剛体の自重の比を角速度の関数として表し，その比が 1 となる回転数を求めよ．

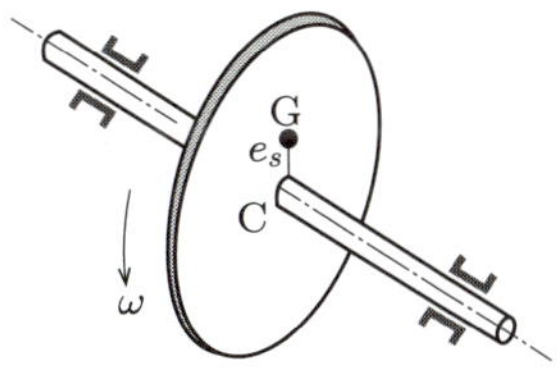

図 9.3

解 剛体の質量を M とする．題意から $Me_s\omega^2/Mg = e_s\omega^2/g = 1$．$\therefore \omega = \sqrt{g/e_s} = \sqrt{9.8/(10 \times 10^{-6})} = 990\,\mathrm{rad/s}$．したがって，回転数は $990 \times 60/2\pi = 9459\,\mathrm{rpm}$ である．

この回転数を超えると，遠心力が回転体の自重を上回る．また，回転数 1800，3600 および 10000 rpm に対して，この比はそれぞれ 0.036，0.145 および 1.12 である．とくに，遠心力が回転数の 2 乗に比例することに注意が必要である．

9.2.3 動的つり合い条件

つり合いの第 2 条件を満たすためには，支持部に伝達される慣性力のなす合モーメント $\boldsymbol{N}$ が時間に関して一定，すなわち，回転座標系から見た慣性力のなすモーメントが $\boldsymbol{N} = N_x\boldsymbol{i} + N_y\boldsymbol{j} = \mathbf{0}$ でなければならない．したがって，式(9.7)から，

$$\begin{aligned}\boldsymbol{N} &= \omega^2\boldsymbol{k} \times \int_V z(x\boldsymbol{i} + y\boldsymbol{j})dm = \omega^2\boldsymbol{k} \times \left(\boldsymbol{i}\int_V zxdm + \boldsymbol{j}\int_V yzdm\right) \\ &= \boldsymbol{j}\omega^2\int_V zxdm - \boldsymbol{i}\omega^2\int_V yzdm = \omega^2(I_{zx}\boldsymbol{j} - I_{yz}\boldsymbol{i}) = \mathbf{0}\end{aligned} \tag{9.12}$$

を得る．よって，任意の ω に対して式(9.12)が成り立つためには，

$$I_{zx} = 0, \quad I_{yz} = 0 \tag{9.13}$$

でなければならない．すなわち，回転軸である z 軸に関する慣性乗積 I_{zx}，I_{yz} がともに0でなければならない．言い換えれば，つり合いの第2条件は，回転軸が剛性ロータの慣性主軸の1つに一致すべきことを要求している．回転軸が慣性主軸に一致するとき，慣性力のなす合モーメントは0となり，軸受にはこの慣性力による合モーメントは作用しない．回転機械のつり合いに関しては，これをとくに**動的つり合い**（dynamic balance）条件という．重心は慣性主軸上にあるので，動的つり合い条件を満足するときには，静的つり合い条件をも同時に満足することになる．もし，回転軸が慣性主軸に一致していない場合には，不つり合いによる慣性力の次のような大きさのモーメントが，図9.2の点Oまわりに作用する．

$$N = |\boldsymbol{N}| = \sqrt{N_y^2 + N_x^2} = \omega^2\sqrt{I_{zx}^2 + I_{yz}^2} \tag{9.14}$$

たとえば，図9.4のように，円筒形ロータの回転軸が円筒の中心軸（回転主軸）と一致せず，傾いている場合に，このような不つり合いによるモーメントが生じる．

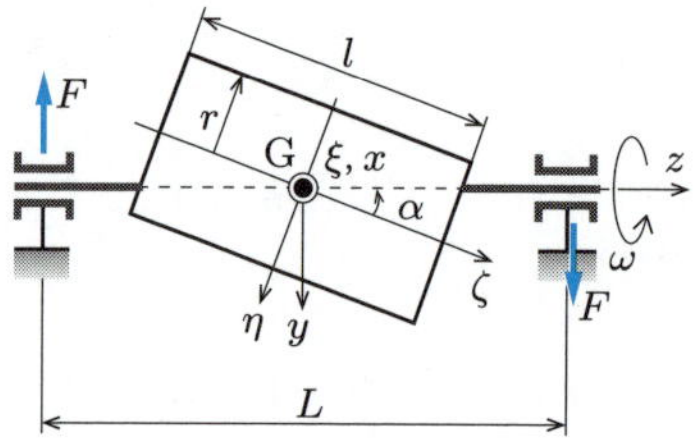

図9.4

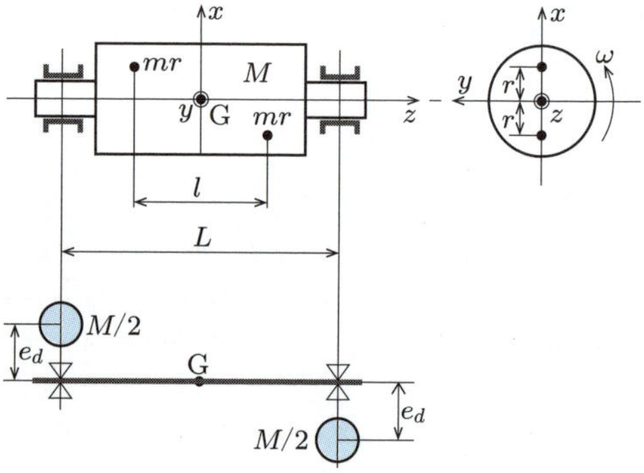

図9.5

図9.5に示すように，質量 M，軸間距離 L の完全につり合った，一定角速度 ω で回転する軸方向に長い対称剛性ロータがある．そのロータの重心Gに関して点対称な2つの位置に，不つり合い量 mr を取り付けたと仮定しよう．ただし，不つり合い間の距離を l とする．この場合，静的にはつり合っているが，動的には不つり合いを生じてしまう．なぜならば，この mr の重心に関する慣性乗積は，

$$I_{zx} = \int_V zxdm = -2 \cdot mr\frac{l}{2} = -mrl \neq 0, \quad I_{yz} = 0 \tag{9.15}$$

であり，これが $N_y = -mrl\omega^2$ なる不つり合いモーメントを重心Gまわりに生じさせるからである．ここで，軸受間中心に対して対称なロータの動的な不つり合い量を表

すことを考えよう．図 9.5 に示すように，ロータの全質量 M $(\gg m)$ を 2 等分し，それらの重心 G まわりのモーメントが N_y と等しくなるように，左右の軸受上にお互いに逆向きに距離 e_d だけ離れたところにおいてみよう．そのとき，

$$N_y = -\frac{M}{2}e_d\omega^2 L = -mrl\omega^2 \qquad \therefore \quad e_d = \frac{2mrl}{ML} \tag{9.16}$$

となる．この e_d を動的不つり合い長さとよぶ．

回転機械には，一般に，静的不つり合いおよび動的不つり合い（後者は偶不つり合いともいう）がともに存在する．とくに動的つり合いを考慮しなければならないのは，高速回転機械，タービンのように回転軸方向に長いロータをもつ回転機械などである．

例題 9.2　図 9.4 の円筒形剛性ロータにおいて，回転軸と円筒中心軸とが剛体の重心 G を通り，角度 α で交わっているとき，軸受に作用する力 F と動的不つり合い長さ e_d を求めよ．ただし，剛体の質量を m，半径を r，長さを l $(>\sqrt{3}r)$，軸受間距離を L とする．

解　慣性主軸の直交座標系を G-$\xi\eta\zeta$，回転軸を z 軸とし，ξ 軸と x 軸を紙面上向きに共通にした座標系 G-xyz をとる．ξ，η 軸および ζ 軸まわりの慣性モーメントは，表 5.1 から，それぞれ $I_\xi = I_\eta = m(3r^2 + l^2)/12$ および $I_\zeta = mr^2/2$ である．座標変換則

$$\begin{bmatrix} x \\ y \\ z \end{bmatrix} = \begin{bmatrix} 1 & 0 & 0 \\ 0 & \cos\alpha & \sin\alpha \\ 0 & -\sin\alpha & \cos\alpha \end{bmatrix} \begin{bmatrix} \xi \\ \eta \\ \zeta \end{bmatrix}$$ から，$\boldsymbol{T} = \begin{bmatrix} 1 & 0 & 0 \\ 0 & \cos\alpha & \sin\alpha \\ 0 & -\sin\alpha & \cos\alpha \end{bmatrix}$ となる．

また，G-$\xi\eta\zeta$ 上で表した慣性テンソルは，$\boldsymbol{I}'_G = \begin{bmatrix} I_\xi & 0 & 0 \\ 0 & I_\eta & 0 \\ 0 & 0 & I_\zeta \end{bmatrix}$ だから，式(5.38b)の $\boldsymbol{I}_G = \boldsymbol{T}\boldsymbol{I}'_G\boldsymbol{T}^T$ の関係から，G-xyz 上で表した慣性乗積は次のようになる．

$$I_{xy} = I_{zx} = 0$$

$$I_{yz} = (I_\eta - I_\zeta)\sin\alpha\cos\alpha = \frac{m(l^2 - 3r^2)\sin 2\alpha}{24}$$

慣性力のなすモーメントは，$\boldsymbol{N} = \omega^2(I_{zx}\boldsymbol{j} - I_{yz}\boldsymbol{i}) = -\omega^2 I_{yz}\boldsymbol{i}$．すなわち，$x$ 軸まわりにモーメント $N_x = -\dfrac{1}{24}m\omega^2(l^2 - 3r^2)\sin 2\alpha$ が生じる．$N_x = -FL$ とおくと，次式を得る．

$$F = \frac{m\omega^2}{24L}(l^2 - 3r^2)\sin 2\alpha$$

回転軸が慣性主軸でないために，回転により軸受に F なる力が作用する．一方，$\alpha = 0$ のときには，$F = 0$ となる．

また，$N_x = -\dfrac{m}{2}e_d\omega^2 L$ から，$e_d = \dfrac{l^2 - 3r^2}{12L}\sin 2\alpha$ を得る．

9.2.4　つり合わせ

静的つり合いおよび動的つり合いがとれていないロータ，すなわち，偏重心 $\boldsymbol{e}$ や慣性乗積 I_{zx}，I_{yz} が 0 でない剛性ロータのつり合わせを考える．そのため，図 9.6 に示

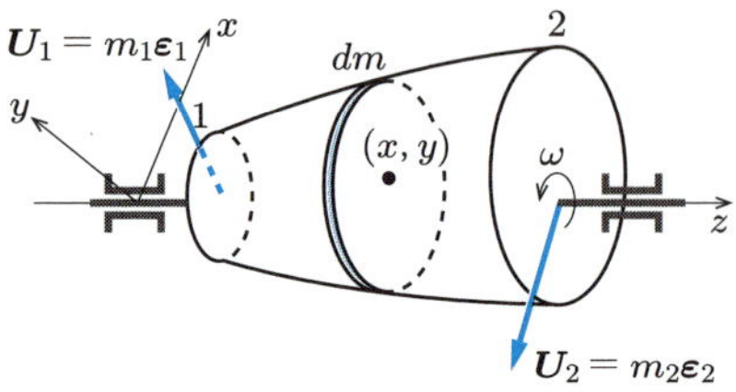

図 9.6

すような軸上の 2 つの位置 $z = z_1$，z_2 の面 1，2 に，ロータの不つり合いを修正するための修正量 $\boldsymbol{U}_1 = m_1\boldsymbol{\varepsilon}_1$，$\boldsymbol{U}_2 = m_2\boldsymbol{\varepsilon}_2$ を付加する．ここに，m_i $(i = 1, 2)$ は修正質量，$\boldsymbol{\varepsilon}_i = x_i\boldsymbol{i} + y_i\boldsymbol{j}$ は位置 z_i での修正質量の半径方向取り付け位置ベクトルである．このような不つり合いを修正する面を，**修正面**（balancing plane）とよぶ．そのとき，静的つり合い条件は，修正質量による慣性力 $\omega^2\boldsymbol{U}_1$，$\omega^2\boldsymbol{U}_2$ と式(9.6)のロータ自身の慣性力のつり合いから，次式となる．

$$\boldsymbol{U}_1 + \boldsymbol{U}_2 + \int_V \boldsymbol{\varepsilon} dm = \boldsymbol{0} \tag{9.17}$$

また，動的つり合い条件は，修正質量による慣性力のなすモーメント $\omega^2\boldsymbol{k} \times z_1\boldsymbol{U}_1$，$\omega^2\boldsymbol{k} \times z_2\boldsymbol{U}_2$ と式(9.7)のロータ自身の慣性力のなす合モーメントのつり合いから，次式で表される．

$$z_1\boldsymbol{U}_1 + z_2\boldsymbol{U}_2 + \int_V z\boldsymbol{\varepsilon} dm = \boldsymbol{0} \tag{9.18}$$

$\int_V \boldsymbol{\varepsilon} dm = M\boldsymbol{e}$，$\int_V z\boldsymbol{\varepsilon} dm = I_{zx}\boldsymbol{i} + I_{yz}\boldsymbol{j}$ だから，静的および動的つり合い条件は，

$$\left.\begin{aligned} \boldsymbol{U}_1 + \boldsymbol{U}_2 &= -M\boldsymbol{e} \\ z_1\boldsymbol{U}_1 + z_2\boldsymbol{U}_2 &= -I_{zx}\boldsymbol{i} - I_{yz}\boldsymbol{j} \end{aligned}\right\} \tag{9.19}$$

となる．

式(9.19)から，右辺が既知ならば，修正量 $\boldsymbol{U}_1$，$\boldsymbol{U}_2$ が求められる．したがって，剛性ロータは 2 つの修正量で静的にも動的にも完全につり合わせることができる．このように，修正面 2 つで不つり合いをつり合わせることを **2 面つり合わせ**（two-plane balancing）または**動つり合わせ**（dynamic balancing）という．一方，皿形/円板状ロータのように剛体部の z 軸方向の長さが非常に短い場合には，不つり合い量によるモーメントが小さいので，静的つり合いのみをとれば十分である．そのときは，修正面は 1 つでよく，その修正量を $\boldsymbol{U}$ とすると，次式から修正量が求められる．

$$\boldsymbol{U} = -M\boldsymbol{e} \tag{9.20}$$

このようにつり合わせることを，**1 面つり合わせ**（single-plane balancing），または**静つり合わせ**（static balancing）という．

例題 9.3 図 9.7 の完全につり合っている剛性ロータの点 A および B に，それぞれ質量 10 g および 20 g の不つり合いを付加したとき，修正面 1，2 における修正量を求めよ．

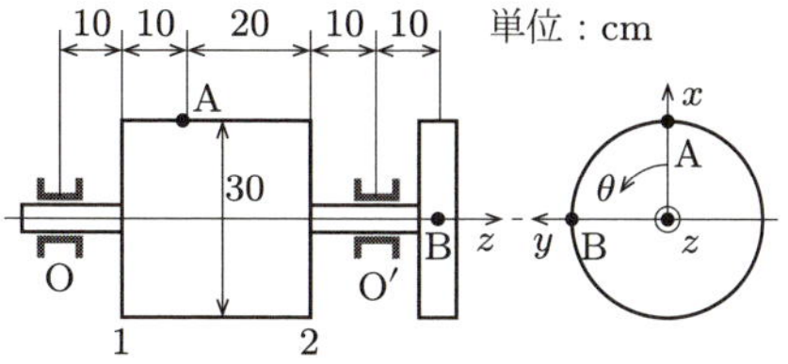

図 9.7

解 点 O を原点とすると，点 A, B の座標 (x, y, z) はそれぞれ，$(15, 0, 20)$，$(0, 15, 60)$ であるので，不つり合い量は点 A で $10 \cdot 15\boldsymbol{i} = 150\boldsymbol{i}$ [g·cm]，点 B で $20 \cdot 15\boldsymbol{j} = 300\boldsymbol{j}$ [g·cm]となる．修正面の z 座標はそれぞれ，$z_1 = 10$ cm，$z_2 = 40$ cm である．式(9.17)，(9.18)を適用する．ただし，不つり合い量が分布しているのではなく，点 A，B に集中した集中不つり合い量を取り扱うため，積分記号は総和記号に変更される．修正面での修正量を $\boldsymbol{U}_1$，$\boldsymbol{U}_2$ [g·cm]とすると，

$$\boldsymbol{U}_1 + \boldsymbol{U}_2 + 150\boldsymbol{i} + 300\boldsymbol{j} = \boldsymbol{0}$$

$$10\boldsymbol{U}_1 + 40\boldsymbol{U}_2 + 20 \cdot 150\boldsymbol{i} + 60 \cdot 300\boldsymbol{j} = \boldsymbol{0}$$

上式から，$\boldsymbol{U}_1 = -100\boldsymbol{i} + 200\boldsymbol{j}$，$\boldsymbol{U}_2 = -50\boldsymbol{i} - 500\boldsymbol{j}$ を得る．これらを極座標に直すと，

$$U_1 = |\boldsymbol{U}_1| = \sqrt{100^2 + 200^2} = 223.6\,\text{g·cm}$$

$$\theta_1 = 180^\circ - \tan^{-1}\left(\frac{200}{100}\right) = 116.57^\circ$$

$$U_2 = |\boldsymbol{U}_2| = \sqrt{50^2 + 500^2} = 502.5\,\text{g·cm}$$

$$\theta_2 = -180^\circ + \tan^{-1}\left(\frac{500}{50}\right) = -95.71^\circ$$

修正面 1，2 に修正量 U_1，U_2 を，それぞれ x 軸から θ_1，θ_2 の位置に取り付けてつり合わせる．または，その位置から 180° 回転した反対側の位置で，U_1，U_2 に相当した量だけロータから質量を取り除いてつり合わせる．

9.2.5 つり合い試験機

2 個の軸受でロータを支持して回転させて，ロータのもつ不つり合い量（式(9.19)の右辺）を測定し，修正面の一部を削り取ったり，小さなおもりを取り付けたりしてつり合いをとる機械を，**つり合い試験機**（balancing machine）という．つり合い試験機には，測定時におけるロータの回転数とつり合い試験機上にロータを取り付けたときの系の固有振動数との大小関係から，大別してハードタイプとソフトタイプがある．

ハードタイプは十分高い剛性をもつ軸受でロータを支え，ロータと軸受とからなる系の固有振動数よりも十分に低い一定回転数で回転させて，不つり合いによる軸受反力の時間的変動を直接測定し，その結果から不つり合い量の大きさと位置を自動的に計算する．一方，ソフトタイプは，水平方向にのみ動き得る軟らかいばねで支持され

表 9.1 つり合い試験機の比較

	ハードタイプ	ソフトタイプ
概要	軸受の支持を剛にし，変位しないようにして，不つり合いを軸受反力から検出する動つり合い試験機	軸受の支持を柔にし，不つり合いを軸受の振動から検出する動つり合い試験機
不つり合いの検出方法	力検出器を軸受とベッド間に取り付け，軸受反力を直接測定	軸受の振動を速度検出器で測定
試験回転数と回転系の固有振動数の関係	試験回転数 ≪（軸受ばね ＋ ロータ）の系の固有振動数	試験回転数 ≫（軸受ばね ＋ ロータ）の系の固有振動数
キャリブレーション (caribration)	軸受－修正面間距離，修正半径の設定のみを行えば，力のキャリブレーションが不要で不つり合い量が直接測定できる．	つり合い試験前に試しおもりによる予備駆動を行い，計器指示値と修正量の間のキャリブレーションが必要
適用ロータ	多種少量生産のロータで，演算回路設定頻度が高いもの	大量生産ロータで，演算回路設定頻度が低いもの．軽量・高速ロータ．
振動台クランプ	支持が剛であるので，ロータを乗せる振動台のクランプは不要	支持剛性が低いので，ロータ設定時に振動台クランプが必要
つり合い試験機の取り付けと外部環境の影響	・十分な基礎工事が必要 ・試験機をしっかり基礎に固定して，安定度を増す ・外部振動の影響を受けやすい	・レベル調整程度で十分 ・取り付け位置の変更が容易 ・特別な基礎工事は不要 ・外部振動の影響を受けにくい

た軸受でロータを支え，系の固有振動数よりも十分に高い一定回転数で回転させて軸受に生じる振動変位を測定して，その結果から不つり合い量の大きさと位置を自動的に計算する．両タイプともに，得られた不つり合い量を修正面において修正する．現在では，ハードタイプのつり合い試験機が多く使用されている．両者の比較を表 9.1 にまとめている．

例題 9.4 図 9.8 に示すように，水平方向にだけ動くことができるばね定数 k_1，k_2 の 2 つのばねで軸受 1，2 を支えて，剛性ロータを一定角速度 ω で回転させる．つり合い試験機に取り付けられたロータの重心を G，重心を原点とする静止座標系 G-XYZ およびロータとともに回転する回転座標系 G-xyz を図のようにとり，重心の面内の X 軸方向変位を X，Y 軸まわりの回転角を θ，ロータの質量を M，Y 軸まわりの慣性モーメントを I，重心と軸受の間の距離を l_1，l_2 $(l_1+l_2=L)$ とする．剛性ロータの任意の不つり合いは，一般に 2 個の不つり合い量で代表させることができる．重心からの距離が h_1，h_2 の 2 つの面に不つり合い量 $\boldsymbol{U}_1=\{m_1x_1, m_1y_1\}$，$\boldsymbol{U}_2=\{m_2x_2, m_2y_2\}$ が存在するとき，（1）ソフトタイプ，および（2）ハードタイプのそれぞれについて，軸受の変位，および軸受反力と不つり合い量との関係を求めよ．ただし，$M \gg m_1$，m_2 とする．

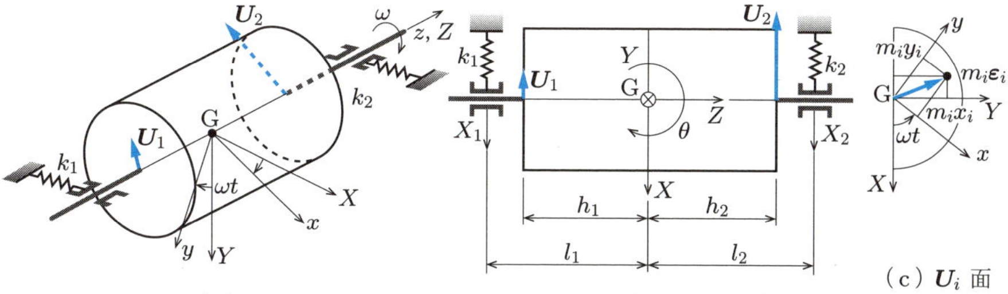

（a）（b）（c）$\boldsymbol{U}_i$ 面 $(i = 1, 2)$

図 9.8

解　ロータの重心の並進運動と重心まわりの回転運動の運動方程式は，次式で表せる．

$$M\ddot{X} + k_1X_1 + k_2X_2 = (m_1x_1 + m_2x_2)\omega^2\cos\omega t - (m_1y_1 + m_2y_2)\omega^2\sin\omega t$$

$$I\ddot{\theta} - l_1k_1X_1 + l_2k_2X_2$$
$$= (-m_1x_1h_1 + m_2x_2h_2)\omega^2\cos\omega t + (m_1y_1h_1 - m_2y_2h_2)\omega^2\sin\omega t$$

ここに，軸受の変位を X_1 および X_2 とおいており，

$$X_1 = X - l_1\theta, \quad X_2 = X + l_2\theta$$

なる関係がある．上式から，

$$X = \frac{l_2X_1}{L} + \frac{l_1X_2}{L}, \quad \theta = -\frac{X_1}{L} + \frac{X_2}{L}$$

を得る．したがって，運動方程式を軸受部の変位で表せば，次式となる．

$$M\left(\frac{l_2\ddot{X}_1}{L} + \frac{l_1\ddot{X}_2}{L}\right) + k_1X_1 + k_2X_2$$
$$= (m_1x_1 + m_2x_2)\omega^2\cos\omega t - (m_1y_1 + m_2y_2)\omega^2\sin\omega t$$

$$I\left(-\frac{\ddot{X}_1}{L} + \frac{\ddot{X}_2}{L}\right) - l_1k_1X_1 + l_2k_2X_2$$
$$= (-m_1x_1h_1 + m_2x_2h_2)\omega^2\cos\omega t + (m_1y_1h_1 - m_2y_2h_2)\omega^2\sin\omega t$$

（1）ソフトタイプの場合

支持ばねが非常に軟らかいので，慣性力，慣性トルクに比較して，復元力およびそのモーメントは無視できる．したがって，次式を得る．

$$M\left(\frac{l_2\ddot{X}_1}{L} + \frac{l_1\ddot{X}_2}{L}\right) = (m_1x_1 + m_2x_2)\omega^2\cos\omega t - (m_1y_1 + m_2y_2)\omega^2\sin\omega t \qquad \text{(a)}$$

$$I\left(-\frac{\ddot{X}_1}{L} + \frac{\ddot{X}_2}{L}\right)$$
$$= (-m_1x_1h_1 + m_2x_2h_2)\omega^2\cos\omega t + (m_1y_1h_1 - m_2y_2h_2)\omega^2\sin\omega t \qquad \text{(b)}$$

軸受部の変位の定常解を次式で表す．

$$X_1 = C_1\cos\omega t + S_1\sin\omega t = A_1\cos(\omega t - \phi_1) \qquad \text{(c)}$$

$$X_2 = C_2\cos\omega t + S_2\sin\omega t = A_2\cos(\omega t - \phi_2) \qquad \text{(d)}$$

式(c)，(d)を運動方程式(a)，(b)に代入して，$\cos\omega t$，$\sin\omega t$ の係数を比較すると，次式を得る．

$$\begin{bmatrix} 1 & 1 \\ -h_1 & h_2 \end{bmatrix}\begin{bmatrix} m_1x_1 \\ m_2x_2 \end{bmatrix} = \begin{bmatrix} -Ml_2/L & -Ml_1/L \\ I/L & -I/L \end{bmatrix}\begin{bmatrix} C_1 \\ C_2 \end{bmatrix} \quad \text{(e)}$$

$$\begin{bmatrix} 1 & 1 \\ -h_1 & h_2 \end{bmatrix}\begin{bmatrix} m_1y_1 \\ m_2y_2 \end{bmatrix} = -\begin{bmatrix} -Ml_2/L & -Ml_1/L \\ I/L & -I/L \end{bmatrix}\begin{bmatrix} S_1 \\ S_2 \end{bmatrix} \quad \text{(f)}$$

軸受変位波形の解析から，式(c)，(d)の $\{C_1, S_1\}$，$\{C_2, S_2\}$ が測定されれば，式(e)，(f)から不つり合い量 $\boldsymbol{U}_1$，$\boldsymbol{U}_2$ を求めることができる．

（2）ハードタイプの場合

復元力およびそのモーメントに比較して，慣性力，慣性トルクが無視できるので，次式を得る．

$$(kX)_1 + (kX)_2 = (m_1x_1 + m_2x_2)\omega^2\cos\omega t - (m_1y_1 + m_2y_2)\omega^2\sin\omega t$$

$$-l_1(kX)_1 + l_2(kX)_2 = (-m_1x_1h_1 + m_2x_2h_2)\omega^2\cos\omega t + (m_1y_1h_1 - m_2y_2h_2)\omega^2\sin\omega t$$

ここに，$(kX)_1$ および $(kX)_2$ は，遠心力の作用によってそれぞれ軸受 1 および 2 にかかる力である．これを次式のように表す．

$$(kX)_1 = C_1\cos\omega t + S_1\sin\omega t = A_1\cos(\omega t - \phi_1)$$

$$(kX)_2 = C_2\cos\omega t + S_2\sin\omega t = A_2\cos(\omega t - \phi_2)$$

ゆえに，ソフトタイプの場合と同様にして次式を得る．

$$\begin{bmatrix} 1 & 1 \\ -h_1 & h_2 \end{bmatrix}\begin{bmatrix} m_1x_1 \\ m_2x_2 \end{bmatrix} = \frac{1}{\omega^2}\begin{bmatrix} 1 & 1 \\ -l_1 & l_2 \end{bmatrix}\begin{bmatrix} C_1 \\ C_2 \end{bmatrix}$$

$$\begin{bmatrix} 1 & 1 \\ -h_1 & h_2 \end{bmatrix}\begin{bmatrix} m_1y_1 \\ m_2y_2 \end{bmatrix} = -\frac{1}{\omega^2}\begin{bmatrix} 1 & 1 \\ -l_1 & l_2 \end{bmatrix}\begin{bmatrix} S_1 \\ S_2 \end{bmatrix}$$

軸受部に作用する力の波形の解析から $\{C_1, S_1\}$，$\{C_2, S_2\}$ が測定されれば，上式によって，不つり合い量 $\boldsymbol{U}_1$，$\boldsymbol{U}_2$ を求めることができる．

例題 9.5 例題 9.4 のソフトタイプのつり合い試験機を用いて，対称ロータの不つり合いを測定した．ロータの質量は $M = 8.75$ kg，重心 G まわりの慣性モーメントは $I = 4.52 \times 10^{-2}$ kgm^2 であり，図 9.8 において，$l_1 = l_2 = 120$ mm，$L = 240$ mm である．このロータを回転させたときの軸受 1，2 の振動波形 X_1，X_2 の測定結果を図 9.9 に示す．図中の波形上の輝点は，回転座標系の x 軸が静止座標系の X 軸と一致した瞬間の位置を示す．した

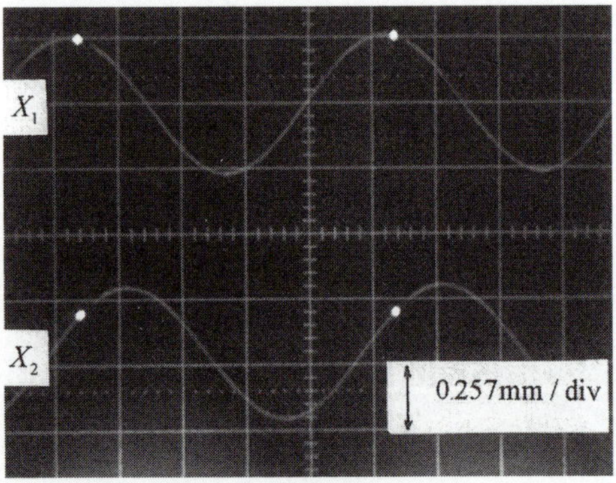

図 9.9

がって，輝点間はロータの 1 回転に相当する．このロータの重心から $h_1 = h_2 = 62.5\,\mathrm{mm}$ の位置での，不つり合い量 $\boldsymbol{U}_1$，$\boldsymbol{U}_2$ を計算せよ．

解　横軸方向について，輝点位置は X_1，X_2 で共通であり，輝点間の距離が 2π [rad] に相当する．例題 9.4 の式(c)，(d)の位相遅れ ϕ_1，ϕ_2 は，輝点と極大点までの距離で測定できる．縦軸方向の div は大目盛 1 つを表し，0.257 mm に相当する．これから振幅 A_1，A_2 を測定できる．測定結果を示すと，

$$A_1 = 0.27\,\mathrm{mm},\quad \phi_1 = 6.0\,\mathrm{rad},$$

$$A_2 = 0.26\,\mathrm{mm},\quad \phi_2 = 0.88\,\mathrm{rad}$$

を得る．したがって，

$$C_1 = 0.259\,\mathrm{mm},\quad S_1 = -0.0754\,\mathrm{mm},$$

$$C_2 = 0.166\,\mathrm{mm},\quad S_2 = 0.200\,\mathrm{mm}$$

が求められる．これらの値とつり合い試験機の与えられた寸法を，例題 9.4 の式(e)，(f)に代入すると，

$$m_1x_1 = -1.07\,\mathrm{kg{\cdot}mm},\quad m_1y_1 = -0.142\,\mathrm{kg{\cdot}mm},$$

$$m_2x_2 = -0.789\,\mathrm{kg{\cdot}mm},\quad m_2y_2 = 0.687\,\mathrm{kg{\cdot}mm}$$

となる．したがって，不つり合い量 $\boldsymbol{U}$ の大きさ mr とその位置を x 軸からの角度 θ で示すと，次のようになる．

$$|\boldsymbol{U}_1| = (mr)_1 = 1.08\,\mathrm{kg{\cdot}mm},\quad \theta_1 = -172^\circ$$

$$|\boldsymbol{U}_2| = (mr)_2 = 1.05\,\mathrm{kg{\cdot}mm},\quad \theta_2 = 139^\circ$$

9.3　弾性ロータの危険速度

9.3.1　ジェフコット・ロータ

図 9.10 に示すように，質量のない弾性のみをもつ一様な回転軸の中央に薄い剛体円板が取り付けられ，軸の両端は軸受で単純支持されているジェフコット・ロータ（Jeffcot rotor）とよばれる弾性ロータを考える．いま，不つり合いをもつ円板の重心 G がロータの軸への取り付け中心である軸心 C から ε だけ偏心しており，ロータは一定角速度

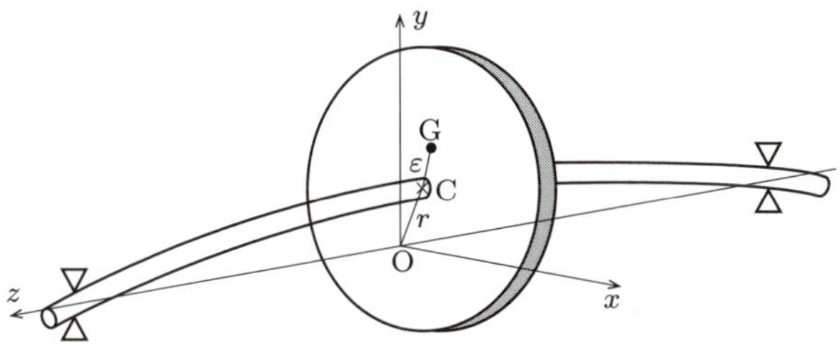

(a)

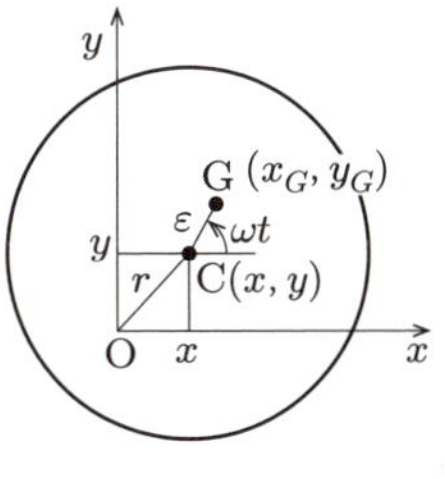

(b)

図 9.10

ω で回転している．この不つり合いによって，円板の軸心Cは，軸受を結ぶ中心線上の点Oから r だけ変位している．ここで，点Oを原点とし，図のように静止座標系O-xyz をとる．時刻 t における軸心Cの xy 平面内での位置を (x, y)，円板重心Gの位置を (x_G, y_G) とする．軸がたわんでも円板は軸受間の中央にあるので，傾くことなく xy 平面内で平面運動を行う．偏重心 ε の向きCGが固定軸 x となす角を ωt とし，円板の質量を m，点Cに関する弾性軸のばね定数を k，減衰を無視すると，静止座標系に関する運動方程式は，円板の重心にはたらく力のつり合いから次式となる．

$$m\ddot{x}_G = -kx, \quad m\ddot{y}_G = -ky \tag{9.21}$$

式(9.21)では強制外力ははたらいていないように見える．ところが，

$$x_G = x + \varepsilon\cos\omega t, \quad y_G = y + \varepsilon\sin\omega t \tag{9.22}$$

の関係を式(9.21)に代入して x_G，y_G を消去すると，次のような軸心Cの変位 x，y に関する運動方程式が得られ，強制力項が現れる．

$$m\ddot{x} + kx = m\varepsilon\omega^2\cos\omega t, \quad m\ddot{y} + ky = m\varepsilon\omega^2\sin\omega t \tag{9.23}$$

上式から，x と y の運動はお互いに独立である．両辺を m でわって整理すると，

$$\ddot{x} + \omega_n^2 x = \varepsilon\omega^2\cos\omega t, \quad \ddot{y} + \omega_n^2 y = \varepsilon\omega^2\sin\omega t \tag{9.24}$$

となる．ここに，ω_n は固有円振動数であり，

$$\omega_n = \sqrt{\frac{k}{m}} \tag{9.25}$$

で表される．ここで，$e^{j\omega t} = \cos\omega t + j\sin\omega t$ であることに留意して，式(9.24)を次のように複素数表示する（付録III参照）．

$$\ddot{z} + \omega_n^2 z = \varepsilon\omega^2 e^{j\omega t} \tag{9.26}$$

ここに，$j = \sqrt{-1}$ および

$$z = x + jy \tag{9.27}$$

である．ここで，式(9.26)の一般解は，同次方程式の一般解と特解の和である．同次方程式の一般解は次式となる．

$$z = C_1 e^{j\omega_n t} + C_2 e^{-j\omega_n t} \tag{9.28}$$

ここに，C_1，C_2 は複素数の積分定数であり，初期条件から決定される．いまの場合，減衰が作用していないので，同次方程式の解は周期解となっているが，実際の系では必ず減衰が存在する．そのときは，同次方程式の解は減衰自由振動となり，時間とともに減衰してしまうので，一般解として強制振動の解である特解のみが残ることになる．

次に，式(9.26)の特解を求めよう（付録III参照）．強制外力の円振動数が ω であるので，解を $z = Ze^{j\omega t}$ とおいて（Z は未知の複素数振幅）式(9.26)に代入すると，

$$Z = \frac{\varepsilon\omega^2}{\omega_n^2 - \omega^2} = \frac{\varepsilon(\omega/\omega_n)^2}{1 - (\omega/\omega_n)^2} \tag{9.29}$$

を得る．したがって，

$$\begin{bmatrix} x \\ y \end{bmatrix} = \frac{\varepsilon(\omega/\omega_n)^2}{1-(\omega/\omega_n)^2}\begin{bmatrix} \cos\omega t \\ \sin\omega t \end{bmatrix} \tag{9.30}$$

となる．さらに，上式を式(9.22)に代入して，次式を得る．

$$\begin{bmatrix} x_G \\ y_G \end{bmatrix} = \frac{\varepsilon}{1-(\omega/\omega_n)^2}\begin{bmatrix} \cos\omega t \\ \sin\omega t \end{bmatrix} \tag{9.31}$$

これらの変位は，ロータの角速度 ω と同期した調和振動である．

式(9.30)，(9.31)から，$\cos^2\omega t + \sin^2\omega t = 1$ の関係を利用して時間 t を消去すると，軸心 C および重心 G は円軌跡を描くことがわかる．すなわち，次式となる．

$$x^2 + y^2 = \left\{\frac{\varepsilon(\omega/\omega_n)^2}{1-(\omega/\omega_n)^2}\right\}^2, \quad x_G^2 + y_G^2 = \left\{\frac{\varepsilon}{1-(\omega/\omega_n)^2}\right\}^2 \tag{9.32}$$

ロータ回転中の軸心 C の振幅 r_C および重心 G の振幅 r_G は次式となる．

$$\frac{r_C}{\varepsilon} = \frac{(\omega/\omega_n)^2}{|1-(\omega/\omega_n)^2|}, \quad \frac{r_G}{\varepsilon} = \frac{1}{|1-(\omega/\omega_n)^2|} \tag{9.33}$$

軸心，重心は，それぞれ角速度 ω で半径 r_C，r_G の円運動をする．この運動は，縄跳びの縄がふれまわるのに似ているので，**ふれまわり運動**（whirling）という．図 9.11 に式(9.33)の関係を示す．図から $\omega/\omega_n \to 1$ のとき，すなわち，回転角速度 ω がロータの固有円振動数 ω_n に一致するとき，共振して両者の振幅が無限大となり，回転軸が破壊される状態が生じて危険である．このようなロータの角速度（$\omega = \omega_n$）を**危険速度**（critical speed）という．ロータの不つり合いを完全に除去することは不可能であるため，ロータの危険速度の近くでの運転は絶対に避けなければならない．

r_C と r_G の関係を考慮すると，回転速度 ω が増加するにしたがって，重心 G と軸心 C の位置関係は図 9.12 に示すように変化する．回転速度が危険速度よりも低いとき（図(a)）は，重心が軸心の外側に位置している．危険速度を超えると，重心が軸心

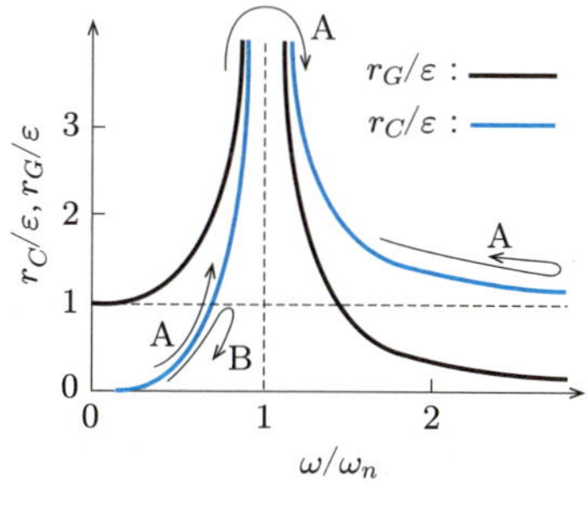

図 9.11

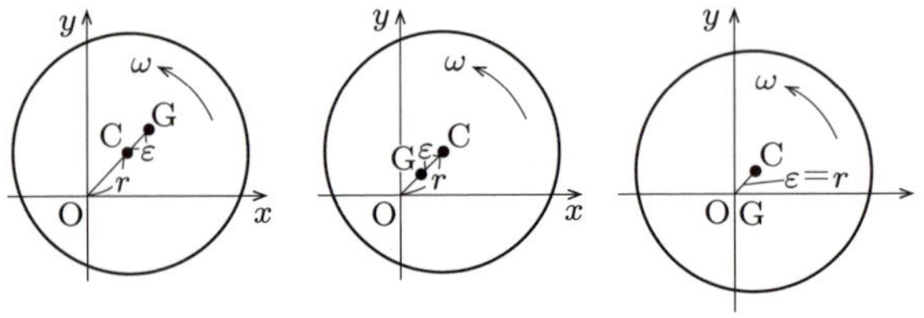

図 9.12

よりも内側に位置するようになる（図(b)）．一方，回転速度が十分に高い（$\omega/\omega_n \gg 1$）ときは，重心は自動的に軸受中心 O に一致する（図(c)）．この現象を軸の自動調心作用とよぶ．このように，減衰がないとき，O，C，G は常に一直線上に位置し，回転速度がロータの危険速度から遠ざかるほど，ロータの変位は小さくなる．

例題 9.6　以下の回転軸の中央部に質量 $m = 20\,\mathrm{kg}$ の円板を剛に取り付ける．

（1）　両端で単純支持された長さ $l = 0.5\,\mathrm{m}$，直径 $d = 20\,\mathrm{mm}$ の一様な回転軸．

（2）　軸の中央を横方向に力 $F = 200\,\mathrm{N}$ で押すと，その方向へ $x = 0.1\,\mathrm{mm}$ たわむ回転軸．

この（1），（2）の軸をもつロータの危険速度 f_n [Hz]を求めよ．ただし，縦弾性係数を $E = 206\,\mathrm{GN/m^2}$ とする．

解　（1）まず，回転軸の曲げ剛性 EI を求める．材料力学の知識から，軸の断面 2 次モーメントは $I = \pi d^4/64 = 7.85 \times 10^{-9}\,\mathrm{m^4}$ だから，$EI = 1.62 \times 10^3\,\mathrm{Nm^2}$ となる．さらに，軸中央点でのばね定数は $k = 48EI/l^3 = 622 \times 10^3\,\mathrm{N/m}$ となる．ゆえに，危険速度は次式となる．

$$f_n = \frac{1}{2\pi}\sqrt{\frac{k}{m}} = \frac{1}{2\pi}\sqrt{\frac{622 \times 10^3}{20}} = 28.1\,\mathrm{Hz}$$

（2）軸中央のばね定数は，$k = F/x = 200/(0.1 \times 10^{-3}) = 2 \times 10^6\,\mathrm{N/m}$ となる．ゆえに，危険速度は次式となる．

$$f_n = \frac{1}{2\pi}\sqrt{\frac{k}{m}} = \frac{1}{2\pi}\sqrt{\frac{2 \times 10^6}{20}} = 50.3\,\mathrm{Hz}$$

例題 9.7　回転機械の安全な運転のために，種類によって振動の許容値 $r_{\max}$ が定められている．一例として，ジェフコット・ロータで軸心の振幅を $r_{\max}$ 以下と規定したときの，ロータを安全に運転できる回転速度範囲を求めよ．ただし，$r_{\max} > \varepsilon$（ε は偏心量）とする．

解　式(9.33)から，$r_C = r_{\max}$ となる ω を求める．図 9.11 を参照して，$r_C \leq r_{\max}$ となる回転速度許容範囲を求めると，危険速度から離れた次の 2 つの範囲が存在する．

$$\omega \leq \omega_n \sqrt{\frac{r_{\max}/\varepsilon}{r_{\max}/\varepsilon + 1}} \quad \text{または,} \quad \omega \geq \omega_n \sqrt{\frac{r_{\max}/\varepsilon}{r_{\max}/\varepsilon - 1}}$$

9.3.2 脱水機の挙動

図 7.10 に示す遠心力タイプの 1 自由度振動系の不つり合い応答が図 8.15 であるのを参考にして，洗濯機の脱水槽の危険速度通過時の現象を理解しよう．脱水槽は片もちばり様の軸で支持されており，日本式と欧米式に分けられる．

日本式は脱水槽をばね定数 K が小さい軟らかいばねで支持している（柔軟支持）．手で槽を押すとぐらぐらするだろう．脱水機の定格回転速度 ω は，（洗濯物 + 脱水槽）の質量 M と支持ばね K からなる振動系の固有円振動数 $\omega_n = \sqrt{K/M}$ よりもかなり高く設定されている（$\omega/\omega_n \gg 1$）．スイッチを入れた後，回転数がわずかに上がったところでがたがたと大きな振動を起こす．この回転数が危険速度である．ω が 0 から増加する過程で危険速度 ω_n を通過するとき，大きな振動が発生し，ときにはそれ以上回転速度が上昇できない事態が生じることがある．そのようなときは，洗濯物の配置を均等にそろえて重心を再度とり直せば（つり合いをとれば），危険速度をスムーズに通過できるのであるが，全自動洗濯機では何回も重心位置の修正をトライして通過させているようである．危険速度を通過した後は，回転速度の上昇とともに徐々に振動レベルが低下する．定格速度に到達するともっとも静かな運転となる．これが自動調心作用である．次に，脱水を終了してスイッチを切ると，回転速度が低下しながら振動が徐々に大きくなり，危険速度通過時にもっとも大きな振動となる．その後すぐに停止する．

一方，欧米式は日本式とは逆に脱水層を非常に硬く支持しており，手で押さえた程度ではびくともしないほどの剛支持である（大きな K をもつ）．したがって，（洗濯物 + 脱水槽）の質量 M と支持ばね K からなる振動系の固有円振動数 ω_n は，日本式と比較してかなり高く設定され，脱水槽の回転速度 ω はこの ω_n よりも小さい（$\omega/\omega_n < 1$）．スイッチを入れて回転速度が上昇する過程で全体的に静かに回転する．しかし，回転速度の増加とともにわずかずつ振動レベルは上昇している．定格速度に到達したときでも，まだ危険速度よりもかなり回転速度が低いので，大きな振動になることはない．

定格回転速度は日本式，欧米式ともに 1000〜1200 rpm 程度と変わらない．図 9.11 に，スイッチを入れて脱水しスイッチを切るまでの過程を，日本式（経路 A），欧米式（経路 B）として示す．

次に，床に伝達される力を比較しよう．日本式は，洗濯機を床においているだけの簡単な据え付けである．一方，欧米式の洗濯機は，地下室の硬い床の上にボルトでがっちり固定されており，コンクリートのひび割れをよく見かける．洗濯機から床への力の伝達特性は，例題 8.14 に示したように，図 7.10 の遠心力タイプの 1 自由度振動系から床に伝わる力を示した図 8.14 の伝達率 γ で推定できるだろう．図 8.14 の $\nu < 1$ の領域が欧米式で $\gamma > 1$ であり，$\nu > \sqrt{2}$ の領域が日本式で $\gamma < 1$ である．これから，日本式のほうが床に伝わる振動・騒音が小さいことがわかる．両者の相違は主に，住宅事情に基づく設計思想の相違による．どちらがよいかという問題ではない．

9.3.3 異方性軸受で弾性支持されたロータ

軸受部は一般に剛ではなく，また等方性をもたないので，ここでは，ジェフコット・ロータの軸受部剛性の異方性について検討してみよう．図 9.10 の静止座標系 O-xyz から見て，z 軸を回転軸に合わせ，x 方向の軸の剛性と軸受部の剛性とを合わせたばね定数を k_x，y 方向のそれを k_y で表し，$k_x \neq k_y$ とする．これは，軸受部の剛性が x と y 方向で異なる場合である．式(9.23)は，

$$m\ddot{x} + k_x x = m\varepsilon\omega^2 \cos\omega t, \quad m\ddot{y} + k_y y = m\varepsilon\omega^2 \sin\omega t \tag{9.34}$$

に変わり，式(9.34)は次式となる．

$$\ddot{x} + \omega_x^2 x = \varepsilon\omega^2 \cos\omega t, \quad \ddot{y} + \omega_y^2 y = \varepsilon\omega^2 \sin\omega t \tag{9.35}$$

ここに，

$$\omega_x = \sqrt{\frac{k_x}{m}}, \quad \omega_y = \sqrt{\frac{k_y}{m}} \tag{9.36}$$

である．式(9.35)の特解は，

$$\left.\begin{aligned} x &= a\cos\omega t, \quad a = \frac{\varepsilon\omega^2}{\omega_x^2 - \omega^2} \\ y &= b\sin\omega t, \quad b = \frac{\varepsilon\omega^2}{\omega_y^2 - \omega^2} \end{aligned}\right\} \tag{9.37}$$

となる．したがって，等方性支持の場合には，危険速度が 1 つのみ存在していたが，異方性支持の場合には，x 方向には $\omega = \omega_x$，y 方向には $\omega = \omega_y$ と，2 つの危険速度に分離する．また，式(9.37)から時間 t を消去すると，軸心の振動軌跡は次式で表される．

$$\left(\frac{x}{a}\right)^2 + \left(\frac{y}{b}\right)^2 = 1 \tag{9.38}$$

したがって，異方性支持によって，等方性支持のときの円運動のふれまわりから，x，y 軸を主軸とする楕円運動のふれまわりへと変化する．ロータ自身は ω で回転（自転）しながら，楕円軌跡の公転運動をすることになる．自転と同じ向きに公転する運動を**前向きふれまわり**（forward whirling），自転と公転の向きが反対の運動を**後向きふれまわり**（backward whirling）とよぶ．

いま，$\omega_x < \omega_y$ と仮定する．ω の変化とともに，振幅 a および b の符号を考慮す

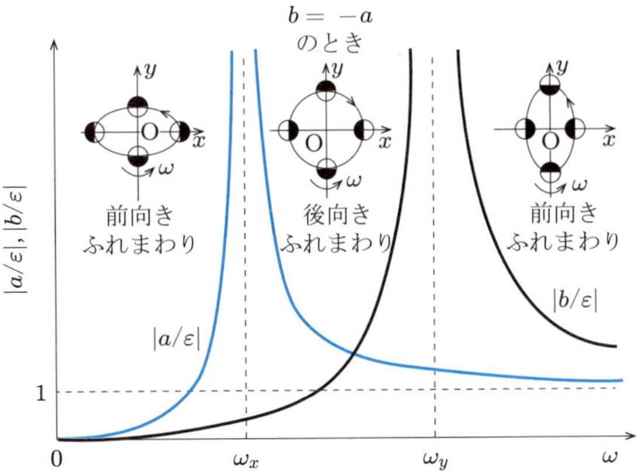

図 9.13

ると，

$$
\left.\begin{array}{lr}
\omega < \omega_x \text{ のとき } (a, b > 0), & \text{前向きふれまわり} \\
\omega_x < \omega < \omega_y \text{ のとき } (a < 0, b > 0), & \text{後向きふれまわり} \\
\omega_y < \omega \text{ のとき } (a, b < 0), & \text{前向きふれまわり}
\end{array}\right\} \tag{9.39}
$$

となる．これらの様子を表したのが図 9.13 である．

例題 9.8 異方性軸受で弾性支持されたロータに対して，(1) $\omega_x \ll \omega_y$ のとき，および (2) $\omega_x \approx \omega_y$ のときの，危険速度近くでのロータの挙動を説明せよ．

解 (1) 軸受支持の異方性が大きいと，それぞれの危険速度ではふれまわりではなく，ほぼ面内振動を行う（たとえば，ω_x ではほぼ x 方向のみの振動となる）．

(2) ほぼ等方性支持では，2 つの危険速度通過時に振動方向が直角に，しかも急激に変化する．

9.3.4 回転座標系による表示

ロータの内部に作用する減衰効果などが運動にどのような影響を与えるかを考察する場合，上述のような静止座標系を使用するよりも，ロータと一緒に回転する回転座標系で運動を表すほうが便利である．図 9.14 に示すように，静止座標系 O-xy と原点を共有し，角速度 ω で回転する回転座標系 O-$\xi\eta$ を導入しよう．軸心 C を，それぞれの座標系で次のように複素数表示する．

$$z = x + jy = re^{j(\omega t+\phi)}, \quad \zeta = \xi + j\eta = re^{j\phi} \tag{9.40}$$

ここに，ϕ は一定値である．式(9.40)から，

$$z = \zeta e^{j\omega t} \quad \text{または，} \quad \zeta = ze^{-j\omega t} \tag{9.41}$$

となる．式(9.41)が静止座標系と回転座標系との間の変換法則である．式(9.41)の第 1 式を時間に関して微分すると，$\ddot{z} = (\ddot{\zeta} + 2j\omega\dot{\zeta} - \omega^2\zeta)e^{j\omega t}$ を得る．これを，式(9.26)

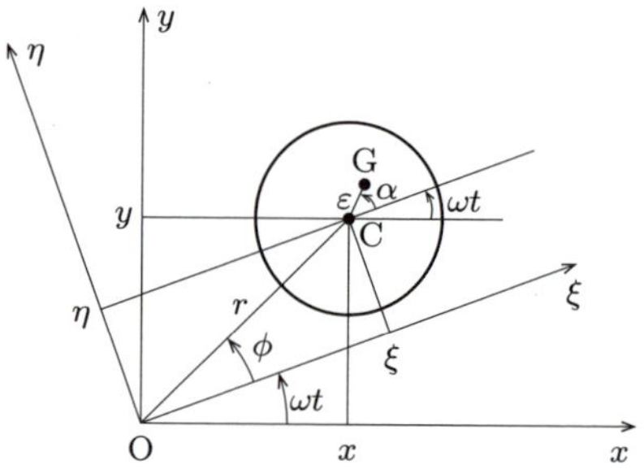

図 9.14

の右辺を $\varepsilon\omega^2 e^{j(\omega t+\alpha)}$ におき換えた式に代入すると，次式を得る．

$$\ddot{\zeta} + 2j\omega\dot{\zeta} + (\omega_n^2 - \omega^2)\zeta = \varepsilon\omega^2 e^{j\alpha} \tag{9.42}$$

上式を実部と虚部に分離して，回転座標系の成分 ξ，η で表すと，次式となる．

$$\left.\begin{aligned}\ddot{\xi} + \omega_n^2\xi &= 2\omega\dot{\eta} + \omega^2\xi + \varepsilon\omega^2\cos\alpha \\ \ddot{\eta} + \omega_n^2\eta &= -2\omega\dot{\xi} + \omega^2\eta + \varepsilon\omega^2\sin\alpha\end{aligned}\right\} \tag{9.43}$$

上式を静止座標系に関する運動方程式(9.24)と比較すると，回転座標系の成分表示では，ξ と η 方向の運動が独立ではなく連成していることがわかる．左辺第 1 項は回転座標系から見た相対加速度項，右辺第 1 項はコリオリ力，第 2 項は遠心力に関する項である．一方，不つり合いは一定値で時間の関数ではない．これは回転座標系から見たとき，一定の力がロータに作用していることを意味する．コリオリ力および遠心力の項は，回転座標系でロータの挙動を考察するときにはじめて現れる慣性力であり，静止座標系ではこのような力は作用しない．

9.3.5 外部減衰と内部減衰

いままで，ジェフコット・ロータの基本的な特性を理解するために，ロータに作用する減衰の影響を無視してきた．減衰は，一般には振動を低減させる効果をもつ．しかし，ロータに作用する減衰は，振動低減効果のみならず，逆に振動を増大させる効果をもつときがあるので注意が必要である．ロータに作用する減衰を，外部減衰と内部減衰とに分けて考察する．

外部減衰（external damping）とは，ロータが空気などの周囲の媒体を動かすことによる減衰力，あるいは，外部から作用する力によって生じる減衰力である．このように，外部減衰は静止座標系から見た運動に基づく減衰力であり，ロータの絶対速度に比例するものとして取り扱われることが多い．その比例定数を c_E とすると，等方性支持の式(9.23)は次式のように書き換えられる．

$$\left.\begin{aligned} m\ddot{x} + c_E\dot{x} + kx &= m\varepsilon\omega^2\cos\omega t \\ m\ddot{y} + c_E\dot{y} + ky &= m\varepsilon\omega^2\sin\omega t \end{aligned}\right\} \tag{9.44}$$

上式を複素数表示すると，

$$\ddot{z} + C_E\dot{z} + \omega_n^2 z = \varepsilon\omega^2 e^{j\omega t} \tag{9.45}$$

となる．ここに，$z = x + jy$，$j = \sqrt{-1}$，$C_E = c_E/m$，$\omega_n = \sqrt{k/m}$ である．第 8 章で述べたように，この外部減衰は常に振動低減効果もつ．

一方，内部減衰（internal damping）とは，ロータ内部の変形によって生じる減衰である．たとえば，回転円板を弾性変形する回転軸に焼きばめで接合させると，回転軸の曲げによって接合部には引っ張りや圧縮の内部応力が生じ，その結果，ロータ内部に摩擦が生じる．これはロータ自身の変形が原因であるので，一般に，回転座標系上で考察される．いま，この減衰がロータ内部の変形速度（回転座標系上で表される相対速度）に比例するものとして，その比例定数を c_I とする．式(9.42)にこの項を追加して表すと，次式のようになる．

$$\ddot{\zeta} + 2j\omega\dot{\zeta} + C_I\dot{\zeta} + (\omega_n^2 - \omega^2)\zeta = \varepsilon\omega^2 e^{j\alpha} \tag{9.46}$$

ここに，$C_I = c_I/m$ である．上式を式(9.41)の関係 $\zeta = ze^{-j\omega t}$ を用いて，静止座標系に変換すると，

$$\ddot{z} + C_I\dot{z} + (\omega_n^2 - jC_I\omega)z = \varepsilon\omega^2 e^{j(\omega t+\alpha)} \tag{9.47}$$

となる．式(9.47)から，内部減衰の項には，静止座標系では外部減衰的に作用する項 $C_I\dot{z}$ のみならず，$-jC_I\omega z$ のような項が現れる．後者の項がロータの安定性に大きくかかわってくる．

そこで，外部減衰と内部減衰の安定性への影響を調べるために，式(9.47)の左辺に外部減衰の項 $C_E\dot{z}$ を追加し，右辺の強制項を除いた同次方程式

$$\ddot{z} + (C_E + C_I)\dot{z} + (\omega_n^2 - jC_I\omega)z = 0 \tag{9.48}$$

で表される解の挙動を調べよう．強制項を含む非同次方程式の一般解は，その特解と同次方程式(9.48)の一般解との和で表される．式(9.48)の解の挙動から安定性が判定できるのは，後者の解が時間の経過とともに発散する可能性があるからである．式(9.48)は定数係数の微分方程式であるので，基本解として $e^{\lambda t}$ をもつ（付録 III 参照）．したがって，式(9.48)に

$$z = Ze^{\lambda t} \tag{9.49}$$

を代入して整理すると，特性根 λ の満たすべき条件式は次式となる．

$$\lambda^2 + (C_E + C_I)\lambda + \omega_n^2 - jC_I\omega = 0 \tag{9.50}$$

上式が特性方程式であり，2 根をもつ．もし，特性根 λ の中に実部が正のものが 1 つでもあれば，式(9.48)の一般解は時間 t とともに（特性根が複素数なら振動しなが

ら，実数なら指数関数的に）無限大に発散する．すなわち，強制力を含む非同次方程式の一般解も発散することになるので，このロータは**不安定**（unstable）となる．特性根が複素数のとき，（実部が正の）不安定根の虚部はそのときの円振動数を与える．逆に，特性根のすべての実部が負であれば，式(9.48)の一般解は時間 t とともに減衰していく．すなわち，非同次方程式の一般解としては特解のみが残ることになるので，このロータは**安定**（stable）となる．このように減衰の一般的な効果に反して，内部減衰をもつロータでは，系が不安定化する場合があることに注意すべきである．

では，実際に式(9.50)の特性根を求めてみよう．

$$\begin{aligned}\lambda &= \frac{1}{2}\left\{-(C_E + C_I) \pm \sqrt{(C_E + C_I)^2 - 4(\omega_n^2 - jC_I\omega)}\right\} \\ &= \frac{1}{2}\left\{-(C_E + C_I) \pm j\sqrt{4\omega_n^2 - (C_E + C_I)^2 - 4jC_I\omega}\right\}\end{aligned} \tag{9.51}$$

ここで，減衰は小さく，$\omega_n \gg C_E + C_I > 0$ と仮定すると，上式は以下のように近似される．

$$\lambda = \frac{1}{2}\left\{-(C_E + C_I) \pm \frac{C_I\omega}{\omega_n}\right\} \pm j\omega_n \tag{9.52}$$

ただし，複号同順である．したがって，系が安定であるためには，2つの特性根の実部がともに負でなければならない．すなわち，次のようになる．

$$\frac{\omega}{\omega_n} < \frac{C_E + C_I}{C_I} = \frac{c_E + c_I}{c_I} \tag{9.53}$$

したがって，内部減衰 c_I が大きいと，ω が大きい高速回転領域においてロータに不安定振動を発生させる可能性がある．ロータ系の安定な運転範囲を広くするためには，外部減衰（c_E）を大きく，内部減衰（c_I）を小さくする必要がある．減衰は，常に振動を抑える効果をもつとは限らない．同じ減衰でも，外部減衰と内部減衰とではロータ系の安定性に及ぼす影響が逆である．式(9.52)から，系が不安定（特性根の実部が正）のときの円振動数は ω_n である．

一般に，系の安定/不安定の判別法については，

（1） 特性方程式の根をすべて数値的に求めて，安定性を吟味する方法
（2） 特性方程式の根を直接求めるのではなく，根の中に実部が正である根が存在するかどうかを判断する方法

などがある．（1）にはいろいろな固有値解析手法が使用され，（2）にはラウス・フルビッツの安定判別法，ベクトル軌跡法などがある．これらの手法に関しては，制御工学などの参考書を参照されたい．

例題 9.9 外部減衰がなく，内部減衰のみが存在すると仮定したときの，ロータの安定な運転回転速度範囲を求めよ．

解 式(9.53)で $c_E = 0$ とおくと，安定領域は，$\omega/\omega_n < 1$ となる．すなわち，内部減衰によって，危険速度 ω_n 以上の回転速度では運転が不可能となる．このように，外部減衰は運転可能領域を広げる効果をもっている．

9.4 ジャーナル軸受で支持されたロータ

半径方向荷重を支持する滑り軸受を，ジャーナル軸受（journal bearing）とよぶ．ジャーナル軸受で支持された回転軸が，高速回転領域においてしばしば不安定振動を発生させることはよく知られている．図 9.15 に示すように，軸が偏心しながら回転するのにともない，軸受内部の灰色部の油膜は狭いすきまのほうへ引き込まれる結果，油の粘性のために圧力を発生させて軸を浮かせようとする（くさび膜圧力）．一方，白色部分の油は，軸を浮かす効果も押さえる効果もない．このような軸受内部の油膜の非対称性によって，軸は油から半径および周方向の力 F_r および F_θ を受けて軸受内で大きなふれまわりを生じ，それにともないロータに大きなふれまわり振動が発生することがある．

この不安定振動は不つり合い振動とは異なり，発生時には図 9.16 のような挙動を示す．図には回転速度と振幅およびふれまわり振動数の関係の典型例を示し，実際に観

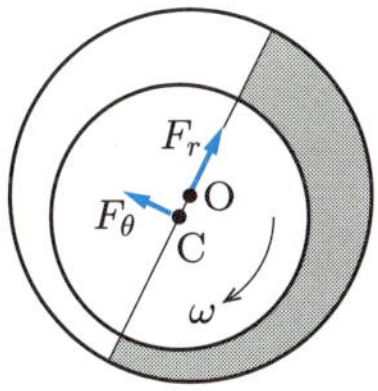

C：軸心，O：軸受中心

図 9.15

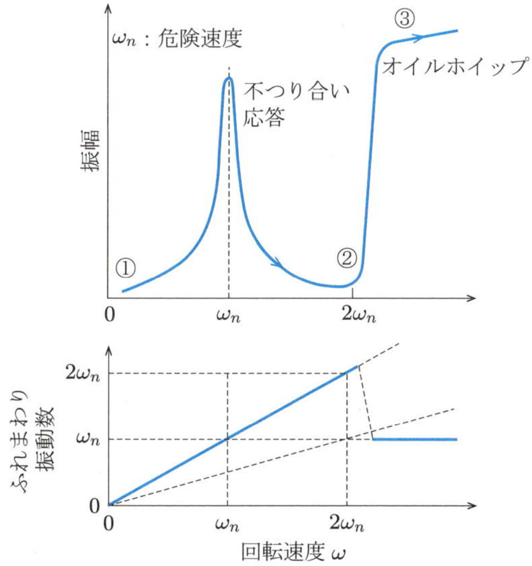

図 9.16

察される振動応答を青色の実線で表している．図中点①から点②までの回転速度上昇過程はロータの不つり合い振動であり，ふれまわり振動数は回転速度に一致して上昇する．回転速度 ω が危険速度 ω_n に近いと，大きなふれまわりを生じている．危険速度を通過した後は，振幅は減少する．回転速度が危険速度のほぼ 2 倍近くまで来ると（点②），不つり合いの振動数成分 ω よりも不安定振動の振動数成分 ω_n がはるかに大きくなり，**オイルホイップ**（oil whip）が生じる（点③）．オイルホイップ現象は以下のような特徴がある．

（1） 軸回転速度（ω）が危険速度（ω_n）の 2 倍以上で発生し（$\omega \geq 2\omega_n$），いったん発生すると振動はおさまらない．さらに回転速度を上昇させると，振幅はほぼ一定に保たれる．

（2） ふれまわり振動数は固有振動数（ω_n）に一致する．したがって，これらは軸回転速度に依存しない．

（3） 前向きふれまわり運動である．

（4） 軸受荷重が小さいと発生しやすい．

（5） いったん発生した状態から回転速度を降下させると，回転速度が危険速度の 2 倍まではオイルホイップは持続する．したがって，発生回転速度と消滅回転速度が異なる場合がある（発生回転速度 > 消滅回転速度）．このような現象を**ヒステリシス**（hysteresis）現象という．

（6） オイルホイップと似た振動として，**オイルホワール**（oil whirl）がある．オイルホワールは，オイルホイップが発生するかなり前の回転速度領域で回転速度の 1/2 弱の振動数（$\approx \omega/2$）をもち，振幅は軸受すきまより小さい．回転速度が $\omega \approx 2\omega_n$ になると，これがさらに不安定化してオイルホイップとなる．オイルホワールは立形ロータに起こりやすい．

オイルホイップの防止対策として，経験的に以下のものが採用されている．

（i） 軸剛性を上げて危険速度を上昇させる．

（ii） 偏心率を増大させる（軸受幅およびオイルの粘度の低減，軸受すきまの増大）．

（iii） 真円軸受は安定性がもっとも悪い．非真円軸受（2 円弧，3 円弧，4 円弧軸受）により偏心率を増大させたり，ティルティングパッド軸受を使用したりして，油膜特性の非対称性を減少させる（図 9.17）．

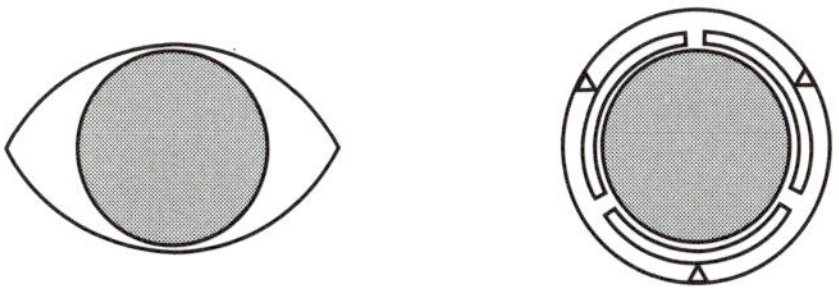
（a）2 円弧軸受
（b）ティルティングパッド軸受

図 9.17

9.5 回転軸の 2 次的な危険速度

9.5.1 キー溝および偏平軸の影響

軸受は等方性をもつが，回転軸がキー溝をもっていたり，軸にクラックが入っていたり，円形ではなく偏平軸であるとき，すなわち，非等方性をもつ弾性回転軸のとき，軸のふれまわり運動が不安定となる場合がある．解析のために，図 9.18 の回転座標系 O-$\xi\eta$ を選ぶと便利である．ξ，η 軸は軸の断面 2 次モーメントの主軸の方向に一致させている．軸受の支持剛性を含む回転軸のばね定数を，ξ 方向に k_1，η 軸方向に k_2 とする．断面が楕円や長方形の非等方性回転軸は，軸の 1 回転にともなって，2 回向きを変えることがわかる．式(9.43)第 1 式で $\omega_n^2 \to k_1/m = \omega_1^2$，第 2 式で $\omega_n^2 \to k_2/m = \omega_2^2$ とおき，安定性を吟味するため，右辺の不つり合い量の項を除去すると，次式を得る．ただし，$\omega_1 < \omega_2$ と仮定する．

$$\ddot{\xi} - 2\omega\dot{\eta} + (\omega_1^2 - \omega^2)\xi = 0, \quad \ddot{\eta} + 2\omega\dot{\xi} + (\omega_2^2 - \omega^2)\eta = 0 \tag{9.54}$$

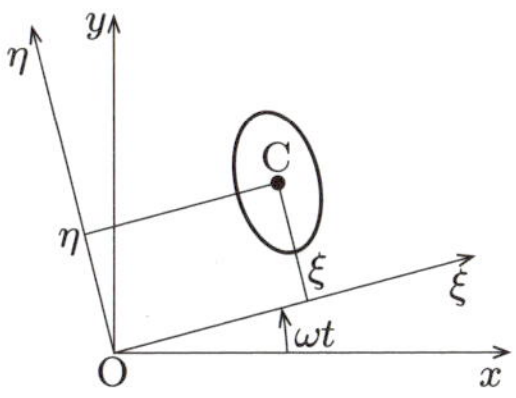

図 9.18

上式の解を，次式で仮定する．

$$\xi = \xi_0 e^{\lambda t}, \quad \eta = \eta_0 e^{\lambda t} \tag{9.55}$$

式(9.55)を式(9.54)に代入して整理すると，

$$\begin{bmatrix} \lambda^2 + \omega_1^2 - \omega^2 & -2\omega\lambda \\ 2\omega\lambda & \lambda^2 + \omega_2^2 - \omega^2 \end{bmatrix} \begin{bmatrix} \xi_0 \\ \eta_0 \end{bmatrix} = \begin{bmatrix} 0 \\ 0 \end{bmatrix} \tag{9.56}$$

となる．ξ_0，η_0 が非自明解をもつためには，次式が成り立たなければならない（付録

II 参照).

$$\begin{vmatrix} \lambda^2+\omega_1^2-\omega^2 & -2\omega\lambda \\ 2\omega\lambda & \lambda^2+\omega_2^2-\omega^2 \end{vmatrix} = 0 \tag{9.57}$$

上式から λ が決定される．上式の行列式を展開すると，

$$\lambda^4+(\omega_1^2+\omega_2^2+2\omega^2)\lambda^2+(\omega_1^2-\omega^2)(\omega_2^2-\omega^2)=0 \tag{9.58}$$

となる．上式の根を λ_1，$-\lambda_1$，λ_2，$-\lambda_2$ とすると，根と係数の関係から，

$$\lambda_1^2+\lambda_2^2<0, \quad \lambda_1^2\cdot\lambda_2^2=(\omega_1^2-\omega^2)(\omega_2^2-\omega^2) \tag{9.59}$$

となる．判別式 $D=(\omega_1^2-\omega_2^2)^2+8(\omega_1^2+\omega_2^2)\omega^2>0$ だから，λ_1^2，λ_2^2 は実数である．ω の範囲によって，次の2つの挙動に分けられる．

(i)　$\omega<\omega_1$ または $\omega>\omega_2$ のとき，根 λ は $\pm j\Omega_1$，$\pm j\Omega_2$（Ω_1，Ω_2 は実数）の形式をとる．したがって，式(9.55)にこれらの λ を代入するとわかるように，回転座標系から見ると，ξ，η は周期関数となり，時間とともに振動が発散することはない．また，静止座標系から見ても，式(9.41)第1式から時間とともに振動が発散することはないので，系は安定である．

(ii)　$\omega_1<\omega<\omega_2$ のとき，根 λ は $\pm j\Omega_1$，$\pm\Omega_2$ の形式をとるので，正の実根が存在し，その項によって時間の経過とともに，回転座標系から見て ξ の振幅は指数関数的に増大する．静止座標系から見ると，z は振動数 ω でふれまわり振動しながら発散することになるので，系は不安定である．

回転軸が等方性の場合には，このような不安定現象は生じない．

9.5.2　重力の影響

非等方性回転軸が水平に取り付けられる場合には，重力の影響を受けて回転軸の運動に2次的な危険速度が現れる．いま，図9.19のように，静止座標系 O-xy の y の負の向きに一定重力が作用するとする．重力 mg の回転座標系 O-$\xi\eta$ への成分は，ξ の正の向きに $-mg\sin\omega t$，η の正の向きに $-mg\cos\omega t$ だから，これらを m でわって運動

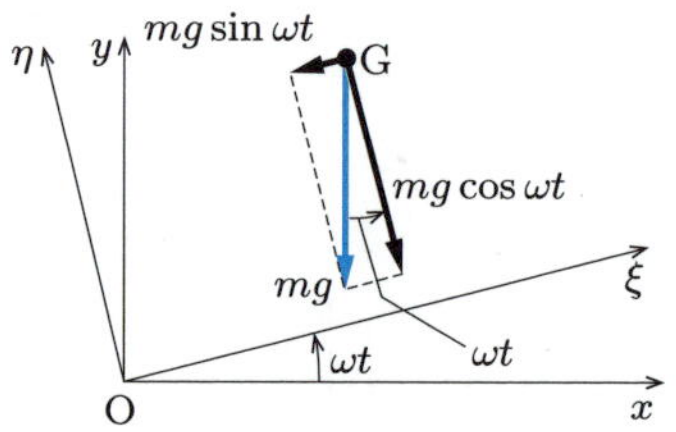

図 9.19

方程式(9.54)の右辺に追加すると，

$$\left.\begin{aligned}\ddot{\xi}-2\omega\dot{\eta}+(\omega_1^2-\omega^2)\xi&=-g\sin\omega t\\ \ddot{\eta}+2\omega\dot{\xi}+(\omega_2^2-\omega^2)\eta&=-g\cos\omega t\end{aligned}\right\}\tag{9.60}$$

となる．ただし，偏重心による強制項は省略している．式(9.60)の特解を，$\xi=\xi_1\cos\omega t+\xi_2\sin\omega t$ および $\eta=\eta_1\cos\omega t+\eta_2\sin\omega t$ のようにおくと，$\xi_1=0$ および $\eta_2=0$ となり，

$$\begin{bmatrix}\omega_1^2-2\omega^2 & 2\omega^2\\ 2\omega^2 & \omega_2^2-2\omega^2\end{bmatrix}\begin{bmatrix}\xi_2\\ \eta_1\end{bmatrix}=\begin{bmatrix}-g\\ -g\end{bmatrix}\tag{9.61}$$

を得る．上式を解くと，

$$\left.\begin{aligned}\xi_2&=\frac{g(4\omega^2-\omega_2^2)}{\omega_1^2\omega_2^2-2\omega^2(\omega_1^2+\omega_2^2)}\\ \eta_1&=\frac{g(4\omega^2-\omega_1^2)}{\omega_1^2\omega_2^2-2\omega^2(\omega_1^2+\omega_2^2)}\end{aligned}\right\}\tag{9.62}$$

となる．したがって，上式の分母 $=0$ のとき，すなわち，

$$\omega^2=\frac{\omega_1^2\omega_2^2}{2(\omega_1^2+\omega_2^2)}\tag{9.63}$$

のときに振幅 ξ_2，η_1 が無限大となり，共振を起こす．いま，ω_1^2 と ω_2^2 の平均固有振動数を $\omega_n^2=(\omega_1^2+\omega_2^2)/2$ とすれば，軸が等方性に近い場合（$\omega_1\approx\omega_2$）には，共振は $\omega\approx\omega_n/2$ のときに生じる．すなわち，主危険速度（$\omega=\omega_n$）のほぼ $1/2$ のところに，重力による 2 次的な危険速度が現れる．回転軸が等方性の場合，式(9.62)に $\omega_1=\omega_2$，$\omega=\omega_2/2$ を代入すればわかるように，この 2 次的な危険速度は消滅する．

例題 9.10 一般に使用されている回転軸は円断面をもつものが多いが，なぜか．装置の製作上の理由もあるが，これを機械力学的に考えてみよ．

解 異方性をもつ軸では，2 つの危険速度（ω_1，ω_2）が存在し，その間の回転数では不安定となり，大きなふれまわりが生じる．等方性の軸（$\omega_1=\omega_2$）では，そのような不安定領域は発生せず，重力の影響による 2 次危険速度も現れない．それゆえ，円断面軸が広く使用されているのである．

例題 9.11 非等方性軸をもつジェフコット・ロータの回転数を，重力場で 0 から上昇させていくときの挙動を，以下の場合について説明せよ．

（1） 軸を水平においたとき．

（2） 軸を垂直においたとき．

解 （1）回転数が上昇するにともない，危険速度のおよそ $1/2$ の回転速度で，重力による 2 次的な危険速度のために振動を生じる．その後，不つり合いにより，低いほうの危険速度で共振し，そ

れ以上の回転速度になると不安定振動を生じる．この不安定振動を通過させることができれば，高いほうの危険速度以上で安定な不つり合い（ふれまわり）振動となり，回転速度上昇にともない振動は小さくなる．

（2）（1）の重力による2次的危険速度が存在しない場合であり，それ以降の挙動は同様である．

例題 9.12　図9.20のように，自在継手を介して駆動されているロータがある．自在継手とロータの回転軸の傾き角 α は微小で，自在継手駆動側の回転軸は一定の角速度 ω で回転する．この系の自在継手従動側には，ロータ系のねじり振動の固有円振動数 ω_n が存在する．この系の自在継手にともなう2次的な危険速度を計算せよ．

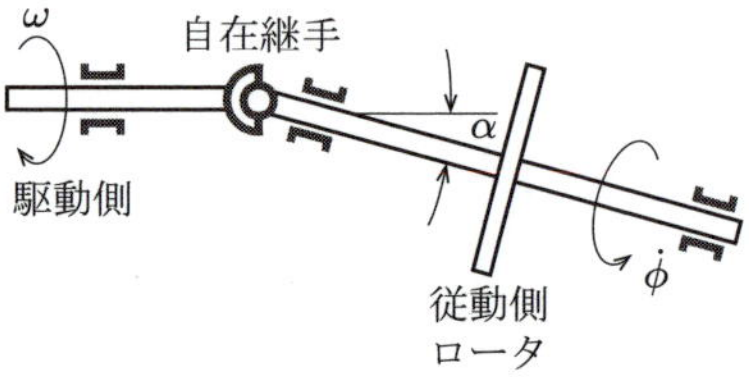

図 9.20

解　例題5.11から，1つの自在継手によって，α が微小のとき従動側ロータの角速度 $\dot{\phi}$ は，

$$\dot{\phi} = \frac{\cos\alpha}{1-\sin^2\alpha\sin^2\omega t}\omega \approx \frac{\omega}{1-\alpha^2\sin^2\omega t} \approx \omega(1+\alpha^2\sin^2\omega t)$$

$$= \omega\left(1+\frac{\alpha^2}{2}-\frac{\alpha^2}{2}\cos 2\omega t\right)$$

となる．したがって，従動側の回転速度の変動成分は，回転速度の2次成分 2ω である．この変動する振動数と従動側ロータのねじり振動の固有振動数が一致すると共振する．すなわち，$2\omega = \omega_n$ から，$\omega = \omega_n/2$ が2次的な危険速度である．自在継手を使用する場合は，回転数の2次成分が作用することに注意が必要である．

演習問題［9］

9.1　質量 $m = 20\,\mathrm{kg}$，長さ $l = 1\,\mathrm{m}$ の一様な円筒形剛性ロータがある．このロータの回転軸の偏心量は図9.21のように平面内に直線的に分布しており，左端で $\varepsilon_L = 5\,\mu\mathrm{m}$，右端で $\varepsilon_R = 11\,\mu\mathrm{m}$ で，すべて同方向である．この回転軸を両端面の修正おもりでつり合わせるときの，それぞれの修正量 U_L，U_R を求めよ．

9.2　例題9.6（1）のロータの危険速度を2倍に上げたい．回転軸の長さは変えないとして，直径をいくらにすればよいか．

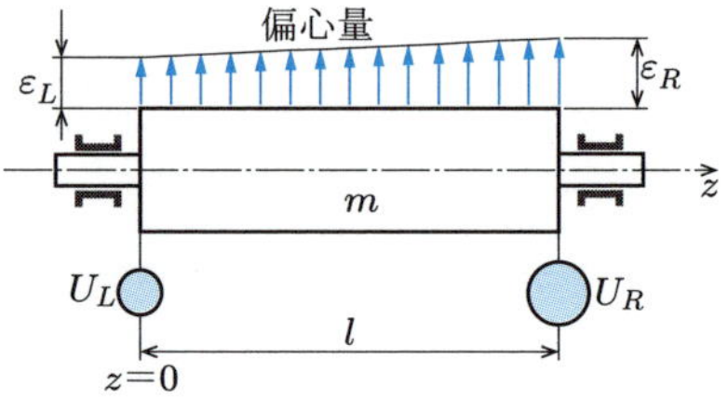

図 9.21

9.3 ジェフコット・ロータで軸心の速度に比例した減衰が作用するとして，回転速度が変化したときの軸心 C と重心 G の位置関係を図示せよ．

9.4 質量 $M = 10\,\mathrm{kg}$，回転軸の長さ $l = 0.5\,\mathrm{m}$，軸断面が長方形 ($b = 20\,\mathrm{mm}$，$h = 30\,\mathrm{mm}$) のジェフコット・ロータの不安定回転数領域 f [Hz]を求めよ．ただし，軸の縦弾性係数を $E = 206\,\mathrm{GN/m^2}$ とする．

付　録

I 行列と行列式

I.1 行列とベクトル

式(I.1)のように数を縦横に配置したものを，行列またはマトリックス（matrix）という．

$$\boldsymbol{A} = \begin{bmatrix} a_{11} & a_{12} & \cdots & a_{1n} \\ a_{21} & a_{22} & \cdots & a_{2n} \\ \vdots & \vdots & \ddots & \vdots \\ a_{m1} & a_{m2} & \cdots & a_{mn} \end{bmatrix} \tag{I.1}$$

ここで，a_{ij} を行列 $\boldsymbol{A}$ の i 行 j 列めの要素あるいは成分とよぶ．

m 行 n 列の行列を $m \times n$ 次元の行列，$m = n$ の行列を正方行列（square matrix）という．また，$m \times 1$ 次元（列数が 1）の行列を m 次元の列ベクトル（column vector），$1 \times n$ 次元（行数が 1）の行列を n 次元の行ベクトル（row vector）という．式(I.1)の $\boldsymbol{A}$ は n 個の列ベクトル，または m 個の行ベクトルから構成された行列と考えることもできる．すなわち，次のように表せる．

$$\boldsymbol{A} = [\boldsymbol{a}_1, \ldots, \boldsymbol{a}_j, \ldots, \boldsymbol{a}_n] = \begin{bmatrix} \boldsymbol{a}'_1 \\ \vdots \\ \boldsymbol{a}'_i \\ \vdots \\ \boldsymbol{a}'_m \end{bmatrix}, \quad \text{ただし，} \boldsymbol{a}_j = \begin{bmatrix} a_{1j} \\ a_{2j} \\ \vdots \\ a_{mj} \end{bmatrix},$$

$$\boldsymbol{a}'_i = [a_{i1}, a_{i2}, \ldots, a_{in}] \tag{I.2}$$

I.2 行列の演算

$\boldsymbol{A}$，$\boldsymbol{B}$ の次元が等しいとき，等式 $\boldsymbol{A} = \boldsymbol{B}$ および和・差 $\boldsymbol{C} = \boldsymbol{A} \pm \boldsymbol{B}$ を定義することができる．$\boldsymbol{A} = \boldsymbol{B}$ は，$\boldsymbol{A}$，$\boldsymbol{B}$ の対応する要素 a_{ij} と b_{ij} がすべて等しいことを表す．$\boldsymbol{C} = \boldsymbol{A} \pm \boldsymbol{B}$ の要素 c_{ij} は，$\boldsymbol{A}$，$\boldsymbol{B}$ の対応する要素の和・差として与えられる．すなわち，次式となる．

$$c_{ij} = a_{ij} \pm b_{ij} \tag{I.3}$$

行列 $\boldsymbol{A}$ にスカラー量 λ をかけた $\lambda\boldsymbol{A}$ は，$\boldsymbol{A}$ の各要素に λ をかけたものとなる．すなわち，$\lambda\boldsymbol{A}$ の i 行 j 列めの要素は λa_{ij} となる．

$\boldsymbol{A}$ の列数と $\boldsymbol{B}$ の行数が等しいとき，行列の積 $\boldsymbol{C} = \boldsymbol{AB}$ を定義することができる．$\boldsymbol{A}$ が $m \times n$ 次元，$\boldsymbol{B}$ が $n \times l$ 次元の行列のとき，$\boldsymbol{C}$ は $m \times l$ 次元の行列となる．$\boldsymbol{C}$ の i 行 j 列

めの要素 c_{ij} は，$\boldsymbol{A}$ を構成する i 行めの行ベクトル $\boldsymbol{a}'_i$ と $\boldsymbol{B}$ を構成する j 列めの列ベクトル $\boldsymbol{b}_j$ の内積から求められる．

$$c_{ij} = \boldsymbol{a}'_i \cdot \boldsymbol{b}_j = \sum_{k=1}^{n} a_{ik} b_{kj} \tag{I.4}$$

一般に，$\boldsymbol{BA} \neq \boldsymbol{AB}$ であることに注意する必要がある．

$n \times n$ 次元の正方行列 $\boldsymbol{A}$ と n 次元の列ベクトル $\boldsymbol{x}$ の積 $\boldsymbol{y} = \boldsymbol{Ax}$ は，n 次元の列ベクトルとなる．その i 番目の要素 y_i は，$\boldsymbol{A}$ を構成する i 行めの行ベクトル $\boldsymbol{a}'_i$ と $\boldsymbol{x}$ との内積

$$y_i = \boldsymbol{a}'_i \cdot \boldsymbol{x} = \sum_{k=1}^{n} a_{ik} x_k \tag{I.5}$$

から求められる．

I.3 零行列，対角行列，単位行列

すべての要素が 0 の行列を零行列（zero matrix）といい，$\boldsymbol{0}$ で表す．正方行列の i 行 i 列めの要素を対角要素という．対角要素以外の要素（非対角要素）がすべて 0 である行列を対角行列（diagonal matrix）とよぶ．また，対角要素がすべて 1 の対角行列を単位行列（unit matrix）といい，$\boldsymbol{I}$ で表す．対角行列 $\boldsymbol{D}$，単位行列 $\boldsymbol{I}$ を具体的に示すと，

$$\boldsymbol{D} = \begin{bmatrix} d_{11} & & & \boldsymbol{0} \\ & d_{22} & & \\ & & \ddots & \\ \boldsymbol{0} & & & d_{nn} \end{bmatrix}, \quad \boldsymbol{I} = \begin{bmatrix} 1 & & & \boldsymbol{0} \\ & 1 & & \\ & & \ddots & \\ \boldsymbol{0} & & & 1 \end{bmatrix} \tag{I.6}$$

となる．ただし，式(I.6)中の大きな $\boldsymbol{0}$ は，非対角要素がすべて 0 であることを示す．なお，対角行列を $\boldsymbol{D} = \mathrm{diag}(d_{11}, d_{22}, \ldots, d_{nn})$ のように略記することもある．

$n \times n$ 次元の単位行列 $\boldsymbol{I}$ と $n \times n$ 次元の正方行列 $\boldsymbol{A}$，n 次元の列ベクトル $\boldsymbol{x}$ および n 次元の行ベクトル $\boldsymbol{b}$ との積に関して次式が成り立つ．

$$\boldsymbol{AI} = \boldsymbol{IA} = \boldsymbol{A}, \quad \boldsymbol{Ix} = \boldsymbol{x}, \quad \boldsymbol{bI} = \boldsymbol{b} \tag{I.7}$$

I.4 転置行列，対称行列

$m \times n$ 次元の行列 $\boldsymbol{A}$ の行と列を入れ替えた $n \times m$ 次元の行列を $\boldsymbol{A}$ の転置行列（transpose matrix）といい，$\boldsymbol{A}^T$ のように表す．右肩に付した記号 T は転置記号とよばれる．例を示すと，

$$\boldsymbol{A} = \begin{bmatrix} 1 & 4 \\ 2 & 5 \\ 3 & 6 \end{bmatrix} \text{のとき，} \boldsymbol{A}^T = \begin{bmatrix} 1 & 2 & 3 \\ 4 & 5 & 6 \end{bmatrix}$$

$$\boldsymbol{b} = \begin{bmatrix} 1 & 2 & 3 \end{bmatrix} \text{のとき，} \boldsymbol{b}^T = \begin{bmatrix} 1 \\ 2 \\ 3 \end{bmatrix}$$

となる．

$\boldsymbol{A}^T = \boldsymbol{A}$ $(a_{ji} = a_{ij})$ が成り立つ正方行列 $\boldsymbol{A}$ を，対称行列（symmetric matrix）という．行列の和・差および積の転置に関して次の関係が成り立つ．

$$(\boldsymbol{A} \pm \boldsymbol{B})^T = \boldsymbol{A}^T \pm \boldsymbol{B}^T, \quad (\boldsymbol{A}\boldsymbol{B})^T = \boldsymbol{B}^T \boldsymbol{A}^T \tag{I.8}$$

I.5 行列式

正方行列 $\boldsymbol{A}$ に対して，以下の手順で計算されるスカラー量を行列 $\boldsymbol{A}$ の行列式（determinant）といい，$|\boldsymbol{A}|$ または $\det \boldsymbol{A}$ のように表す．

（i） $\boldsymbol{A}$ が 2×2 次元の行列のとき

$$|\boldsymbol{A}| = \begin{vmatrix} a_{11} & a_{12} \\ a_{21} & a_{22} \end{vmatrix} = a_{11}a_{22} - a_{12}a_{21} \tag{I.9}$$

（ii） $\boldsymbol{A}$ が $n \times n$ 次元の行列のとき

次の公式を用いて計算する．この式は $\boldsymbol{A}$ の 1 行めの要素 a_{1j} について展開した場合で示しているが，ほかの行（あるいは列）の要素について展開してもよい．

$$|\boldsymbol{A}| = \sum_{j=1}^{n} (-1)^{1+j} a_{1j} D_{1j} \tag{I.10}$$

ここに，D_{ij} は $\boldsymbol{A}$ から i 行，j 列の要素を除去してつくられる，$(n-1) \times (n-1)$ 次元の行列の行列式を表し，これを $n-1$ 次元の小行列式（minor determinant）とよぶ．3×3 次元の行列の場合を例にとると，以下のようになる．

$$\begin{aligned} |\boldsymbol{A}| &= \begin{vmatrix} a_{11} & a_{12} & a_{13} \\ a_{21} & a_{22} & a_{23} \\ a_{31} & a_{32} & a_{33} \end{vmatrix} = (-1)^{1+1} a_{11} \begin{vmatrix} a_{22} & a_{23} \\ a_{32} & a_{33} \end{vmatrix} + (-1)^{1+2} a_{12} \begin{vmatrix} a_{21} & a_{23} \\ a_{31} & a_{33} \end{vmatrix} \\ &\quad + (-1)^{1+3} a_{13} \begin{vmatrix} a_{21} & a_{22} \\ a_{31} & a_{32} \end{vmatrix} \\ &= a_{11}a_{22}a_{33} + a_{12}a_{23}a_{31} + a_{13}a_{32}a_{21} - a_{13}a_{22}a_{31} - a_{12}a_{21}a_{33} - a_{23}a_{32}a_{11} \end{aligned} \tag{I.11}$$

式(I.10)を用いて，n 次元の行列式を $n-1$ 次元の小行列式に展開することができる．この小行列式に式(I.10)を繰り返し適用することによって，最終的には式(I.9)で計算される 2 次元の行列の行列式に展開することができる．

行列式は次のような性質をもつ．

（1） 2 つの行（あるいは列）を入れ替えると符号が反転する．

（2） ある行（あるいは列）を λ 倍（λ：スカラー量）すると，行列式は λ 倍になる．また，$\boldsymbol{A}$ が $n \times n$ 次元の行列のとき，$|\lambda \boldsymbol{A}| = \lambda^n |\boldsymbol{A}|$.

（3） ある行（あるいは列）にほかの行（あるいは列）を定数倍して加減算しても，行列式の値は変わらない．

（4） $\boldsymbol{A}$，$\boldsymbol{B}$ が $n \times n$ 次元の行列のとき，$|\boldsymbol{AB}| = |\boldsymbol{A}||\boldsymbol{B}|$，また $|\boldsymbol{A}^T| = |\boldsymbol{A}|$．
（5） 対角行列については，$|\mathrm{diag}(d_1, d_2, \ldots, d_n)| = d_1 d_2 \cdots d_n$．

I.6 逆行列

$|\boldsymbol{A}| \neq 0$ である行列 $\boldsymbol{A}$ を正則行列（regular matrix）という．この行列に対して，

$$\boldsymbol{A}\boldsymbol{A}^{-1} = \boldsymbol{A}^{-1}\boldsymbol{A} = \boldsymbol{I} \tag{I.12}$$

を満足する行列 $\boldsymbol{A}^{-1}$ が存在する．$\boldsymbol{A}^{-1}$ を $\boldsymbol{A}$ の逆行列（inverse matrix）といい，次式から計算することができる．

$$\boldsymbol{A}^{-1} = \frac{\mathrm{adj}(\boldsymbol{A})}{|\boldsymbol{A}|} \tag{I.13}$$

ここで，$\mathrm{adj}(\boldsymbol{A})$ は $\boldsymbol{A}$ の余因子行列（cofactor matrix）とよばれるもので，その i 行 j 列めの要素 $\overline{A}_{ij}$ は次式で与えられる．

$$\overline{A}_{ij} = (-1)^{i+j} D_{ji} \tag{I.14}$$

ここで，D_{ji} は $\boldsymbol{A}$ の j 行と i 列にある要素を除去してつくられる行列の行列式である．2×2 次元の場合には，次のようになる．

$$\boldsymbol{A} = \begin{bmatrix} a_{11} & a_{12} \\ a_{21} & a_{22} \end{bmatrix} \text{ のとき，} \boldsymbol{A}^{-1} = \frac{1}{|\boldsymbol{A}|}\begin{bmatrix} a_{22} & -a_{12} \\ -a_{21} & a_{11} \end{bmatrix} \tag{I.15}$$

逆行列について次のことが成り立つ．

（1） $(\boldsymbol{AB})^{-1} = \boldsymbol{B}^{-1}\boldsymbol{A}^{-1}$，　$(\boldsymbol{A}^{-1})^{-1} = \boldsymbol{A}$，　$(\boldsymbol{A}^{-1})^T = (\boldsymbol{A}^T)^{-1}$
（2） $(\lambda \boldsymbol{A})^{-1} = (1/\lambda)\boldsymbol{A}^{-1}$（$\lambda$：スカラー量）
（3） $\boldsymbol{D} = \mathrm{diag}(d_1, d_2, \ldots, d_n)$ のとき，$\boldsymbol{D}^{-1} = \mathrm{diag}(1/d_1, 1/d_2, \ldots, 1/d_n)$
（4） $|\boldsymbol{A}^{-1}| = 1/|\boldsymbol{A}|$

II 代数方程式の性質

$n \times n$ 次元の行列 $\boldsymbol{A}$ を係数行列とする同次代数方程式

$$\boldsymbol{A}\boldsymbol{x} = \boldsymbol{0} \tag{II.1}$$

が自明解（trivial solution）$\boldsymbol{x} = \boldsymbol{0}$ 以外の解（非自明解（non-trivial solution））をもつための条件は，

$$|\boldsymbol{A}| = 0 \tag{II.2}$$

である．その解 $\boldsymbol{x} = [x_1, x_2, \ldots, x_n]^T$ は，定数倍の任意性があってただ 1 つに定まらない．しかし，成分間の比は決まり，この比は 0 ではない成分の 1 つを 1 とおいて，式(II.1)を変形した非同次代数方程式から求められる．3×3 次元の場合（$x_1 = 1$）を例にとると，$a_{22}a_{33} \neq a_{23}a_{32}$ のとき，次のようになる．

$$\begin{bmatrix} a_{11} & a_{12} & a_{13} \\ a_{21} & a_{22} & a_{23} \\ a_{31} & a_{32} & a_{33} \end{bmatrix}\begin{bmatrix} 1 \\ x_2 \\ x_3 \end{bmatrix} = \begin{bmatrix} 0 \\ 0 \\ 0 \end{bmatrix} \quad \Rightarrow \quad \begin{bmatrix} a_{22} & a_{23} \\ a_{32} & a_{33} \end{bmatrix}\begin{bmatrix} x_2 \\ x_3 \end{bmatrix} = -\begin{bmatrix} a_{21} \\ a_{31} \end{bmatrix}$$

また，非同次代数方程式について，

$$\boldsymbol{A}\boldsymbol{x} = \boldsymbol{b} \tag{II.3}$$

は $|\boldsymbol{A}| \neq 0$ のとき一意な解をもち，その解は次式で与えられる．

$$\boldsymbol{x} = \boldsymbol{A}^{-1}\boldsymbol{b} \tag{II.4}$$

$|\boldsymbol{A}| = 0$（行列 $\boldsymbol{A}$ が特異（singular））のとき，式(II.3)の解は存在しないか，不定である．

III 微分方程式の解

定数係数をもつ 2 階の線形常微分方程式の一般解を考える．

III.1 同次微分方程式の基本解と一般解

a，b，c を定数とする次の微分方程式を，同次微分方程式（homogeneous differential equation）または斉次微分方程式という．

$$a\frac{d^2z}{dt^2} + b\frac{dz}{dt} + cz = 0 \tag{III.1}$$

式(III.1)は，z，$\dot{z}$，$\ddot{z}$ の線形結合が時間について恒等的に 0 となることを意味しているので，解 z は時間微分に対して関数形が変化しないことが必要である．このような関数としてよく知られているものに指数関数がある．そこで，Z，λ を未知定数として，式(III.1)の基本解を

$$z = Ze^{\lambda t} \tag{III.2}$$

と仮定し，式(III.1)に代入してみよう．$Z = 0$ は自明な解であるから，式(III.2)が $Z \neq 0$ のような解であるためには，

$$a\lambda^2 + b\lambda + c = 0 \tag{III.3}$$

であればよいことがわかる．式(III.3)の根を λ_1，λ_2 とする．$e^{\lambda_1 t}$ と $e^{\lambda_2 t}$ を式(III.1)の基本解とよび，これらの線形結合を式(III.1)の一般解とよぶ．

$$z = Ae^{\lambda_1 t} + Be^{\lambda_2 t} \tag{III.4}$$

ここに，A，B は積分定数であり，初期条件から決定される．式(III.4)のように一般解が基本解の線形結合で表されることを，重ね合わせの原理（principle of superposition）という．これは線形系のもっとも重要な性質である．

III.2 非同次微分方程式の特解

いま，a，b，c を実数とし，2 つの調和関数を非同次項（右辺）にもつ次の一対の微分方程式（F：実数）を例にとって，非同次微分方程式（non-homogeneous differential equation）の特解を求める．

$$a\frac{d^2x}{dt^2} + b\frac{dx}{dt} + cx = F\cos\omega t \tag{III.5a}$$

$$a\frac{d^2y}{dt^2} + b\frac{dy}{dt} + cy = F\sin\omega t \tag{III.5b}$$

式(III.5b)の両辺に $j = \sqrt{-1}$ をかけて，式(III.5a)に辺々加え合わせると，次式となる．

$$a\frac{d^2z}{dt^2}+b\frac{dz}{dt}+cz=Fe^{j\omega t}\quad ここに，複素数\ z=x+jy \tag{III.6}$$

式(III.6)の特解は，同次微分方程式の場合と同様の考察により，$z=Ze^{j\omega t}$（Z：複素数）の形をもつ．これを式(III.6)に代入すると，

$$z=\frac{Fe^{j\omega t}}{c-a\omega^2+jb\omega}=\frac{(c-a\omega^2-jb\omega)Fe^{j\omega t}}{(c-a\omega^2+jb\omega)(c-a\omega^2-jb\omega)} \tag{III.7}$$

となる．式(III.7)の実部が式(III.5a)の，虚部が式(III.5b)の特解である．オイラーの公式 $e^{j\theta}=\cos\theta+j\sin\theta$ を用いて式(III.7)を実部と虚部に分解すると，次のようになる．

$$\begin{aligned}z&=x+jy\\&=\frac{F}{(c-a\omega^2)^2+(b\omega)^2}[(c-a\omega^2)\cos\omega t+b\omega\sin\omega t\\&\qquad+j\{-b\omega\cos\omega t+(c-a\omega^2)\sin\omega t\}]\end{aligned} \tag{III.8}$$

式(III.6)の一般解は，同次微分方程式(III.1)の一般解(III.4)と非同次微分方程式(III.6)の1つの特解(III.7)の和となる．

IV マクローリン展開と線形化

関数 $f(x)$ が，$x=0$ 近傍での近似を与えるマクローリン展開によって次のような無限級数に展開できるとする．

$$f(x)=a_0+a_1x+a_2x^2+a_3x^3+\cdots \tag{IV.1}$$

たとえば，変数 θ および x の典型的な関数をマクローリン展開すると，次式となる．

$$\begin{aligned}&\sin\theta=\theta-\frac{1}{3!}\theta^3+\frac{1}{5!}\theta^5-\cdots,\quad \cos\theta=1-\frac{1}{2!}\theta^2+\frac{1}{4!}\theta^4-\cdots,\\&e^x=1+x+\frac{1}{2!}x^2+\cdots,\quad (1+x)^n=1+nx+\frac{n(n-1)}{2!}x^2+\cdots\end{aligned} \tag{IV.2}$$

通常，力学の問題を解析するために，求められた運動方程式を線形化する．すなわち，上式の左辺の関数に関して右辺の変数1次までを考慮して解析される．そうすれば，得られる運動方程式に含まれる非線形項は次式のように線形化され，解析がきわめて容易になる．

$$\sin\theta\approx\theta,\quad \cos\theta\approx1,\quad \tan\theta\approx\theta,\quad e^x\approx1+x,\quad (1+x)^n\approx1+nx \tag{IV.3}$$

たとえば，演習問題7.3の非線形運動方程式は，次式で表される．

$$l\ddot{\phi}+\frac{l}{2}(\omega+\dot{\theta})^2\sin2\phi+a\omega^2\cos\theta\sin\phi=0 \tag{IV.4a}$$

$$l\ddot{\theta}\cos\phi-2l(\omega+\dot{\theta})\dot{\phi}\sin\phi+a\omega^2\sin\theta=0 \tag{IV.4b}$$

ϕ，θ が微小として，上式を線形化すると，次式となる．

$$\ddot{\phi}+\omega^2\left(1+\frac{a}{l}\right)\phi=0,\quad \ddot{\theta}+\omega^2\frac{a}{l}\theta=0 \tag{IV.5}$$

変数 ϕ と θ に関する運動方程式は，線形化によって独立した2つの1自由度系の運動方程式に分解された．

V 2 自由度系の固有振動数と固有モード

2 個以上の自由度をもつ多自由度系の振動を考える際には，振動モードとよばれる新たな概念が現れる．ここでは，2 自由度系（two-degree-of-freedom system）の固有振動数と固有モードの概念，およびそれらを求める方法について簡単に述べる．

V.1 運動方程式

付録図 1 に示すように，質量 m_1，m_2 をもつ質点 1，2 が，ばね定数 k_1，k_2 のばねで連結された 2 自由度系を考えてみよう．質点は滑らかな床上におかれており，減衰はないものとする．各質点の静的平衡位置からの変位をそれぞれ x_1，x_2 とする．第 8 章で述べたばねの復元力の符号に注意して各質点の運動方程式をたてると，

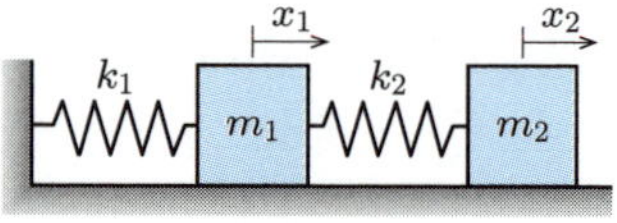

付録図 1

$$-m_1\ddot{x}_1 - k_1x_1 - k_2(x_1 - x_2) = 0, \quad -m_2\ddot{x}_2 - k_2(x_2 - x_1) = 0 \tag{V.1}$$

となる．上式は次のような行列形式にまとめられる．

$$\boldsymbol{M}\ddot{\boldsymbol{x}} + \boldsymbol{K}\boldsymbol{x} = \boldsymbol{0} \tag{V.2}$$

ここに，

$$\boldsymbol{x} = \begin{bmatrix} x_1(t) \\ x_2(t) \end{bmatrix}, \quad \boldsymbol{M} = \begin{bmatrix} m_1 & 0 \\ 0 & m_2 \end{bmatrix}, \quad \boldsymbol{K} = \begin{bmatrix} k_1 + k_2 & -k_2 \\ -k_2 & k_2 \end{bmatrix} \tag{V.3}$$

であり，$\boldsymbol{M}$ を質量行列（mass matrix），$\boldsymbol{K}$ を剛性行列（stiffness matrix）という．安定な系（第 8 章参照）に対しては，一般に，$\boldsymbol{M}$ および $\boldsymbol{K}$ は対称行列である．多自由度線形系の自由振動の運動方程式は，常に式(V.2)の形式で表される．

V.2 固有振動数と固有モード

ω を未知の円振動数として，式(V.2)の自由振動の解を次のように仮定する．

$$\boldsymbol{x} = \boldsymbol{X}\sin\omega t \quad \text{ただし，} \boldsymbol{X} = \begin{bmatrix} X_1 \\ X_2 \end{bmatrix} \tag{V.4}$$

この解の仮定は，系のすべての質点の変位が同じ振動数 ω をもち，同じ位相で調和的に振動しているものの，それぞれの振幅は異なるという振動形態を表している．上式を時間微分すると，$\ddot{\boldsymbol{x}} = -\omega^2\boldsymbol{X}\sin\omega t$．これらを式(V.2)に代入する．式(V.2)が任意の時刻 t に対して成り立つ条件から，

$$(\boldsymbol{K} - \omega^2\boldsymbol{M})\boldsymbol{X} = \boldsymbol{0}$$
$$\text{または，} \begin{bmatrix} k_1 + k_2 - m_1\omega^2 & -k_2 \\ -k_2 & k_2 - m_2\omega^2 \end{bmatrix} \begin{bmatrix} X_1 \\ X_2 \end{bmatrix} = \begin{bmatrix} 0 \\ 0 \end{bmatrix} \tag{V.5}$$

となる．式(V.5)が非自明解をもつためには（付録 II 参照），

$$|\boldsymbol{K} - \omega^2\boldsymbol{M}| = 0 \quad \text{または，} \begin{vmatrix} k_1 + k_2 - m_1\omega^2 & -k_2 \\ -k_2 & k_2 - m_2\omega^2 \end{vmatrix} = 0 \tag{V.6}$$

が成り立たなければならない．式(V.6)を振動数方程式（frequency equation）とよび，これから自由振動の振動数である固有円振動数 ω が求められる．固有円振動数は自由度の数だけ存在する．

付録図 1 の簡単な例で考察する．$k_1/2 = k_2 = k$，$m_1/2 = m_2 = m$ の場合を考えよう（付録図 2 (a)）．このとき，式(V.6)は次式のように展開される．

$$2m^2\omega^4 - 5mk\omega^2 + 2k^2 = 0 \qquad \text{(V.7)}$$

これを解くと，$\omega_1^2 = k/2m$，$\omega_2^2 = 2k/m$．したがって，固有振動数 f_1，f_2 [Hz]は，

$$f_1 = \frac{\omega_1}{2\pi} = \frac{1}{2\pi}\sqrt{\frac{k}{2m}}, \quad f_2 = \frac{\omega_2}{2\pi} = \frac{1}{2\pi}\sqrt{\frac{2k}{m}} \qquad \text{(V.8)}$$

となる．振動数の低いほうから 1 次，2 次の固有振動数とよぶ．

次に，それぞれの固有振動数に対応した質点 1，2 の振動形態を，上の例で調べてみよう．まず，$\omega^2 = \omega_1^2 = k/2m$ のとき，式(V.5)の 2 式はそれぞれ，

$$2kX_1 - kX_2 = 0, \quad -kX_1 + \frac{kX_2}{2} = 0 \qquad \text{(V.9)}$$

となる．式(V.9)の 2 式は同一となり，式(V.5)で独立であった 2 つの関係が 1 個減って 1 つになっている．そのため，振幅 X_1 および X_2 の値は定められない．しかし，振幅 X_1 と X_2 の比は一定となることを意味している．たとえば，$X_1 = 1$ のとき $X_2 = 2$ となる．すなわち，1 次の固有振動数では，質点 1，2 は常に 1：2 の振幅比で振動する．次に，$\omega^2 = \omega_2^2 = 2k/m$ のとき式(V.5)の第 1，2 行めの式はともに $-kX_1 - kX_2 = 0$ となるので，$X_1 = 1$ とおくと $X_2 = -1$ となる．すなわち，2 次の固有振動数では，質点 1，2 は常に 1：−1 の振幅比で振動する．

このように，質点系が固有振動数で振動する場合，各質点はでたらめに振動するのではなく，特定の振幅比で振動する．この振幅比 $\{X_1, X_2\} = \{1, 2\}, \{1, -1\}$ を，固有振動数 ω_1，ω_2 に対応した固有モード（natural mode）という．付録図 2 (b)，(c)は，1 次，2 次の固有モードを振動方向から 90° だけ回転させて図示したものである．また，参考として半周期後の質点の位置関係を破線で示している．図からわかるように，固有モードは各固有振動数に対応した振動のパターン（形態）を表す．なお，固有モードはあくまで振幅比であるから，定数倍の任意性をもつ．たとえば，上の 1，2 次固有モードの振幅比を $\{0.5, 1\}$，$\{-1, 1\}$ としてもよい．

2 自由度系の自由振動は，それぞれの固有振動数をもった振動モードが重なり合ったものとして生じる．すなわち，質点 1，2 の変位は次の形で表される．

$$\boldsymbol{x}(t) = \begin{bmatrix} x_1(t) \\ x_2(t) \end{bmatrix} = A_1\boldsymbol{X}^{(1)}\cos(\omega_1 t + \theta_1) + A_2\boldsymbol{X}^{(2)}\cos(\omega_2 t + \theta_2) \qquad \text{(V.10)}$$

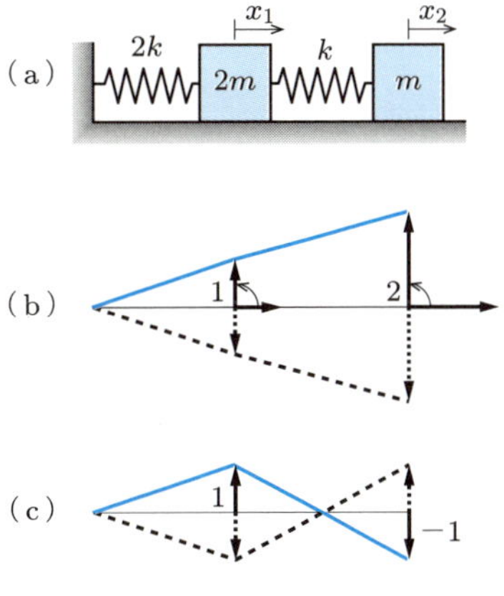

付録図 2

ここに，$\boldsymbol{X}^{(1)}$，$\boldsymbol{X}^{(2)}$ は1次，2次の固有振動数に対応した固有モードを表す．A_1，A_2，θ_1，θ_2 は，初期条件 $x_1(0)$，$\dot{x}_1(0)$，$x_2(0)$，$\dot{x}_2(0)$ から求められる．

このように，不減衰自由振動は勝手な振動数で振動するのではなく，系の質量と剛性によって決まる固有振動数でのみ振動する．そのときの振動モードは固有モードの重ね合わせで表され，勝手なパターンでは振動しないのである．これは，自由振動問題を考える上でもっとも基本的な性質であり，自由度の大小を問わず成り立つ．

演習問題解答

第 1 章

1.1 （1） 速度は，$v =$ 時速 $100\,\mathrm{km} = 100\,\mathrm{km/h} = 100 \times 10^3\,\mathrm{m}/3600\,\mathrm{s} = 27.8\,\mathrm{m/s}$．運動エネルギーは，$T = mv^2/2 = 1 \times 10^3 \cdot 27.8^2/2 = 386000\,\mathrm{Nm} = 386000\,\mathrm{J} = 386\,\mathrm{kJ}$

（2） ばねには，下向きの力 $F = 10g + 100 = 198\,\mathrm{N}$ が作用する．

（3） 肩のまわりのモーメントは，力 × 腕の長さから，$M = mg \times l = 10 \cdot 9.8 \cdot 0.6 = 58.8\,\mathrm{Nm}$．モーメントは物体を回転させようとする力のはたらきだから，その単位は[J]ではなく，[Nm]である．

1.2 宇宙ステーションでは重力が作用しない．例題 1.3 の振動を利用して質量を求める．ばね定数 k [N/m]が既知のばねの一端を固定し，他端に物体を取り付けて振動させ，その固有振動数 f_n [Hz]を測定する．$m = k/(2\pi f_n)^2$ から，物体の質量 m [kg]が求められる．

1.3 地球上では，$1\,\mathrm{kg} \times g\,[\mathrm{m/s^2}] = g\,[\mathrm{N}]$，月面では，重力加速度が $g/6$ となるので，$1\,\mathrm{kg} \times g/6\,\mathrm{m/s^2} = g/6\,\mathrm{N}$．月では，地球の 1/6 の重力が作用するので，1 (kgf) × 1/6 = 1/6 (kgf)．1/6 (kgf)を SI に換算すると，$g/6$ [N]．1 (kgf)とは，あくまで重力加速度が g の地球上において 1 [kg]の質量にはたらく重力である．

第 2 章

2.1 ベクトル $\overrightarrow{\mathrm{QP}}$ とベクトル $\boldsymbol{a}$ が直交する条件から，$\overrightarrow{\mathrm{QP}} \cdot \boldsymbol{a} = (\boldsymbol{p} - \boldsymbol{q}) \cdot \boldsymbol{a} = 0$．よって，

$$(x - x_0)a_x + (y - y_0)a_y + (z - z_0)a_z = 0$$

2.2 原点 O からおもりへの方向の単位ベクトルを $\boldsymbol{e}$ とすると，$\boldsymbol{e} = (x\boldsymbol{i}_0 + y\boldsymbol{j}_0 + z\boldsymbol{k}_0)/l$．ここに，$x^2 + y^2 + z^2 = l^2$．よって，張力 $\boldsymbol{T}$ を軸方向の単位ベクトル $\boldsymbol{i}_0$，$\boldsymbol{j}_0$，$\boldsymbol{k}_0$ で表すと，

$$\boldsymbol{T} = -T\boldsymbol{e} = -\frac{T(x\boldsymbol{i}_0 + y\boldsymbol{j}_0 + z\boldsymbol{k}_0)}{l}$$

2.3 （1） $\dfrac{d\boldsymbol{a}}{dt} = -2\boldsymbol{i}_0 \sin 2t + 2\boldsymbol{j}_0 \cos t,\quad \dfrac{d^2\boldsymbol{a}}{dt^2} = -4\boldsymbol{i}_0 \cos 2t - 2\boldsymbol{j}_0 \sin t$

（2） $\boldsymbol{a} \times \boldsymbol{a} = \boldsymbol{0}$ だから，$\dfrac{d}{dt}(\boldsymbol{a} \times \boldsymbol{a}) = \boldsymbol{0}$

（3）
$$\begin{aligned}\frac{d}{dt}(\boldsymbol{a} \cdot \boldsymbol{a}) &= 2\boldsymbol{a} \cdot \frac{d\boldsymbol{a}}{dt} = 2(\boldsymbol{i}_0 \cos 2t + 2\boldsymbol{j}_0 \sin t) \cdot (-2\boldsymbol{i}_0 \sin 2t + 2\boldsymbol{j}_0 \cos t)\\ &= 2(-2\sin 2t \cos 2t + 4 \sin t \cos t) = -2\sin 4t + 4\sin 2t\end{aligned}$$

2.4 点 A，B，D の位置ベクトル（単位：m）は，それぞれ

$$\boldsymbol{r}_A = 0.2\boldsymbol{i}_0 + 0.2\boldsymbol{k}_0,\quad \boldsymbol{r}_B = 0.2\boldsymbol{j}_0 + 0.2\boldsymbol{k}_0,\quad \boldsymbol{r}_D = 0.2\boldsymbol{i}_0 + 0.2\boldsymbol{j}_0$$

点 A，B，D に作用する力（単位：kN）は，それぞれ

$$\boldsymbol{F}_A = 1\boldsymbol{i}_0,\quad \boldsymbol{F}_B = -1\boldsymbol{k}_0,\quad \boldsymbol{F}_D = -2\boldsymbol{j}_0$$

（1） 合力 $\boldsymbol{F} = \boldsymbol{F}_A + \boldsymbol{F}_B + \boldsymbol{F}_D = 1\boldsymbol{i}_0 - 2\boldsymbol{j}_0 - 1\boldsymbol{k}_0$．よって，

$$|\boldsymbol{F}| = \sqrt{1^2 + (-2)^2 + (-1)^2} = \sqrt{6} = 2.45\,\mathrm{kN}$$

（2） $\boldsymbol{r}_C = 0.2\boldsymbol{i}_0 + 0.2\boldsymbol{j}_0 + 0.2\boldsymbol{k}_0$．点 O および点 C まわりの合モーメント（単位：kNm）は，それぞれ

$$\begin{aligned}
\boldsymbol{N}_{\mathrm{O}} &= \boldsymbol{r}_A \times \boldsymbol{F}_A + \boldsymbol{r}_B \times \boldsymbol{F}_B + \boldsymbol{r}_D \times \boldsymbol{F}_D \\
&= \begin{vmatrix} \boldsymbol{i}_0 & \boldsymbol{j}_0 & \boldsymbol{k}_0 \\ 0.2 & 0 & 0.2 \\ 1 & 0 & 0 \end{vmatrix} + \begin{vmatrix} \boldsymbol{i}_0 & \boldsymbol{j}_0 & \boldsymbol{k}_0 \\ 0 & 0.2 & 0.2 \\ 0 & 0 & -1 \end{vmatrix} + \begin{vmatrix} \boldsymbol{i}_0 & \boldsymbol{j}_0 & \boldsymbol{k}_0 \\ 0.2 & 0.2 & 0 \\ 0 & -2 & 0 \end{vmatrix} \\
&= -0.2\boldsymbol{i}_0 + 0.2\boldsymbol{j}_0 - 0.4\boldsymbol{k}_0 \\
\boldsymbol{N}_C &= \overrightarrow{\mathrm{CA}} \times \boldsymbol{F}_A + \overrightarrow{\mathrm{CB}} \times \boldsymbol{F}_B + \overrightarrow{\mathrm{CD}} \times \boldsymbol{F}_D \\
&= (\boldsymbol{r}_A - \boldsymbol{r}_C) \times \boldsymbol{F}_A + (\boldsymbol{r}_B - \boldsymbol{r}_C) \times \boldsymbol{F}_B + (\boldsymbol{r}_D - \boldsymbol{r}_C) \times \boldsymbol{F}_D \\
&= \begin{vmatrix} \boldsymbol{i}_0 & \boldsymbol{j}_0 & \boldsymbol{k}_0 \\ 0 & -0.2 & 0 \\ 1 & 0 & 0 \end{vmatrix} + \begin{vmatrix} \boldsymbol{i}_0 & \boldsymbol{j}_0 & \boldsymbol{k}_0 \\ -0.2 & 0 & 0 \\ 0 & 0 & -1 \end{vmatrix} + \begin{vmatrix} \boldsymbol{i}_0 & \boldsymbol{j}_0 & \boldsymbol{k}_0 \\ 0 & 0 & -0.2 \\ 0 & -2 & 0 \end{vmatrix} \\
&= -0.4\boldsymbol{i}_0 - 0.2\boldsymbol{j}_0 + 0.2\boldsymbol{k}_0
\end{aligned}$$

2.5 点 A の力 5 kN は，点 B では，x 軸方向の力 5 kN と z 軸まわりのモーメント $-5\,\mathrm{kN} \times 1\,\mathrm{m} = -5\,\mathrm{kNm}$ と等価である．点 B の力 5 kN は，点 O では，x 軸方向の力 5 kN と y 軸まわりのモーメント $5\,\mathrm{kN} \times 2\,\mathrm{m} = 10\,\mathrm{kNm}$ と等価である．よって，点 O には，x 軸方向の 5 kN，すなわち，$5\boldsymbol{i}_0$ [kN] が作用する．モーメントは，点 A の x 軸まわりの 1 kNm，点 B の z 軸まわりの -5 kNm および点 O の y 軸まわりの 10 kNm がそのまま点 O に作用する，すなわち，$1\boldsymbol{i}_0 + 10\boldsymbol{j}_0 - 5\boldsymbol{k}_0$ [kNm]．

2.6 （1） F が点 O まわりにつくるモーメント $\boldsymbol{N}_{\mathrm{O}}$ の x，y，z 成分を求めればよい．

$F = |\boldsymbol{F}|$ とすると，$\boldsymbol{F} = -(F/\sqrt{2})\boldsymbol{i}_0 + (F/\sqrt{2})\boldsymbol{k}_0$，$\overrightarrow{\mathrm{OF}} = a\boldsymbol{i}_0 + a\boldsymbol{j}_0$．

点 O まわりのモーメント $\boldsymbol{N}_{\mathrm{O}}$ は，

$$\boldsymbol{N}_{\mathrm{O}} = \overrightarrow{\mathrm{OF}} \times \boldsymbol{F} = (a\boldsymbol{i}_0 + a\boldsymbol{j}_0) \times \left(-\frac{F}{\sqrt{2}}\boldsymbol{i}_0 + \frac{F}{\sqrt{2}}\boldsymbol{k}_0\right) = \frac{Fa}{\sqrt{2}}\boldsymbol{i}_0 - \frac{Fa}{\sqrt{2}}\boldsymbol{j}_0 + \frac{Fa}{\sqrt{2}}\boldsymbol{k}_0$$

よって，x，y，z 軸まわりのモーメントは，それぞれ $Fa/\sqrt{2}$，$-Fa/\sqrt{2}$，$Fa/\sqrt{2}$．

（2） $\overrightarrow{\mathrm{OB}} = a\boldsymbol{i}_0 + a\boldsymbol{j}_0 + a\boldsymbol{k}_0$，$\overline{\mathrm{OB}} = \sqrt{3}a$ から，OB の向きの単位ベクトル $\boldsymbol{e}$ は，

$$\boldsymbol{e} = \frac{\overrightarrow{\mathrm{OB}}}{\overline{\mathrm{OB}}} = \frac{1}{\sqrt{3}}\boldsymbol{i}_0 + \frac{1}{\sqrt{3}}\boldsymbol{j}_0 + \frac{1}{\sqrt{3}}\boldsymbol{k}_0$$

$\boldsymbol{N}_{\mathrm{O}}$ の OB まわりのモーメントの成分 N_{OB} は，

$$N_{OB} = \boldsymbol{N}_{\mathrm{O}} \cdot \boldsymbol{e} = \left(\frac{Fa}{\sqrt{2}}\boldsymbol{i}_0 - \frac{Fa}{\sqrt{2}}\boldsymbol{j}_0 + \frac{Fa}{\sqrt{2}}\boldsymbol{k}_0\right) \cdot \left(\frac{1}{\sqrt{3}}\boldsymbol{i}_0 + \frac{1}{\sqrt{3}}\boldsymbol{j}_0 + \frac{1}{\sqrt{3}}\boldsymbol{k}_0\right) = \frac{Fa}{\sqrt{6}}$$

第 3 章

3.1 点 P の軌跡はサイクロイド曲線とよばれる．点 P の初期位置を原点 O とし，点 P の座標を (x_P, y_P) とする．時刻 t での点 P の座標は，

$$x_P = R(\omega t - \sin\omega t), \quad y_P = R(1 - \cos\omega t)$$

となる．上式を時間 t に関して微分すると，

速度：$\dot{x}_P = R\omega(1 - \cos\omega t)$，$\dot{y}_P = R\omega\sin\omega t$

加速度：$\ddot{x}_P = R\omega^2\sin\omega t$，$\ddot{y}_P = R\omega^2\cos\omega t$

3.2 ボールの初速度は，水平方向に $v_0\cos 30° = \sqrt{3}v_0/2$，垂直方向に $v_0\sin 30° = v_0/2$．ボー

ルは水平方向には等速運動，垂直方向には重力の影響を受けて等加速度運動をする．ホームベースの位置を原点として，水平および垂直方向のボールの位置を (x, y) とする．

水平方向：$\dot{x} = \dfrac{\sqrt{3}v_0}{2}$，積分して，$x = \dfrac{\sqrt{3}}{2}v_0 t + C_1$．ここに，$C_1$ は積分定数．

垂直方向：$\ddot{y} = -g$，積分して，$\dot{y} = -gt + C_2$，$y = -\dfrac{1}{2}gt^2 + C_2 t + C_3$．ここに，$C_2$，$C_3$ は積分定数．

$t = 0$ の初期条件から，y 方向は，$\dot{y} = v_0/2$，$y = 0.6$ なので，$C_2 = v_0/2$，$C_3 = 0.6$．x 方向は，$x = 0$ なので，$C_1 = 0$．ゆえに，$x = \sqrt{3}v_0 t/2$，$y = -gt^2/2 + v_0 t/2 + 0.6$．

$x = 100\,\mathrm{m}$ となる時刻は，$t = 2 \cdot 100/(\sqrt{3}v_0)$．この時刻で $y \geq 2\,\mathrm{m}$ となるためには，$y = -\dfrac{9.8}{2}\left(\dfrac{2 \cdot 100}{\sqrt{3}v_0}\right)^2 + \dfrac{v_0}{2}\dfrac{2 \cdot 100}{\sqrt{3}v_0} + 0.6 \geq 2$．よって，$v_0 \geq 34.05\,\mathrm{m/s}$．

3.3 1200 rpm は $f = 1200/60 = 20\,\mathrm{Hz}$．したがって，角速度は $\omega = 2\pi f = 40\pi\,[\mathrm{rad/s}]$．$\overline{\mathrm{OA}} = 25\,\mathrm{mm} = 25 \times 10^{-3}\,\mathrm{m}$，$\overline{\mathrm{OB}} = \sqrt{25^2 + 40^2} = 47.17\,\mathrm{mm} = 47.17 \times 10^{-3}\,\mathrm{m}$．

点 A の速度は，OA に直角方向に，$\overline{\mathrm{OA}} \cdot \omega = 3.142\,\mathrm{m/s}$，点 B の速度は，OB に直角方向に，$\overline{\mathrm{OB}} \cdot \omega = 5.928\,\mathrm{m/s}$．

3.4 初期回転数 $N = 1800\,\mathrm{rpm}$ は，角速度で示せば，$2\pi N/60 = 60\pi\,[\mathrm{rad/s}]$．等角加速度運動だから，角加速度を $\ddot{\theta}\,[\mathrm{rad/s^2}]$とすると，$\ddot{\theta} = \alpha =$ 一定．積分すると，

$$\dot{\theta} = \alpha t + C_1, \quad \theta = \frac{1}{2}\alpha t^2 + C_1 t + C_2. \quad \text{ここに，} C_1, C_2 \text{ は積分定数.}$$

$t = 0$ で，$\dot{\theta} = 60\pi\,[\mathrm{rad/s}]$，$\theta = 0\,\mathrm{rad}$ だから，$C_1 = 60\pi$，$C_2 = 0$．よって，

$$\dot{\theta} = \alpha t + 60\pi, \quad \theta = \frac{1}{2}\alpha t^2 + 60\pi t$$

$t = 5\,\mathrm{s}$ で，$\dot{\theta} = 0$ だから，上式の第 1 式から，$\alpha = -60\pi/5 = -12\pi\,[\mathrm{rad/s^2}]$．上式の第 2 式に $t = 5\,\mathrm{s}$，$\alpha = -12\pi\,[\mathrm{rad/s^2}]$ を代入すると，$\theta = -12\pi \cdot 5^2/2 + 60\pi \cdot 5 = 150\pi\,[\mathrm{rad}]$．これを 2π でわると，回転の数は 75 回となる．

3.5 （1）座標系 O-$\xi\eta$ から見た点 A の座標は，$\xi = 4\,\mathrm{m}$, $\eta = 0\,\mathrm{m}$．速度は，$\dot{\xi} = 0\,\mathrm{m/s}$, $\dot{\eta} = 0\,\mathrm{m/s}$．角速度は，$\omega = 2\pi \cdot 30/60 = \pi\,[\mathrm{rad/s}]$．式(3.32)から，

$$\boldsymbol{v} = v_\xi \boldsymbol{i} + v_\eta \boldsymbol{j} = (\dot{\xi} - \omega\eta)\boldsymbol{i} + (\dot{\eta} + \omega\xi)\boldsymbol{j} = 0\boldsymbol{i} + 4\pi\boldsymbol{j}$$

よって，ξ 方向の速度成分は，$v_\xi = 0\,\mathrm{m/s}$，η 方向の速度成分は，$v_\eta = 12.57\,\mathrm{m/s}$ となる．ここでは，座標系 O-xy から見た速度を ξ，η 方向成分で表示していることに注意しよう．x，y 方向の速度成分は次式から求められる．

$$\begin{bmatrix} v_x \\ v_y \end{bmatrix} = \begin{bmatrix} \cos 60^\circ & -\sin 60^\circ \\ \sin 60^\circ & \cos 60^\circ \end{bmatrix} \begin{bmatrix} v_\xi \\ v_\eta \end{bmatrix} = \begin{bmatrix} -10.88 \\ 6.283 \end{bmatrix} [\mathrm{m/s}]$$

（2）座標系 O-xy から見た鳥の速度は，$v_x = 5\,\mathrm{m/s}$，$v_y = 0\,\mathrm{m/s}$ だから，

$$\begin{bmatrix} v_\xi \\ v_\eta \end{bmatrix} = \begin{bmatrix} \cos 60^\circ & \sin 60^\circ \\ -\sin 60^\circ & \cos 60^\circ \end{bmatrix} \begin{bmatrix} v_x \\ v_y \end{bmatrix} = \begin{bmatrix} 2.500 \\ -4.330 \end{bmatrix} [\mathrm{m/s}]$$

静止点 B の (ξ, η) 座標は，$\xi = 4\cos 60^\circ = 2\,\mathrm{m}$，$\eta = -4\sin 60^\circ = -2\sqrt{3}\,\mathrm{m}$．

$$\left.\begin{aligned} v_\xi &= \dot{\xi} - \omega\eta = 2.500\,\mathrm{m/s} \\ v_\eta &= \dot{\eta} + \omega\xi = -4.330\,\mathrm{m/s} \end{aligned}\right\}$$

であるから，静止点 B を通過する回転台上の点から見た鳥の速度の ξ，η 方向成分は，

$$\left.\begin{aligned} \dot{\xi} &= 2.500 + (-2\sqrt{3})\pi = -8.383\,\mathrm{m/s} \\ \dot{\eta} &= -4.330 - 2\pi = -10.61\,\mathrm{m/s} \end{aligned}\right\}$$

第4章

4.1 自動車の走行方向に x 軸をとる．等加速度運動だから，$\ddot{x} = a =$ 一定．積分して，$\dot{x} = at + C_1$，$x = at^2/2 + C_1 t + C_2$ を得る．ここに，C_1，C_2 は積分定数．初期条件：$t = 0$ で，$x = 0$，$\dot{x} = 0$ から，$C_1 = 0$，$C_2 = 0$．よって，$\dot{x} = at$，$x = at^2/2$．第 2 式に，$t = 12\,\mathrm{s}$ 後に $400\,\mathrm{m}$ を走行する条件を代入すると，加速度は，$a = 5.56\,\mathrm{m/s^2}$．第 1 式から，$\dot{x} = 5.56 \cdot 12\,\mathrm{m/s} = 66.7\,\mathrm{m/s} = 240\,\mathrm{km/h}$.

4.2 解図 1 に示すように，船は水平面（静止座標系）に対して左向きに，加速度 β で後退するものとする．このとき，自動車は静止座標系に対して水平右向きに加速度 $\alpha - \beta$ をもつ．船には，垂直方向に重力 Mg，水面からの垂直抗力 R，自動車の垂直抗力の反力 N および自動車からの作用力 F が左向きにはたらく．一方，自動車には，重力 mg，垂直抗力 N および船から受ける反作用力 F が右向きに作用する．

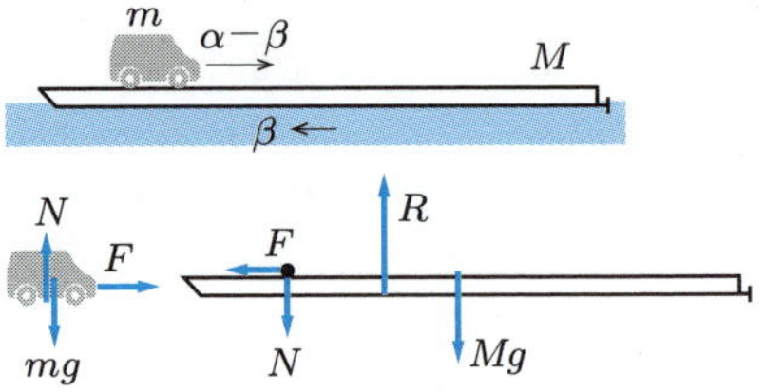

解図 1

自動車の運動方程式：$m(\alpha - \beta) = F, \quad 0 = N - mg$

船の運動方程式：$M\beta = F, \quad 0 = R - Mg - N$

よって，$\beta = m\alpha/(M + m)$，$F = Mm\alpha/(M + m)$，$N = mg$，$R = (M + m)g$．$\beta > 0$ だから，船は後退する．

4.3 物体 M の運動方向とそれに垂直な方向の運動量保存の法則を表すと，

$$\left.\begin{aligned} MV &= m_1 v_1 \cos\theta_1 + m_2 v_2 \cos\theta_2 \\ 0 &= m_1 v_1 \sin\theta_1 - m_2 v_2 \sin\theta_2 \end{aligned}\right\}$$

4.4 物体には，遠心力 $ma\omega^2$，その逆向きに摩擦力 μmg が作用するので，物体が滑り始めるときは，$ma\omega^2 = \mu mg$ が成り立つ．よって，$\omega = \sqrt{\mu g/a}$.

第5章

5.1 直方体：密度を ρ，質量 $dm = \rho d\xi d\eta d\zeta$ の質量要素の位置を (ξ, η, ζ)，直方体の質量を $M = \rho abc$ とすると，

$$I_\zeta = \int_V (\xi^2 + \eta^2) dm = \rho \int_{-c/2}^{c/2} \int_{-b/2}^{b/2} \int_{-a/2}^{a/2} (\xi^2 + \eta^2) d\xi d\eta d\zeta = \rho c \left(\frac{ba^3}{12} + \frac{ab^3}{12} \right)$$
$$= \frac{\rho abc}{12}(a^2 + b^2) = \frac{M}{12}(a^2 + b^2)$$

円板：重心 G を原点とする極座標系 (r, θ) を定める．面密度を ρ，質量 $dm = \rho dr \cdot r d\theta$ の質量要素の位置を $(\xi, \eta) = (r\cos\theta, r\sin\theta)$，円板の質量を $M = \rho\pi R^2$ とすると，

$$I_\xi = \int_V r^2 \sin^2\theta \, dm = \rho \int_0^R r^3 dr \int_0^{2\pi} \sin^2\theta \, d\theta = \frac{1}{4} M R^2$$

$$I_\zeta = \int_V (\xi^2 + \eta^2) dm = \int_V r^2 dm = \rho \int_0^R r^3 dr \int_0^{2\pi} d\theta = \frac{1}{2} M R^2$$

5.2 1 辺が a の正方形の重心を G_1 とすると，正方形の慣性モーメント I_{G_1} は，$I_{G_1} = 2m(a^2 + a^2)/12 = ma^2/3$. 半分の三角形ブロックの重心 G_1 まわりの慣性モーメント I'_{G_1} は，$I'_{G_1} = I_{G_1}/2 = ma^2/6$ である．三角形の重心 G と G_1 の間の距離は，$l = \sqrt{2(a/2 - a/3)^2} = \sqrt{2}a/6$ だから，$I_G = I'_{G_1} - ml^2 = ma^2/9$.

5.3 解図 2 のように記号と方向を決める．2 つの滑車の回転軸まわりの慣性モーメントは，$I = mr^2/2$ である．

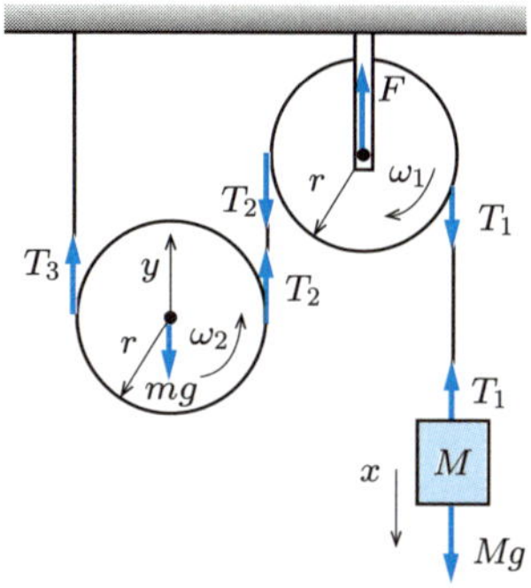

解図 2

（1） 動滑車の並進運動の方程式：

$$m\ddot{y} = T_2 + T_3 - mg \qquad \text{(a)}$$

動滑車の回転運動の方程式：

$$I\dot{\omega}_2 = T_2 r - T_3 r \qquad \text{(b)}$$

固定滑車の回転運動の方程式：

$$I\dot{\omega}_1 = T_1 r - T_2 r \qquad \text{(c)}$$

おもりの運動方程式：

$$M\ddot{x} = Mg - T_1 \qquad \text{(d)}$$

滑車とロープ間で滑りがない条件から，

$$\dot{x} = r\omega_1, \quad \dot{y} = r\omega_2, \quad \dot{x} = 2\dot{y} \qquad \text{(e)}$$

式(e)を使って式(b)，(c)を書き換えると，

$$\frac{m}{2}\ddot{y} = T_2 - T_3 \qquad \text{(b}'\text{)}$$

$$\frac{m}{2}\ddot{x} = T_1 - T_2 \qquad \text{(c}'\text{)}$$

式(c′)＋式(d)から，$M\ddot{x} + \dfrac{m}{2}\ddot{x} = Mg - T_2 \qquad \therefore \quad T_2 = Mg - \left(M + \dfrac{m}{2}\right)\ddot{x}$

式(d)から，$T_1 = Mg - M\ddot{x}$

これらを式(b′)に代入すると，

$$\frac{m}{2}\ddot{y} = \frac{m}{4}\ddot{x} = -T_3 + Mg - \left(M + \frac{m}{2}\right)\ddot{x} \qquad \therefore \quad T_3 = Mg - \left(M + \frac{3m}{4}\right)\ddot{x}$$

T_2，T_3 を式(a)に代入すると，

$$m\ddot{y} = \frac{m}{2}\ddot{x} = Mg - \left(M + \frac{m}{2}\right)\ddot{x} + Mg - \left(M + \frac{3m}{4}\right)\ddot{x} - mg$$

$$\therefore \quad \ddot{x} = \frac{(8M - 4m)g}{8M + 7m}$$

（2） $\ddot{x} = 0$ になるためには，$m = 2M$.

$$F = T_1 + T_2 + mg = Mg - M\ddot{x} + Mg - \left(M + \frac{m}{2}\right)\ddot{x} + mg = 2Mg + mg = 2mg$$

$$= 4Mg \qquad (\because \quad \ddot{x} = 0)$$

5.4 球の重心まわりの慣性モーメントは，$I_G = 2mr^2/5$. $\overline{\mathrm{OA}} = \overline{\mathrm{OB}} = \sqrt{l^2 + a^2}$. したがって，1 つの球の点 O まわりの慣性モーメントは，$I_\mathrm{O} = I_G + m(l^2 + a^2)$. よって，点 O まわりの回転運動の運動方程式は，

$$2I_\mathrm{O}\ddot{\theta} = -mg(l\sin\theta - a\cos\theta) - mg(l\sin\theta + a\cos\theta)$$

$$\Rightarrow \quad \left(\frac{2r^2}{5} + l^2 + a^2\right)\ddot{\theta} + gl\sin\theta = 0$$

5.5 （1） 図 5.31 を参照すると，回転運動の運動方程式は，

歯車 1：$I\dot{\omega} = T - Fr$ (a)

歯車 2：$J\dot{\Omega} = -L + FR$ (b)

（2） 式(a) × R + 式(b) × r として，内力である歯車間の接触力 F を消去すると，

$$IR\dot{\omega} + Jr\dot{\Omega} = TR - Lr$$

$\omega/\Omega = R/r = n$ から，$\Omega = \omega/n$，$R = nr$ を上式に代入すると，次式を得る．

$$\left(I + \frac{J}{n^2}\right)\dot{\omega} = T - \frac{L}{n}$$

5.6 質点と棒の衝突時の接触力は，質点と棒からなる系から見ると内力となるので，質点と棒をひとまとめに考えたときの運動量の総和，および棒の重心まわりの角運動量の総和は保存される．質点の運動方向の運動量保存の法則から，$mv_0 = mv + mv_G$．棒の重心まわりの慣性モーメントは，$I_G = ml^2/3$．重心 G まわりの角運動量保存の法則から，$mv_0 l = mvl + I_G\omega$．棒の接触点での衝突直後の速度は $v_G + l\omega$ だから，反発係数 e は，$e = -\{v - (v_G + l\omega)\}/(v_0 - 0) = 1$．

これらの式から，$v = 3v_0/5$，　$v_G = 2v_0/5$，　$\omega = 6v_0/5l$

第 6 章

6.1 球の重心まわりの慣性モーメントは，$I_G = 2ma^2/5$．滑らないので，球の斜面に沿った変位 x と回転角 θ の間には，$x = a\theta$ が成り立つ．初期位置での位置エネルギーは $U = mgh$，$h = 5\,\mathrm{m}$ だけ下がったところでの運動エネルギーは $T = m\dot{x}^2/2 + I_G\dot{\theta}^2/2 = 7m\dot{x}^2/10$ だから，$mgh = 7m\dot{x}^2/10$．ゆえに，$\dot{x} = \sqrt{10gh/7} = \sqrt{70} = 8.37\,\mathrm{m/s}$．

6.2 スプロケット A および B の回転軸まわりの慣性モーメントをそれぞれ I_A および I_B，角速度をそれぞれ ω および Ω（ω，Ω は一定），スプロケット A にはたらくトルクを反時計まわりに τ とする．図 6.17 を参照すると，両スプロケットの回転運動の運動方程式は次式となる．

スプロケット A：$I_A\dot{\omega} = -T_1 a + T_2 a + \tau = 0$

スプロケット B：$I_B\dot{\Omega} = T_1 r - T_2 r - FR = 0$

上式から，$F = r(T_1 - T_2)/R$，$\tau = a(T_1 - T_2)$．人の動力 P は，$P = \tau\omega = a\omega(T_1 - T_2)$．

6.3 球の質量を m，慣性モーメントを $I = 2mr^2/5$，球の最上位での速度を v とする．球が最上位でも円周上から離れないためには，球にはたらく上向きの遠心力が下向きの重力よりも大きくなければならない．したがって，$mv^2/(R-r) \geq mg$ から，$v^2 \geq g(R-r)$．力学的エネルギー保存の法則から，

$$\frac{1}{2}mV^2 + \frac{1}{2}I\left(\frac{V}{r}\right)^2 = \frac{1}{2}mv^2 + \frac{1}{2}I\left(\frac{v}{r}\right)^2 + 2mg(R-r)$$

となる．よって，

$$V^2 = v^2 + \frac{20g(R-r)}{7} \geq g(R-r) + \frac{20g(R-r)}{7} = \frac{27g(R-r)}{7}$$

$$\therefore\ V \geq \sqrt{\frac{27g(R-r)}{7}} = 13.4\,\mathrm{m/s}$$

6.4 例題 5.12 の慣性テンソルの結果を用いると，

$$\boldsymbol{I}_G = \begin{bmatrix} mR^2/4 & 0 & 0 \\ 0 & mR^2(1+\sin^2\theta)/4 & -(mR^2\sin 2\theta)/8 \\ 0 & -(mR^2\sin 2\theta)/8 & mR^2(1+\cos^2\theta)/4 \end{bmatrix}$$

図 5.24 において，剛体に固定された G-xyz での角速度ベクトル $\boldsymbol{\omega}$ の x，y，z 軸方向の成分は $\{0, 0, \omega\}$ だから，回転運動に関する運動エネルギーは，

$$T_R = \frac{1}{2}\boldsymbol{\omega}^T \boldsymbol{I}_G \boldsymbol{\omega} = \frac{1}{8}mR^2\omega^2(1+\cos^2\theta)$$

6.5 式(6.32)で $X = -\alpha x - \beta x^3$ とおいて，$U = -\int_0^x X dx = -\int_0^x (-\alpha x - \beta x^3) dx = \frac{1}{2}\alpha x^2 + \frac{1}{4}\beta x^4$.

6.6 球の跳ね返った速度を V とする．反発係数 $e = -V/v$ から，$V = -ev$．運動エネルギーの消費は，$mv^2/2 - mV^2/2 = mv^2(1-e^2)/2$.

6.7 例題 5.16 の結果から，$\omega = \omega_0/2$ だから，$I\omega_0^2/2 - 2 \times I\omega^2/2 = I\omega_0^2/4$.

6.8 選手の重心位置からバーまでの高さを H とする．跳躍直前の選手と棒の運動エネルギーがそれぞれの位置エネルギーに変換されると仮定して，力学的エネルギー保存の法則を適用する．位置エネルギーは地表面を基準として，次式となる．

$$\frac{1}{2}(M+m)v^2 + (M+m)gh = Mg(h+H) + \frac{1}{2}mgl$$

数値を代入すると，$H = 5.2\,\mathrm{m}$ となるので，地表面からの跳躍高さは，6.2 m となる．棒高跳びの王者であったセルゲイ・ブブカの記録は 6 m 14 cm，また，ルノー・ラビレニは 2014 年に世界記録 6 m 16 cm を達成した．両者は，エネルギー損失を極力少なくして偉大な記録を打ち立てたのである．

6.9 棒の点 B まわりの慣性モーメントは，$I_B = ml^2/12 + m(l/2)^2 = ml^2/3$.

力学的エネルギー保存の法則から，$I_B\omega^2/2 = mgl/2$. $\quad \therefore \quad \omega = \sqrt{mgl/I_B} = \sqrt{3g/l}$

第 7 章

7.1 各質点の同方向の変位を，x_1，x_2，x_3 とする．

運動エネルギー：$T = \frac{1}{2}m\dot{x}_1^2 + \frac{1}{2}m\dot{x}_2^2 + \frac{1}{2}m\dot{x}_3^2$

ポテンシャルエネルギー：$U = \frac{1}{2}k(x_1 - x_2)^2 + \frac{1}{2}k(x_2 - x_3)^2 + \frac{1}{2}k(x_3 - x_1)^2$

非保存力は存在しないので，$Q_1^{nc} = 0$，$Q_2^{nc} = 0$，$Q_3^{nc} = 0$.

これらを式(7.28)に代入して，

$$m\ddot{x}_1 + 2kx_1 - kx_2 - kx_3 = 0, m\ddot{x}_2 + 2kx_2 - kx_3 - kx_1 = 0, m\ddot{x}_3 + 2kx_3 - kx_1 - kx_2 = 0$$

7.2 3 つの質点は xy 平面内で運動するものとする．3 つの糸の長さが不変だから，自由度は $3 \times 2 - 3 = 3$．よって，各振子の傾き角 θ，ϕ，ψ を一般化座標に選ぶ．静止座標系における左からの質点の位置を (x_1, y_1)，(x_2, y_2)，(x_3, y_3) とすると，

$$x_1 = l\cos\theta, \quad y_1 = l\sin\theta, \quad x_2 = l\cos\phi, \quad y_2 = l\sin\phi, \quad x_3 = l\cos\psi, \quad y_3 = l\sin\psi,$$

$$\dot{x}_1 = -l\dot{\theta}\sin\theta, \quad \dot{y}_1 = l\dot{\theta}\cos\theta, \quad \dot{x}_2 = -l\dot{\phi}\sin\phi, \quad \dot{y}_2 = l\dot{\phi}\cos\phi,$$

$$\dot{x}_3 = -l\dot{\psi}\sin\psi, \quad \dot{y}_3 = l\dot{\psi}\cos\psi$$

$$\text{運動エネルギー：}T = \frac{1}{2}m(\dot{x}_1^2+\dot{y}_1^2)+\frac{1}{2}m(\dot{x}_2^2+\dot{y}_2^2)+\frac{1}{2}m(\dot{x}_3^2+\dot{y}_3^2)$$
$$= \frac{1}{2}ml^2\dot{\theta}^2+\frac{1}{2}ml^2\dot{\phi}^2+\frac{1}{2}ml^2\dot{\psi}^2$$
$$\text{ポテンシャルエネルギー：}U = -mgl\cos\theta - mgl\cos\phi - mgl\cos\psi$$
$$+\frac{1}{2}kl^2(\sin\theta-\sin\phi)^2+\frac{1}{2}kl^2(\sin\phi-\sin\psi)^2$$

非保存力ははたらいていないので，$Q_1^{nc}=Q_2^{nc}=Q_3^{nc}=0$.

これらを式(7.28)に代入すると，ラグランジュの運動方程式は次式となる.

$$ml^2\ddot{\theta}+mgl\sin\theta+kl^2(\sin\theta-\sin\phi)\cos\theta=0$$
$$ml^2\ddot{\phi}+mgl\sin\phi-kl^2(\sin\theta-\sin\phi)\cos\phi+kl^2(\sin\phi-\sin\psi)\cos\phi=0$$
$$ml^2\ddot{\psi}+mgl\sin\psi-kl^2(\sin\phi-\sin\psi)\cos\psi=0$$

θ，ϕ，ψ を微小として，線形化する（付録 IV 参照）と，次式を得る.

$$\ddot{\theta}+\left(\frac{k}{m}+\frac{g}{l}\right)\theta-\frac{k}{m}\phi=0$$
$$\ddot{\phi}+\left(\frac{2k}{m}+\frac{g}{l}\right)\phi-\frac{k}{m}\theta-\frac{k}{m}\psi=0$$
$$\ddot{\psi}+\left(\frac{k}{m}+\frac{g}{l}\right)\psi-\frac{k}{m}\phi=0$$

7.3　2 自由度なので，一般化座標を角度 θ および ϕ とする．運動エネルギー T は例題 6.9 で得られている．重力を無視するので，ポテンシャルエネルギー $U=0$．非保存力も作用しないので，

$$\frac{\partial T}{\partial\dot{\phi}}=ml^2\dot{\phi}-ma\omega l\sin\theta\sin\phi$$
$$\frac{d}{dt}\left(\frac{\partial T}{\partial\dot{\phi}}\right)=ml^2\ddot{\phi}-ma\omega l(\dot{\theta}\sin\phi\cos\theta+\dot{\phi}\sin\theta\cos\phi)$$
$$\frac{\partial T}{\partial\phi}=-ml^2(\omega+\dot{\theta})^2\sin\phi\cos\phi-ma\omega l\dot{\phi}\cos\phi\sin\theta-ma\omega l(\omega+\dot{\theta})\sin\phi\cos\theta$$

よって，ϕ に関するラグランジュの運動方程式は，次式となる.

$$\frac{d}{dt}\left(\frac{\partial T}{\partial\dot{\phi}}\right)-\frac{\partial T}{\partial\phi}=0 \;\Rightarrow\; l\ddot{\phi}+\frac{l}{2}(\omega+\dot{\theta})^2\sin2\phi+a\omega^2\cos\theta\sin\phi=0$$

同様に，θ に関するラグランジュの運動方程式は，次式となる.

$$\frac{d}{dt}\left(\frac{\partial T}{\partial\dot{\theta}}\right)-\frac{\partial T}{\partial\theta}=0 \;\Rightarrow\; l\ddot{\theta}\cos\phi-2l(\omega+\dot{\theta})\dot{\phi}\sin\phi+a\omega^2\sin\theta=0$$

7.4　自由度は，台車の 1 と一様な棒の 1 を合わせて 2．ばねが自然長のときの台車の位置を原点とし，水平方向に x 軸を，鉛直下向きに y 軸をとる．一般化座標として，点 A の変位 x と一様な棒の傾き角 θ をとる．点 G の位置を (x_G, y_G) とすると，$x_G=x+l\sin\theta, y_G=l\cos\theta$. 微分して，$\dot{x}_G=\dot{x}+l\dot{\theta}\cos\theta$，$\dot{y}_G=-l\dot{\theta}\sin\theta$.

一様な棒の重心まわりの慣性モーメントは，$I=m_2l^2/3$.

$$\text{運動エネルギー：}T=\frac{1}{2}m_1\dot{x}^2+\frac{1}{2}m_2(\dot{x}_G^2+\dot{y}_G^2)+\frac{1}{2}I\dot{\theta}^2$$
$$=\frac{1}{2}m_1\dot{x}^2+\frac{1}{2}m_2\left(\dot{x}^2+2l\dot{x}\dot{\theta}\cos\theta+\frac{4}{3}l^2\dot{\theta}^2\right)$$

ポテンシャルエネルギー：$U = \frac{1}{2}kx^2 - m_2gl\cos\theta$

外力が作用する水平方向の位置を x_e とすると，

$$x_e = x + 2l\sin\theta, \quad \delta x_e = \delta x + 2l\cos\theta\cdot\delta\theta$$

非保存力 $f(t)$ の仮想仕事：$\delta W_{nc} = f(t)\delta x_e = f(t)\delta x + 2lf(t)\cos\theta\cdot\delta\theta$
$= Q_x^{nc}\delta x + Q_\theta^{nc}\delta\theta$

$$\frac{d}{dt}\left(\frac{\partial L}{\partial \dot{x}}\right) - \frac{\partial L}{\partial x} = Q_x^{nc} \quad \Rightarrow \quad (m_1+m_2)\ddot{x} + m_2l(\ddot{\theta}\cos\theta - \dot{\theta}^2\sin\theta) + kx = f(t)$$

線形化すると，$(m_1+m_2)\ddot{x} + m_2l\ddot{\theta} + kx = f(t)$

$$\frac{d}{dt}\left(\frac{\partial L}{\partial \dot{\theta}}\right) - \frac{\partial L}{\partial \theta} = Q_\theta^{nc} \quad \Rightarrow \quad m_2l\ddot{x}\cos\theta + \frac{4}{3}m_2l^2\ddot{\theta} + m_2gl\sin\theta = 2lf(t)\cos\theta$$

線形化すると，$m_2l\ddot{x} + \frac{4}{3}m_2l^2\ddot{\theta} + m_2gl\theta = 2lf(t)$

7.5　2 つのばねの伸びを ξ および η，静止座標系 O-xy 上の質点の座標を (x_1, y_1)，(x_2, y_2) とすると，

$$x_1 = (l+\xi)\cos\omega t, \quad y_1 = (l+\xi)\sin\omega t$$

$$x_2 = (2l+\xi+\eta)\cos\omega t, \quad y_2 = (2l+\xi+\eta)\sin\omega t$$

$$\dot{x}_1 = \dot{\xi}\cos\omega t - (l+\xi)\omega\sin\omega t, \quad \dot{y}_1 = \dot{\xi}\sin\omega t + (l+\xi)\omega\cos\omega t$$

$$\dot{x}_2 = (\dot{\xi}+\dot{\eta})\cos\omega t - (2l+\xi+\eta)\omega\sin\omega t, \quad \dot{y}_2 = (\dot{\xi}+\dot{\eta})\sin\omega t + (2l+\xi+\eta)\omega\cos\omega t$$

運動エネルギー：$T = \frac{1}{2}m(\dot{x}_1^2 + \dot{y}_1^2) + \frac{1}{2}m(\dot{x}_2^2 + \dot{y}_2^2)$
$= \frac{1}{2}m\{\dot{\xi}^2 + (l+\xi)^2\omega^2\} + \frac{1}{2}m\{(\dot{\xi}+\dot{\eta})^2 + (2l+\xi+\eta)^2\omega^2\}$

ポテンシャルエネルギー：$U = \frac{1}{2}k\xi^2 + \frac{1}{2}k\eta^2 + mg(l+\xi)\sin\omega t + mg(2l+\xi+\eta)\sin\omega t$

非保存力はないので，$Q_1^{nc} = Q_2^{nc} = 0$.

$$\frac{d}{dt}\left(\frac{\partial L}{\partial \dot{\xi}}\right) - \frac{\partial L}{\partial \xi} = 0 \Rightarrow 2m\ddot{\xi} + m\ddot{\eta} + (k - 2m\omega^2)\xi - m\omega^2\eta = -2mg\sin\omega t + 3ml\omega^2$$

$$\frac{d}{dt}\left(\frac{\partial L}{\partial \dot{\eta}}\right) - \frac{\partial L}{\partial \eta} = 0 \Rightarrow m\ddot{\xi} + m\ddot{\eta} - m\omega^2\xi + (k - m\omega^2)\eta = -mg\sin\omega t + 2ml\omega^2$$

7.6　自由度は 3 である．一般化座標を，図 7.15 に示すような ψ，θ_1，θ_2 とする．原点を点 A とし，水平方向に x 軸，垂直下向きに y 軸をとる．剛体棒の重心 (x_G, y_G)，点 P および点 Q の座標 (x_P, y_P) および (x_Q, y_Q) は，

$$x_G = L/2 + l\sin\psi, \quad y_G = l\cos\psi,$$

$$x_P = l\sin\psi + l\sin\theta_1, \quad y_P = l\cos\psi + l\cos\theta_1,$$

$$x_Q = L + l\sin\psi + l\sin\theta_2, \quad y_Q = l\cos\psi + l\cos\theta_2,$$

$$\dot{x}_G = l\dot{\psi}\cos\psi, \quad \dot{y}_G = -l\dot{\psi}\sin\psi,$$

$$\dot{x}_P = l\dot{\psi}\cos\psi + l\dot{\theta}_1\cos\theta_1, \quad \dot{y}_P = -l\dot{\psi}\sin\psi - l\dot{\theta}_1\sin\theta_1,$$

$$\dot{x}_Q = l\dot{\psi}\cos\psi + l\dot{\theta}_2\cos\theta_2, \quad \dot{y}_Q = -l\dot{\psi}\sin\psi - l\dot{\theta}_2\sin\theta_2$$

運動エネルギー：$T = \frac{1}{2}M(\dot{x}_G^2 + \dot{y}_G^2) + \frac{1}{2}m(\dot{x}_P^2 + \dot{y}_P^2) + \frac{1}{2}m(\dot{x}_Q^2 + \dot{y}_Q^2)$

$$= \frac{1}{2}Ml^2\dot{\psi}^2 + \frac{1}{2}ml^2\{\dot{\psi}^2 + \dot{\theta}_1^2 + 2\dot{\theta}_1\dot{\psi}\cos(\psi - \theta_1)\}$$
$$+ \frac{1}{2}ml^2\{\dot{\psi}^2 + \dot{\theta}_2^2 + 2\dot{\theta}_2\dot{\psi}\cos(\psi - \theta_2)\}$$

剛体棒は重心のまわりの回転運動をしないことに注意しよう．

ポテンシャルエネルギー：

$$U = -Mgl\cos\psi - mgl(\cos\psi + \cos\theta_1) - mgl(\cos\psi + \cos\theta_2)$$

外力が作用する水平方向の位置を x_D とすると，$x_D = L + l\sin\psi$，$\delta x_D = l\cos\psi \cdot \delta\psi$.

非保存力 $f(t)$ の仮想仕事：$\delta W_{nc} = f(t)\delta x_D = f(t)l\cos\psi \cdot \delta\psi$. ゆえに，

$$Q_\psi^{nc} = f(t)l\cos\psi, \quad Q_{\theta_1}^{nc} = Q_{\theta_2}^{nc} = 0$$

$$\frac{d}{dt}\left(\frac{\partial L}{\partial \dot{\psi}}\right) - \frac{\partial L}{\partial \psi} = Q_\psi^{nc}$$

$$\Rightarrow \quad (2m + M)l^2\ddot{\psi} + ml^2\{\ddot{\theta}_1\cos(\psi - \theta_1) + \ddot{\theta}_2\cos(\psi - \theta_2)\}$$
$$+ ml^2\{\dot{\theta}_1^2\sin(\psi - \theta_1) + \dot{\theta}_2^2\sin(\psi - \theta_2)\} + (2m + M)gl\sin\psi = f(t)l\cos\psi$$

線形化して，

$$(2m + M)l^2\ddot{\psi} + ml^2\ddot{\theta}_1 + ml^2\ddot{\theta}_2 + (2m + M)gl\psi = f(t)l$$

同様にして，θ_1，θ_2 に関する線形化された運動方程式は次式となる．

$$ml^2\ddot{\psi} + ml^2\ddot{\theta}_1 + mgl\theta_1 = 0, \quad ml^2\ddot{\psi} + ml^2\ddot{\theta}_2 + mgl\theta_2 = 0$$

7.7 一様な棒の ξ，η 軸まわりの慣性モーメントは，$I_\xi = I_\eta = ml^2/12$.

ξ，η，ζ 軸まわりの角速度成分は，$\omega_\xi = \omega_0\sin\theta$，$\omega_\eta = -\dot{\theta}$，$\omega_\zeta = \omega_0\cos\theta$.

一様な棒の重心の座標 (x, y, z) は，

$$x = \frac{1}{2}l\sin\theta\cos\omega_0 t, \quad y = \frac{1}{2}l\sin\theta\sin\omega_0 t, \quad z = (\text{定数}) - \frac{1}{2}l\cos\theta$$

運動エネルギー：$T = \frac{1}{2}m(\dot{x}^2 + \dot{y}^2 + \dot{z}^2) + \frac{1}{2}I_\xi\omega_\xi^2 + \frac{1}{2}I_\eta\omega_\eta^2$

ポテンシャルエネルギー：$U = -\frac{1}{2}mgl\cos\theta$

非保存力は作用していないので，ラグランジュの運動方程式は，

$$\frac{d}{dt}\left(\frac{\partial L}{\partial \dot{\theta}}\right) - \frac{\partial L}{\partial \theta} = 0 \quad \Rightarrow \quad \ddot{\theta} - \frac{1}{2}\omega_0^2\sin 2\theta + \frac{3g}{2l}\sin\theta = 0$$

線形化すると，$\ddot{\theta} + \left(\frac{3g}{2l} - \omega_0^2\right)\theta = 0$.

第 8 章

8.1 弾性棒の質量が無視できると仮定すると，$f_n = \sqrt{k/m}/2\pi$ なので，

$$k = (2\pi f_n)^2 m = (2\pi \cdot 10)^2 \cdot 5 = 19740\,\text{N/m} = 19.74\,\text{kN/m}$$

8.2 演習問題 7.3 および付録 IV から，

$$\ddot{\phi} + \omega^2\left(1 + \frac{a}{l}\right)\phi = 0, \quad \ddot{\theta} + \omega^2\frac{a}{l}\theta = 0$$

したがって，ϕ，θ 方向の固有円振動数はそれぞれ $\omega_\phi = \omega\sqrt{1 + a/l}$，$\omega_\theta = \omega\sqrt{a/l}$ で，ともに回転角速度 ω に比例する．

8.3 自由振動の運動方程式は，

$$\dot{x} < 0 \text{ のとき，} m\ddot{x} + kx = R \qquad \therefore \quad x = C_1 \cos \omega_n t + C_2 \sin \omega_n t + \frac{R}{k} \tag{a}$$

$$\dot{x} > 0 \text{ のとき，} m\ddot{x} + kx = -R \qquad \therefore \quad x = C_3 \cos \omega_n t + C_4 \sin \omega_n t - \frac{R}{k} \tag{b}$$

ここに，$\omega_n = \sqrt{k/m}$，$C_1, \ldots, C_4$ は積分定数．

（1） 初期条件 $t = 0$ で，$x = A$，$\dot{x} = 0$ から動き出すので，式(a)から，$0 \leq \omega_n t \leq \pi$ では，

$$C_1 = A - \frac{R}{k}, \quad C_2 = 0 \ \Rightarrow \ x = \frac{R}{k} + \left(A - \frac{R}{k}\right) \cos \omega_n t$$

（2） $\omega_n t = \pi$ から $\dot{x} > 0$ に入れ替わるので，式(b)に接続条件 $\omega_n t = \pi$ で $x = -A + 2R/k$，$\dot{x} = 0$ を代入すると，$\pi \leq \omega_n t \leq 2\pi$ では，

$$C_3 = A - \frac{3R}{k}, \quad C_4 = 0 \ \Rightarrow \ x = -\frac{R}{k} + \left(A - \frac{3R}{k}\right) \cos \omega_n t$$

（3） $\omega_n t = 2\pi$ から $\dot{x} < 0$ に入れ替わるので，式(a)に接続条件 $\omega_n t = 2\pi$ で $x = A - 4R/k$，$\dot{x} = 0$ を代入すると，$2\pi \leq \omega_n t \leq 3\pi$ では，

$$C_1 = A - \frac{5R}{k}, \quad C_2 = 0 \ \Rightarrow \ x = \frac{R}{k} + \left(A - \frac{5R}{k}\right) \cos \omega_n t$$

（4） $\omega_n t = 3\pi$ から $\dot{x} > 0$ に入れ替わるので，式(b)に接続条件 $\omega_n t = 3\pi$ で $x = -A + 6R/k$，$\dot{x} = 0$ を代入すると，$3\pi \leq \omega_n t \leq 4\pi$ では，

$$C_3 = A - \frac{7R}{k}, \quad C_4 = 0 \ \Rightarrow \ x = -\frac{R}{k} + \left(A - \frac{7R}{k}\right) \cos \omega_n t$$

したがって，一定時間 π/ω_n を経過するごとに振幅が交互に $2R/k$ ずつ減少する．

8.4 運動方程式は，$m\ddot{x} + c\dot{x} + kx = 0$．一般解は，$x = e^{-\zeta\omega_n t}(A \cos \omega_d t + B \sin \omega_d t)$．ここに，$\omega_d = \omega_n \sqrt{1 - \zeta^2}$，$\omega_n = \sqrt{k/m}$，$\zeta = c/c_c$，$c_c = 2\sqrt{mk}$ および A，B は積分定数．

静止している質量 m の質点に力積 I が作用すると，I/m の速度を生じる（例題 4.6 参照）．初期条件：$t = 0$ で，$\dot{x} = I/m$，$x = 0$ から，$A = 0$，$B = I/m\omega_d$．したがって，

$$x = \frac{I}{m} e^{-\zeta\omega_n t} \frac{\sin \omega_d t}{\omega_d}$$

8.5 点 A を質量 m の質点，座標を (x, y) とする．自由度は 1 だから，一般化座標をはりの傾き角 θ とする．

$x = l \cos \theta, y = l \sin \theta$. 微分して，$\dot{x} = -l\dot{\theta} \sin \theta, \dot{y} = l\dot{\theta} \cos \theta$.

運動エネルギー：$T = \dfrac{1}{2} m(\dot{x}^2 + \dot{y}^2) = \dfrac{1}{2} ml^2 \dot{\theta}^2$

ポテンシャルエネルギー：$U = \dfrac{1}{2} k(a \tan \theta)^2 + mgl \cos \theta$

$\dfrac{d}{dt}\left(\dfrac{\partial L}{\partial \dot{\theta}}\right) - \dfrac{\partial L}{\partial \theta} = 0$ から，線形化された運動方程式は $ml^2 \ddot{\theta} + (ka^2 - mgl)\theta = 0$.

運動方程式の θ の係数の正負によって，系の挙動が異なる．

（1） $ka^2 > mgl$ のとき，系は振動的となり，固有振動数は，$f_n = \dfrac{1}{2\pi} \sqrt{\dfrac{ka^2 - mgl}{ml^2}}$ [Hz].

（2） $ka^2 < mgl$ のとき，系のばね定数が負となり，系は不安定となる．

一般解は $\theta = Ae^{\alpha t} + Be^{-\alpha t}$，ここに，$\alpha = \sqrt{(mgl - ka^2)/ml^2}$，$A$，$B$ は積分定数．よって，$t \to \infty$ のとき，第 1 項は無限大に発散する．

8.6 静止座標系を O-xy, x 軸と OP のなす角を ωt, OP と PG のなす角を θ とする．

重心 G の位置 (x_G, y_G)：$x_G = L\cos\omega t + l\cos(\omega t + \theta)$, $\quad y_G = L\sin\omega t + l\sin(\omega t + \theta)$

重心 G の速度：$\dot{x}_G = -L\omega\sin\omega t - l(\omega + \dot{\theta})\sin(\omega t + \theta)$

$$\dot{y}_G = L\omega\cos\omega t + l(\omega + \dot{\theta})\cos(\omega t + \theta)$$

運動エネルギー：

$$T = \frac{1}{2}M(\dot{x}_G^2 + \dot{y}_G^2) + \frac{1}{2}M\kappa^2(\omega + \dot{\theta})^2$$
$$= \frac{1}{2}M\{(L\omega)^2 + l^2(\omega + \dot{\theta})^2 + 2Ll\omega(\omega + \dot{\theta})\cos\theta\} + \frac{1}{2}M\kappa^2(\omega + \dot{\theta})^2$$

振子の重心まわりの回転運動に対する運動エネルギー（上第 1 式の右辺第 2 項）を考慮しなければならないことに注意しよう．

ポテンシャルエネルギー：$U = 0$

$$\frac{\partial T}{\partial \dot{\theta}} = \frac{1}{2}M\left\{l^2(2\omega + 2\dot{\theta}) + 2Ll\omega\cos\theta\right\} + \frac{1}{2}M\kappa^2(2\omega + 2\dot{\theta})$$

$$\frac{d}{dt}\left(\frac{\partial T}{\partial \dot{\theta}}\right) = Ml^2\ddot{\theta} - MLl\omega\dot{\theta}\sin\theta + M\kappa^2\ddot{\theta}, \quad \frac{\partial T}{\partial \theta} = -MLl\omega(\omega + \dot{\theta})\sin\theta$$

よって，線形化されたラグランジュの運動方程式は，

$$\frac{d}{dt}\left(\frac{\partial T}{\partial \dot{\theta}}\right) - \frac{\partial T}{\partial \theta} = 0 \quad \Rightarrow \quad \ddot{\theta} + \frac{L}{l(1 + \kappa^2/l^2)}\omega^2\theta = 0$$

遠心物理振子型の固有振動数は，$f_n = \dfrac{\omega}{2\pi}\sqrt{\alpha\dfrac{L}{l}}$．ここに，$\alpha = \dfrac{1}{1 + \kappa^2/l^2}$，$0 < \alpha < 1$.

振子が単振子（質点）のとき $\kappa = 0$ だから，$\alpha = 1$ となる．遠心力場の振子の固有振動数は回転軸の回転数に比例する．この特徴を使って，4 サイクルガソリンエンジンなどの回転軸のねじり振動の防止に遠心振子が利用される．

8.7 等価粘性減衰力 $-c_{eq}\dot{x}$ のなす仕事は，

$$W_d = \oint -c_{eq}\dot{x}dx = -\int_0^{2\pi/\omega} c_{eq}\dot{x}^2dt = -\int_0^{2\pi/\omega} c_{eq}\omega^2x_0^2\sin^2(\omega t - \phi)dt$$
$$= -\pi c_{eq}\omega x_0^2$$

一方，減衰力 $-c|\dot{x}|\dot{x}$ のなす仕事は，$\theta = \omega t - \phi$ とおいて，

$$W_d' = \oint -c|\dot{x}|\dot{x}dx = -\int_0^{2\pi/\omega} c|\dot{x}|\dot{x}^2dt = -\int_0^{2\pi/\omega} c|\dot{x}^3|dt$$
$$= -c\omega^2x_0^3\int_0^{2\pi}|\sin^3\theta|d\theta = -c\omega^2x_0^3\left(\int_0^{\pi}\sin^3\theta d\theta - \int_{\pi}^{2\pi}\sin^3\theta d\theta\right) = -\frac{8}{3}c\omega^2x_0^3$$

$W_d' = W_d$ として，$c_{eq} = 8c\omega x_0/3\pi$.

第 9 章

9.1 ロータの z 軸方向の線密度は m/l，幅 dz の薄い円板状の物体の質量は $dm = (m/l)dz$．偏心量を z の関数で表すと，$\varepsilon = (\varepsilon_R - \varepsilon_L)z/l + \varepsilon_L$．よって，慣性力のつり合いから，

$$\int_0^l \varepsilon dm = \int_0^l \frac{m}{l}\varepsilon dz = \frac{m}{2}(\varepsilon_R + \varepsilon_L) = U_R + U_L$$

$z = 0$ まわりに慣性力のなす合モーメントのつり合いから，

$$\int_0^l z\varepsilon dm = \int_0^l \frac{m}{l}\varepsilon z dz = \frac{ml}{6}(2\varepsilon_R + \varepsilon_L) = lU_R$$

よって，

$$U_R = \frac{m(2\varepsilon_R + \varepsilon_L)}{6} = \frac{20 \times 10^3 \cdot (2 \cdot 11 + 5) \times 10^{-3}}{6} = 90\,\text{g}\cdot\text{mm}$$

$$U_L = \frac{m(\varepsilon_R + 2\varepsilon_L)}{6} = 70\,\text{g}\cdot\text{mm}$$

9.2　単純支持の軸の長さ $l = 0.5\,\text{m}$，円板の質量 $m = 20\,\text{kg}$ は不変として，軸の直径 $d = 20\,\text{mm}$ を $D\,[\text{mm}]$にすれば，ロータの危険速度が 2 倍になるとする．直径 d，D の軸の断面 2 次モーメントは，それぞれ $I_d = \pi d^4/64$，$I_D = \pi D^4/64$，軸中央でのばね定数は，それぞれ $k_d = 48EI_d/l^3$，$k_D = 48EI_D/l^3$ で表される．直径 d，D の危険速度は，それぞれ $f_d = \sqrt{k_d/m}/2\pi$，$f_D = \sqrt{k_D/m}/2\pi$ で与えられるから，

$$\frac{f_D}{f_d} = \sqrt{\frac{k_D}{k_d}} = \sqrt{\frac{D^4}{d^4}} = \frac{D^2}{d^2} = 2 \quad \Rightarrow \quad D^2 = 2d^2 \qquad \therefore \quad D = \sqrt{2}d = 28.28\,\text{mm}$$

9.3　減衰を考慮した運動方程式は，

$$m\ddot{x} + c\dot{x} + kx = m\varepsilon\omega^2\cos\omega t, \quad m\ddot{y} + c\dot{y} + ky = m\varepsilon\omega^2\sin\omega t$$

9.3.1 項と同様に複素数表示して特解を求めると，

$$\begin{bmatrix} x \\ y \end{bmatrix} = \overrightarrow{\text{OC}} = \varepsilon M_f(\nu)\begin{bmatrix} \cos(\omega t - \phi) \\ \sin(\omega t - \phi) \end{bmatrix}$$

ここに，$M_f(\nu) = \dfrac{\nu^2}{\sqrt{(1-\nu^2)^2 + (2\zeta\nu)^2}}$，$\tan\phi = \dfrac{2\zeta\nu}{1-\nu^2}$，$\nu = \dfrac{\omega}{\omega_n}$，$\omega_n = \sqrt{\dfrac{k}{m}}$，$\zeta = \dfrac{c}{2\sqrt{mk}}$．

ロータ重心 G の座標は図 9.10 から，

$$\begin{bmatrix} x_G \\ y_G \end{bmatrix} = \overrightarrow{\text{OC}} + \overrightarrow{\text{CG}} = \begin{bmatrix} x \\ y \end{bmatrix} + \varepsilon\begin{bmatrix} \cos\omega t \\ \sin\omega t \end{bmatrix} = \varepsilon\begin{bmatrix} M_f(\nu)\cos(\omega t - \phi) + \cos\omega t \\ M_f(\nu)\sin(\omega t - \phi) + \sin\omega t \end{bmatrix}$$

重心 G の位相は中心 C よりも進み，$\nu < 1$ のとき，$0 < \phi < \pi/2$，$\nu = 1$ のとき，$\phi = \pi/2$，$\nu > 1$ のとき，$\pi/2 < \phi < \pi$ となる．したがって，C と G の位置関係は解図 3 のようになる．なお，$r = \overline{\text{OC}} = \sqrt{x^2 + y^2}$ である．$\omega \gg \omega_n$ $(\nu \gg 1)$ のとき，$M_f(\nu) \to 1$，$\phi \to \pi$ となるから，$\overrightarrow{\text{OC}} + \overrightarrow{\text{CG}} = \mathbf{0}$ となり，G が座標の軸受中心 O に一致する．

9.4　軸の断面 2 次モーメントの小さいほうは，$I_1 = 30 \cdot 20^3/12 = 20 \times 10^3\,\text{mm}^4 = 20 \times 10^{-9}\,\text{m}^4$，大きいほうは，$I_2 = 20 \cdot 30^3/12 = 45 \times 10^3\,\text{mm}^4 = 45 \times 10^{-9}\,\text{m}^4$ である．各断面 2 次

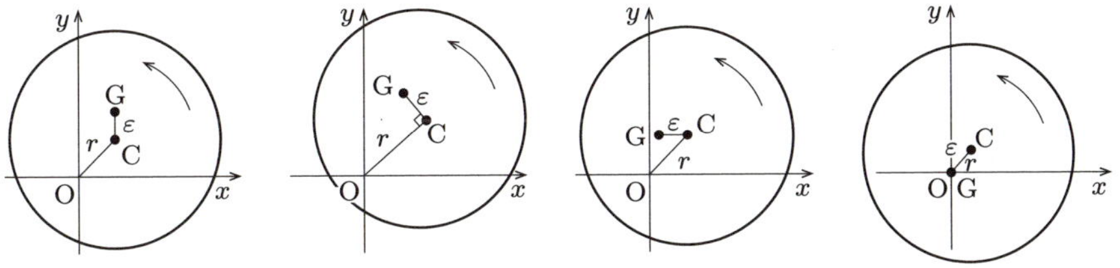

(a) $\omega < \omega_n$　(b) $\omega = \omega_n$　(c) $\omega > \omega_n$　(d) $\omega \gg \omega_n$

解図 3

モーメントに対応した軸中央でのばね定数は，それぞれ $k_1 = 48EI_1/l^3 = 1.58 \times 10^6\,\mathrm{N/m}$，$k_2 = 48EI_2/l^3 = 3.56 \times 10^6\,\mathrm{N/m}$ となる．危険速度は，それぞれ $f_1 = \sqrt{k_1/m}/2\pi = 63.3\,\mathrm{Hz}$，$f_2 = \sqrt{k_2/m}/2\pi = 95.0\,\mathrm{Hz}$．したがって，不安定領域は両危険速度の間だから，$63.3\,\mathrm{Hz} < f < 95.0\,\mathrm{Hz}$．

参考文献

[1] 山内恭彦『一般力学』岩波書店（1941）

[2] Leonard Meirovitch "*Analytical Methods in Vibrations*" Macmillan Co.（1967）

[3] 守屋富次郎，鷲津久一郎『力学概論』培風館（1968）

[4] 三輪修三，下村玄『回転機械のつりあわせ』コロナ社（1976）

[5] 入江敏博，山田元『工業力学　第 2 版』理工学社/オーム社（2018）

[6] 井上順吉『機械力学』理工学社/オーム社（1982）

[7] 三輪修三，坂田勝『機械力学』コロナ社（1984）

[8] 鈴木浩平，曽我部潔，下坂陽男『機械力学』実教出版（1984）

[9] 辻岡康『機械力学入門』サイエンス社（1985）

[10] 日本機械学会編『機械工学便覧　A3 力学・機械力学』丸善（1986）

[11] 田中基八郎，三枝省三『振動モデルとシミュレーション』応用技術出版（1984）

[12] 園田久『初等力学　増補版』廣川書店（1989）

[13] 園田久『解析力学』朝倉書店（1982）

[14] 日本機械学会編『機械系の動力学』オーム社（1991）

[15] 瓜生典清『理・工基礎　力学』裳華房（1986）

[16] 原島鮮『力学 I』裳華房（1973）

[17] 小寺忠，新谷真功『わかりやすい機械力学』森北出版（1992）

[18] ゴールドスタイン著／瀬川富士，矢野忠，江沢康生訳『古典力学　上，下』吉岡書店（1983，1984）

[19] 長松昭男『モード解析入門』コロナ社（1993）

[20] J. L. メリアム著／岡村秀勇訳『例解演習　工業力学　動力学編 I，II』サイエンス社（1995）

[21] 青木弘，木谷晋『工業力学　第 3 版・新装版』森北出版（2010）

[22] 原文雄『機械力学』朝倉書店（1996）

[23] 末岡淳男，雉本信哉，松崎健一郎，井上卓見，劉孝宏『機械力学演習』森北出版（2004）

索　引

■ 英　数

1 自由度系　111
1 面つり合わせ　151
2 自由度系　178
2 面つり合わせ　150
Q ファクター　141
SI　1

■ あ　行

安定　164
安定性　126
位置エネルギー　90
位置ベクトル　6
一般化座標　98
一般化力　103
後向きふれまわり　160
運動　17
運動エネルギー　83
運動方程式　31
運動量　40
運動量保存の法則　41, 44, 75
エネルギー　83
円振動数　115
遠心力　38
オイラーの運動方程式　71
オイルホイップ　166
オイルホワール　166

■ か　行

外積　7
回転数　21
回転半径　55
回復力　113
外部減衰　162
外力　31
角運動方程式　41
角運動量　41
角運動量保存の法則　41, 45, 75
角加速度　22
角振動数　115
角速度　21, 115
角速度ベクトル　24
角変位　21
角力積　41
過減衰　122
重ね合わせの原理　121, 135, 176
仮想仕事　97
仮想仕事の原理　97
仮想変位　96
加速度　17
ガリレイの相対律　36
慣性　113
慣性系　36
慣性主軸　65
慣性乗積　65
慣性テンソル　65
慣性トルク　101
慣性の法則　30
慣性モーメント　54
慣性力　36
完全弾性衝突　47
完全非弾性衝突　47
機械力学　i
危険速度　157
基本単位　1
逆行列　175
求心加速度　22, 26
求心力　39
境界条件　111
共振　129
共振曲線　130
強制振動　127
行ベクトル　172
行列　172
行列式　174
極慣性モーメント　59
偶力　14
組立単位　1
クーロン摩擦　34, 140
減衰　113
減衰比　122
剛支持　131
剛性　113
剛性行列　178
合成ベクトル　4
剛性ロータ　145
拘束ベクトル　5, 18
拘束力　32
剛体　50
合力　10
国際単位系　1
固有円（角）振動数　119
固有振動数　119
固有モード　179
コリオリ力　38

■ さ　行

サイズモ加速度計の原理　138
サイズモ系　137
サイズモ変位計の原理　138
最大静止摩擦力　33
座標変換行列　67
作用線　10

作用点　10
作用・反作用の法則　31
ジェフコット・ロータ　155
軸力　32
仕事　80
仕事率　81
質点　30
質点系　41
質量　113
質量行列　178
自明解　175
ジャイロモーメント　72
ジャーナル軸受　165
周期　115
自由振動　117
修正面　150
集中系　111
自由度　96
柔軟支持　131
周波数応答曲線　130
自由ベクトル　5
小行列式　174
初期位相角　115
初期条件　20
自励振動　126
振動　111
振動数　115
振動数方程式　179
振幅　115
振幅倍率　129
垂直抗力　33
スカラー　4
静止摩擦係数　33
静止摩擦力　33
正則行列　175
静たわみ　117, 129
静つり合わせ　151
静的つり合い　147
静的平衡点　117
成分　5
正方行列　172
静力学　30
相対加速度　23
相対速度　23
速度　17

■ た　行

第 1 法則　30
第 2 法則　30
第 3 法則　31
対角行列　173
対称行列　174
対数減衰率　124
打撃の中心　77
多自由度系　111
ダッシュポット　113
ダランベールの原理　36, 100
単位行列　173
単位ベクトル　5
単振動　115
弾性ロータ　145
力の場　89
力のモーメント　11
張力　32
調和振動　115
直交行列　67
つり合い試験機　151
伝達率　132
転置行列　173
同次微分方程式　176
動つり合わせ　150
動的つり合い　148
動的平衡　36
動摩擦係数　34
動摩擦力　34
動力学　30
動力　81
特異　176
特性方程式　121
トルク　11

■ な　行

内積　7
内部減衰　163
内力　31
粘性減衰係数　114
粘性減衰力　114

■ は　行

はずみ車　87
ばね　113
ばね定数　113
ハーフパワー点　142
ハーフパワー法　142
速さ　18
反発係数　47
ハンマリング　125
反力　31
非自明解　175
ヒステリシス　166
非同次微分方程式　176
不安定　164
不安定振動　126
復元力　113
物理振子　63
負の減衰　126
ふれまわり運動　157
分布系　111
分力　10
平行軸の定理　59
平行四辺形の法則　4
ベクトル　4
変位　17
偏重心　146
方向余弦　66
保存系　90
保存力　90
ポテンシャル　91
ポテンシャルエネルギー　90
ボード線図　131
ホロノーム系　96

■ ま　行

前向きふれまわり　160

摩擦力　33
マトリックス　172
モデル化　111
モード解析　111

■ や 行

余因子行列　175

■ ら 行

ラグランジュ関数　105
ラグランジュの運動方程式　104
力学的エネルギー　83
力学的エネルギー保存の法則　91
力積　40
臨界粘性減衰係数　122
零行列　173
零ベクトル　4
列ベクトル　172

著　者　略　歴

末岡　淳男（すえおか・あつお）
1968 年　九州大学工学部機械工学科卒業
1970 年　九州大学大学院工学研究科修士課程修了
1973 年　九州大学大学院工学研究科博士課程単位修得の上退学
1973 年　九州大学工学部講師
1976 年　九州大学工学部助教授
1984 年　九州大学工学部教授
2000 年　九州大学大学院工学研究院教授
2006 年～2009 年　九州大学大学院工学研究院長
2009 年　九州大学名誉教授
2009 年～2011 年　九州大学水素エネルギー国際研究センター特任教授
2011 年～2016 年　九州職業能力開発大学校校長
現在に至る．工学博士
著　書『ダイナミクスハンドブック　運動・振動・制御』（分担）朝倉書店（1993）
『機械振動学』（共著）朝倉書店（2000）
『機械工学概論』（編著）朝倉書店（2001）
『機械力学Ⅱ―非線形振動論―』（共著）理工学社（2002）
『機械力学演習』（共著）森北出版（2004）
『日本機械学会新版便覧基礎編 $\alpha 2$』日本機械学会編（分担）丸善（2004）

綾部　隆（あやべ・たかし）
1977 年　九州大学工学部機械工学科卒業
1979 年　九州大学大学院工学研究科修士課程修了
1979 年　九州大学工学部助手
1991 年　久留米工業高等専門学校助教授
2004 年　久留米工業高等専門学校教授
2018 年　久留米工業高等専門学校名誉教授
現在に至る．工学博士

編集担当　千先治樹（森北出版）
編集責任　上村紗帆（森北出版）
組　　版　中央印刷
印　　刷　　同
製　　本　協栄製本

機械力学（第 2 版）

© 末岡淳男・綾部　隆　*2019*

1997 年 4 月 18 日　第 1 版第 1 刷発行
2019 年 2 月 20 日　第 1 版第18刷発行
2019 年 10 月 25 日　第 2 版第 1 刷発行
2025 年 3 月 25 日　第 2 版第 5 刷発行

【本書の無断転載を禁ず】

著　　者　末岡淳男・綾部　隆
発 行 者　森北博巳
発 行 所　**森北出版株式会社**
東京都千代田区富士見 1-4-11（〒102-0071）
電話 03-3265-8341／FAX 03-3264-8709
https://www.morikita.co.jp/
日本書籍出版協会·自然科学書協会　会員

JCOPY ＜（一社）出版者著作権管理機構 委託出版物＞

落丁·乱丁本はお取替えいたします。

Printed in Japan／ISBN 978-4-627-60552-7